Uwe Meixner

Philosophische Anfangsgründe der Quantenphysik

Uwe Meixner

Philosophische Anfangsgründe der Quantenphysik

ontos
verlag
Frankfurt | Paris | Lancaster | New Brunswick

Bibliographic information published by the Deutsche Nationalbibliothek
The Deutsche Nationalbibliothek lists this publication in the Deutsche Nationalbibliografie; detailed bibliographic data are available in the Internet at http://dnb.d-nb.de.

North and South America by
Transaction Books
Rutgers University
Piscataway, NJ 08854-8042
trans@transactionpub.com

United Kingdom, Eire, Iceland, Turkey, Malta, Portugal by
Gazelle Books Services Limited
White Cross Mills
Hightown
LANCASTER, LA1 4XS
sales@gazellebooks.co.uk

Livraison pour la France et la Belgique:
Librairie Philosophique J.Vrin
6, place de la Sorbonne; F-75005 PARIS
Tel. +33 (0)1 43 54 03 47; Fax +33 (0)1 43 54 48 18
www.vrin.fr

P.O. Box 15 41, D-63133 Heusenstamm
www.ontosverlag.com

ISBN 978-3-86838-012-5

2009

Printed on acid-free paper
FSC-certified (Forest Stewardship Council)

Printed in Germany
by buch bücher **dd ag**

Für Bernhard

Inhaltsverzeichnis

[1] MVV: mit verborgenen Variablen, OVV: ohne verborgene Variablen.

0. Vorwort

Thema dieses Buches sind die *philosophischen Probleme* der Quantenphysik. Gäbe es allgemein akzeptierte Lösungen für diese, würde man nicht mehr von *Problemen* sprechen. Die Quantenphysik *funktioniert,* sie funktioniert *ausgezeichnet.* Aber im Unterschied zu einer anderen ausgezeichnet funktionierenden physikalischen Theorie, in der eine *absolute,* unhintergehbare Naturkonstante eine alles beherrschende Rolle spielt (der Relativitätstheorie), ist die Quantenphysik bis heute *philosophisch* nicht zufriedenstellend verstanden. In dieser Situation einschlägig interessierten Lesern, insbesondere den Nichtexperten unter diesen, nüchterne Gesichtspunkte des Nachdenkens zu bieten – das ist das Ziel dieses Buches, nicht mehr und nicht weniger.

Das Buch kann dabei wie der Versuch einer Quadratur des Kreises erscheinen. Es beabsichtigt, eine für Laien lesbare *und* sie zugleich zu einem echten Verständnis führende Abhandlung über die Quantenphysik aus elementarer philosophischer Sicht zu bieten – eine Absicht, die schwer, wenn nicht gar unmöglich, zu verwirklichen ist. Das liegt daran, dass auf der einen Seite zu einer Erfassung der philosophischen Probleme der Quantenphysik nicht vorgedrungen werden kann, ohne in mathematischer und physikalischer Hinsicht hinreichend in die Tiefe und die Breite zu gehen; dass aber auf der anderen Seite dabei leicht ein Text entsteht, in dem sozusagen vor lauter mathematisch-physikalischen Bäumen der philosophische Wald nur noch dem versierten Experten sichtbar ist (wenn überhaupt jemandem). Ich habe versucht, zwischen der Skylla der technischen Überfrachtung (die nichts verstehen lässt) und der Charybdis der bloß populären Oberflächlichkeit (die ebenfalls nichts verstehen lässt) hindurchzusegeln. Ob es mir gelungen ist – dies zu beurteilen, muss den Lesern überlassen bleiben.

Das gebotene Material ist auf das Wichtigste beschränkt. Dennoch war es mir ein Anliegen, wenigstens einen *genuinen Geschmack* davon zu vermitteln, dass es auch bei der Quantenphysik um *Physik* geht, d. h. um eine Wissenschaft, die letztlich von *konkreten physischen Phänomenen,* nicht von Abstraktionen handelt und allein von diesen her jede Sicherheit ihres Ganges gewinnt. Der physikalische Gehalt des Buches ist daher ein größerer, als man es vielleicht erwartet haben würde.

Auf Literaturdiskussionen habe ich hingegen konsequent verzichtet. Dieses Buch handelt dementsprechend auch nicht in einer detailliert-darstellenden und textauslegenden Weise von den Philosophien der Quantenphysik der großen Quantenphysiker. Deren und anderer Positionen in der Philosophie der Quantenphysik werden zwar, dem Kerngehalt nach, angesprochen und umrissen, aber in ausführlicherer Weise auf sie einzugehen, hätte den Rahmen dieses Buches gesprengt; sie finden sich hier allein als Wegmarken des Bemühens, zu einer ebenso grundsätzlichen wie elementar vermittelbaren eigenen Stellungnahme zu gelangen.

Was die Präsentierung der mathematisch-physikalischen Realien angeht, so habe ich zur Verwirklichung der oben erwähnten Absicht, statt auf größtmögliche Allgemeinheit zu dringen, die Strategie *der Betrachtung einfachster Fälle* angewandt (und auch dann nicht immer alles gesagt, was sich sagen ließe). Insgesamt ist die im Text verwendete Mathematik und Physik verhältnismäßig einfach.

Nicht immer freilich – das liegt in der Natur der Sache – war es mir bei der gegebenen Zielsetzung des Buches möglich, grundlegende physikalische Sachverhalte von philosophischem Interesse im elementarsten mathematischen Gewand zu präsentieren: Der Einsatz höherer Mathematik war an manchen Stellen unvermeidlich – verbleibt allerdings auch dort stets vergleichsweise elementar.

Auf der anderen Seite sei aber den *Bewanderten* in der behandelten Sache, die eben deshalb zur Ungeduld neigen, gesagt, dass dieses Buch *nicht* in erster Linie für ausgebildete Physiker geschrieben ist. Es legt Wert darauf, dass die Physik richtig ist (jedenfalls in der modellierenden Idealisierung), nicht aber darauf, dass sie in der Art und Weise präsentiert wird, wie es Physiker von ihrer Ausbildung her gewöhnt sind. Diesbezüglich habe ich mir Freiheiten und „Umständlichkeiten“ erlaubt – aus didaktischen und aus philosophischen Gründen.

Nebenbemerkungen und detailliertere Ausführungen habe ich in Anmerkungen untergebracht, die – kleiner gedruckt – an Ort und Stelle ihres jeweiligen Betreffs in den Text integriert sind oder, zumal wenn sie länger ausfallen, mit eigenen Überschriften in Kapitelanhängen stehen. Das „Kleingedruckte“ ist durchweg für diejenigen Leser bestimmt, die es etwas genauer wissen wollen. Wer es noch genauer wissen will – in größerer Allgemeinheit und mit einem geringeren Grad an modellhafter Simplifizierung –, wird woanders suchen müssen. Sehr ausgewählte, knapp kommentierte Literaturangaben, die geeignet sein mögen, das Tor zu einem faszinierenden, aber für den Laien äußerst schwer zugänglichen Gebiet des Geistes ein Stück weiter zu öffnen, stehen am Schluss des Buches. Das ausführliche Register schließlich wird – angesichts des Themas – auch bei einem kleinen Buch wie diesem für die Lesearbeit hilfreich sein.

Den Physikern Dr. Martin Fermann, Dr. Ingmar Hartl, Dr. Richard Kulzer und der Diplomphysikerin Wiltrud Simbürger möchte ich für die kritische Durchsicht des Buches herzlich danken.

Uwe Meixner

1. Quantenphysik und philosophische Interpretation

Die Quantenphysik ist das nach wie vor gültige Ergebnis der Umgestaltung, die die klassische, d. h. die – im Wesentlichen – newtonsche Physik im Laufe der ersten drei Jahrzehnte des vergangenen Jahrhunderts in Reaktion auf die Entdeckung der Phänomene der Mikrowelt erfahren hat. Diese Umgestaltung hat sich als radikaler erwiesen als die ein wenig später beginnende und ein wenig früher abgeschlossene *zusätzliche*, in eine ganz andere Richtung gehende Umgestaltung der klassischen Physik durch die einsteinsche Relativitätstheorie.

Während die Quantenphysik sich als Instrument zur Vorhersage und Erzeugung physischer Phänomene glänzend bewährt hat, ist es nach wie vor umstritten, welches umfassende Bild der physischen Wirklichkeit durch die Quantenphysik impliziert ist, mit anderen Worten: wie die Quantenphysik philosophisch zu interpretieren ist. Wie auch die klassische Physik besteht nämlich die Quantenphysik im Kern *erstens* aus mathematischen Gleichungen mit universalem Gültigkeitsanspruch, durch die physikalische Größen zueinander in Beziehungen gesetzt werden, welche über ihre rein innermathematischen und logisch-analytischen Beziehungen hinausgehen; *zweitens* aus als zulässig geltenden Verfahren, jene physikalischen Größen zu messen; *drittens* aus einem im Laufe der Zeit anschwellenden Reservoir von durchgeführten und beschriebenen Experimenten, die jene Messverfahren zur Anwendung bringen und deren Ergebnisse die universale Gültigkeit der Gleichungen bestätigen (jedenfalls bis auf Weiteres). Kurz: Die Quantenphysik ist *im Kern* eine *Dreiheit aus Gleichungen, Messverfahren, Experimenten.* Als eine solche Dreiheit steht nun die Quantenphysik ohne weiteres und mit frappierendem Erfolg, wie sich gezeigt hat, insbesondere für die technische Anwendung zur Verfügung (die ja immer in der Konstruktion eines Mechanismus besteht, der bei gewissem Input einen gewissen, erwünschten Output liefert). Ob aber in ihr, als einer solchen Dreiheit, ein bestimmtes umfassendes Bild der physischen Wirklichkeit impliziert ist, und welches es ist, liegt nicht auf der Hand, sondern ist Sache der Interpretation, die philosophisch auch dann bleibt, wenn, wie es oft geschieht, ein Physiker sich damit befasst. Die Interpretation der Quantenphysik bezieht sich auf die Gesamtheit der uns bekannten physischen Phänomene, sowohl auf diejenigen, die sich von selbst in der Natur einstellen, als auch auf diejenigen, die wir allererst zu erzeugen gelernt haben, und fragt, welche *vernünftige Einheit der Natur* bezüglich dieser Phänomene in dem dreigliedrigen – im engeren Sinne *naturwissenschaftlichen – Kern* der Quantenphysik, nämlich sozusagen in dessen Tiefe – durch die Gleichungen, die Messverfahren, die Experimente hindurch – sichtbar wird. Dabei ist es wichtig zu beachten, dass, wenn soeben das Wort „vernünftig" gebraucht wurde, damit keine andere Vernünftigkeit angesprochen sein kann als eine Vernünftigkeit, die für die *menschliche Vernunft* nachvollziehbar ist. Die eben gestellte Grundfrage der Interpretation der Quantenphysik wird also *nur dann* in positiver Weise beantwortet werden können, wenn die Natur uns Menschen mit einer Art von *Anthropomorphismus* entgegen kommt, nämlich in dem Sinne, dass sie sich uns, was die Gesamtheit der uns bekannten physischen Phänomene angeht, *in für uns rational nachvollziehbarer Weise einheitlich* im Bild der Quantenphysik zeigt. Die tatsächlichen Schwierigkeiten, denen der Versuch einer Interpretation der Quantenphysik begegnet, könnten nun freilich sehr wohl die skeptische Schlussfolgerung nahelegen, dass die eben angegebene notwendige Bedingung nicht erfüllt ist – und dies womöglich obwohl der Quantenphysik als Realitätsbeschreibung nichts Wesentliches hinzuzufügen ist (sie also „vollständig" ist, wie man gewöhnlich sagt). Darüber wird noch eingehender zu sprechen sein.

2. Die Fundamentalsuppositionen der klassischen Physik und das mechanistische Weltbild

Die Quantenphysik weicht, wie oben angedeutet, von der klassischen – der newtonschen, der bis zum Ende des 19. Jahrhunderts gültigen – Physik radikal ab. Welche sind, unter dem Gesichtspunkt des philosophischen Ziels einer Interpretation der Quantenphysik, die Hauptunterschiede zwischen klassischer Physik und Quantenphysik? Diese Unterschiede werden in diesem Buch hinreichend deutlich werden. Ich stelle aber die Hauptunterschiede schon in diesem Kapitel *implizit* dar, wo ich doch *explizit* zunächst nur von den Fundamentalsuppositionen der klassischen Physik und vom mechanistischen Weltbild sprechen werde. Es ist der Beachtung wert, dass trotz jener Unterschiede die klassische Physik, was ihren dreigliedrigen – im engeren Sinne *naturwissenschaftlichen* – *Kern* angeht (*nicht aber* ihre *weltbildhaften Implikationen*), in der Quantenphysik näherungsweise gewahrt bleibt; sie wird also im hegelschen Doppelsinn durch die Quantenphysik *aufgehoben*.

In der klassischen Physik wird *erstens* davon ausgegangen, dass relativ zum gewählten fixen Bezugsrahmen jede physikalische Größe für jeden physischen Gegenstand zu jedem Zeitpunkt einen unabhängig vom Beobachter eindeutig bestimmten Wert hat. Demnach ist also z. B., wenn wir die physikalische Größe der (Momentan-) *Geschwindigkeit* betrachten, für jeden physischen Gegenstand z zu jedem Zeitpunkt t eine Aussage der Form „z hat zu t die Geschwindigkeit $V_n(z, t)$, mit $V_n(z, t) = <v, D>$“ *wahr* (relativ zum gewählten fixen Bezugsrahmen), unabhängig davon, ob das jemand je feststellt oder nicht (wobei *v* der *Betrag* der Geschwindigkeit und D ihre *räumliche Richtung* ist, „n“ zudem ein Indexschema, für das „1“, „2“, etc. substituiert werden können, denn x kann mehrere Geschwindigkeiten zu t haben, die in unterschiedliche Richtungen weisen).

In der klassischen Physik wird *zweitens* davon ausgegangen, dass unsere Messverfahren zwar höchst selten (und dann zufällig) den wahren Wert einer physikalischen Größe für einen physischen Gegenstand zu einem Zeitpunkt treffen, dass aber die Messwerte, die diese Messverfahren bei einwandfreier Anwendung liefern, dem wahren Wert in der Regel hinreichend angenähert sind und ihm mit entsprechendem Aufwand – Verfeinerung der Messtechnik, Reduktion der Einflussnahme des Messgeräts auf das Messobjekt, Fehlerkorrektur aufgrund bekannter Gesetze – beliebig weit weiter angenähert werden können.

Jede erfolgreiche Messung ist in dem trivialen Sinn absolut genau, dass sie ein ganz bestimmtes Ergebnis liefert, etwa einen ganz bestimmten, genauen Zahlenwert. Aber spricht man vom *Grad der Genauigkeit einer Messung*, dann ist nicht diese triviale Sorte von Genauigkeit gemeint. Der Grad der Genauigkeit einer Messung ist vielmehr der Grad ihrer Annäherung an den *wahren Wert*, welcher Grad nun gegeben wird durch die Größe eines gewissen zur Messung gehörigen Intervalls, innerhalb von dem der wahre Wert, auf den die Messung abzielt, sich aller Wahrscheinlichkeit nach befinden muss.

Die klassische Physik geht *drittens* davon aus, dass auf der Grundlage der Gesamtheit der Werte aller physikalischen Größen für alle physischen Gegenstände zu einem Zeitpunkt die Werte aller physikalischen Größen für alle physischen Gegenstände zu jedem anderen Zeitpunkt *im Prinzip* berechenbar sind. Aufgrund dieser Annahme verbindet man mit der klassischen Physik die Auffassung der *Determiniertheit alles physischen Geschehens*, den (physikalischen) *Determinismus*. Die unterstellte Berechenbarkeit kann dabei natürlich nur *im Prinzip* bestehen, aber nicht – jedenfalls für uns Menschen nicht – *de facto*. Denn weder sind wir (im Unterschied zum berühmten *Laplace'schen Dämon*) in der Lage, die Werte *aller* physikalischen Größen (oder auch nur der für alles Weitere genau hinreichenden) für *alle* physischen Gegenstände zu einem Zeitpunkt genau zu kennen – sei es direkt durch Messung, sei es indirekt mittels Anwendung der einschlägigen universal gültigen physikalischen

Gleichungen, der *Naturgesetze* –, noch sind wir in der Lage, alle notwendigen Berechnungen (unter Anwendung der Naturgesetze) durchzuführen.

In der klassischen Physik wird *viertens* von der *letztlich* eindeutigen Objektivierbarkeit unserer Beobachtungen, insbesondere der Messungen, ausgegangen – eine Annahme, die von allen Fundamentalsuppositionen der klassischen Physik die am wenigsten ausdrückliche, aber die erkenntnistheoretisch tiefgreifendste und somit philosophischste ist. Mit „*letztlich* eindeutiger Objektivierbarkeit unserer Beobachtungen" ist gemeint, dass unsere methodisch einwandfrei – d. h.: in intersubjektiv jederzeit nachprüfbarer Weise – gewonnenen Beobachtungen in der theoretischen Verarbeitung *auf lange Sicht* (*wenigstens* auf lange Sicht) kumulativ auf ein bestimmtes wahres Bild einer an sich bestehenden physischen Wirklichkeit hinauslaufen – ein Bild, das wir, auf lange Sicht, aus unseren Beobachtungen gleichsam herausheben können, wenn wir nur die dafür hinreichenden theoretischen Anstrengungen unternehmen. Unschwer ist erkennbar, dass am Boden der Annahme der letztlich eindeutigen Objektivierbarkeit unserer Beobachtungen die Supposition jenes gewissen Anthropomorphismus der Natur liegt, von dem im vorausgehenden Kapitel schon die Rede war, einer *Menschengemäßheit*, die von der klassischen Physik fraglos und höchst unausdrücklich unterstellt wurde.

Es entbehrt nicht der geistesgeschichtlichen Ironie, dass eine Menschengemäßheit der Natur in *Hinsicht der Erkenntnis* von Philosophen und philosophierenden Physikern implizit in Anspruch genommen wurde, um auf der Grundlage der klassischen Physik ein Weltbild zu rechtfertigen, dem jede Menschengemäßheit in *Hinsicht des Seins* fremd ist: das sog. *mechanistische Weltbild*, das vom Anfang des 18. bis zum Anfang des 20. Jahrhunderts in wissenschaftlich gebildeten Kreisen vorherrschte (und bei vielen Wissenschaftlern und Philosophen, die nicht Physiker sind, auch heute noch unverkennbar im Schwange ist).

Das mechanistische Weltbild ist eine philosophische Auslegung der klassischen Physik. Der Anspruch dieser Auslegung auf Objektivität – darauf, das An-sich der physischen Welt wiederzugeben – leitet sich her von der (oben dargestellten) 2. und 4. Fundamentalsupposition der klassischen Physik: *beliebig steigerbare Wahrheitsnähe (Genauigkeit) der Messungen* und *letztlich eindeutige Objektivierbarkeit der Beobachtungen*. *Inhaltlich* aber macht jene Auslegung prominent von der 1. und 3. Fundamentalsupposition der klassischen Physik Gebrauch: *universell eindeutige objektive Bestimmtheit der physikalischen Größen* und *Determiniertheit alles physischen Geschehens*. Gemäß dem mechanistischen Weltbild *in seiner ursprünglichen Gestalt* – die im Wesentlichen (also dem philosophischen Gehalt nach) auch in seinen späteren Verfeinerungen gewahrt blieb – ist nämlich die physische Welt ein System von *Massenpunkten* (physische Gegenstände im gewöhnlichen Sinn lassen sich dann durch Massenpunkte bzw. Ensembles von solchen modellieren), *wobei* ein *Zustand* dieses Systems zu einem Zeitpunkt durch eine Spezifikation der *Orte* und *Impulse* aller Massenpunkte zu diesem Zeitpunkt gegeben ist.

Der *Ort* eines Massenpunkts z zu einem Zeitpunkt t ist gegeben durch seinen gerichteten Abstand zu diesem Zeitpunkt vom Ursprung des zugrunde liegenden fixen Bezugsrahmens. Kurz: R(z, t) = <*d*, D>, wobei *d* der Betrag dieses Abstands von z zu t vom Ursprung ist und D dessen Richtung (vom Ursprung aus). Dass der Ort durch ein geordnetes Paar <*d*, D> aus Betrag und räumlicher Richtung gegeben ist (und nicht bloß durch den Betrag), kennzeichnet den Ort als *Vektor*.

Wir verstehen hier – *bei der Charakterisierung von Vektoren* – *räumliche Richtung* im engen, intuitiven Sinn, wonach zu einer räumlichen Richtung stets 1. eine Orientierung *und* 2. ein Ausgangspunkt gehört. Eine räumliche Richtung wird demnach repräsentiert durch einen Strahl, der von einem Raumpunkt ausgeht und von ihm wegorientiert ist. Ein weniger enges Konzept von räumlicher Richtung – eines, das ohne Ausgangspunkt auskommt – wird in diesem Buch ebenfalls zum Einsatz kommen (dort, wo es opportun ist).

Der *Impuls*$_n$ eines Massenpunkts z zu einem Zeitpunkt t hat dieselbe räumliche Richtung wie dessen Geschwindigkeit V_n(z, t) zu diesem Zeitpunkt, während der Betrag jenes Impulses das Produkt aus dem Betrag der Masse des

Massenpunkts, M(z), und dem Betrag von $V_n(z, t)$ ist. Durch seinen Betrag und seine räumlich Richtung ist der Impuls_n vollständig gegeben. Kurz: $P_n(z, t) = <m \times v, D>$, wobei *m* der Betrag von M(z), *v* der Betrag von $V_n(z, t)$ und D die räumliche Richtung von $V_n(z, t)$ ist. Offenbar ist der Impuls (wie Ort und Geschwindigkeit) ein *Vektor*.

Bei *Massenpunkt* einerseits und *Ort* und *Impuls eines Massenpunkts* andererseits handelt es sich um Begriffe der *Mechanik,* eines der wichtigsten Teilgebiete der Physik. Daher kommt die Bezeichnung *„mechanistisches* Weltbild".

Gemäß dem mechanistischen Weltbild legt jeder Zustand zu einem Zeitpunkt des Systems der Massenpunkte die Zustände des Systems zu allen anderen Zeitpunkten aufgrund der Naturgesetze vollständig – ohne jeden Spielraum – fest. Dies sagt sich schnell und trocken, aber für die philosophische Betrachtung lohnt es sich, die Schlussfolgerung aus jener Aussage für die Naturgeschichte, insbesondere aber für die Geschichte der Menschen – mit allen ihren augenscheinlichen Großtaten und Verbrechen – zu ziehen; dazu braucht man nur zu beachten, dass ja alle Körper, auch die menschlichen Körper, im Sinnes des mechanistischen Weltbildes durch Massenpunkte, nämlich Ensembles von solchen, modellierbar sind. Man wird sich dann dem – in gewisser Weise „vernichtenden" und zugleich in eigenartiger Weise „befreienden" – Gefühl der Wertnivellierung allen Geschehens und der Ausleerung jedes menschenverständlichen Sinns der Geschichte kaum entziehen können.

Das mechanistische Weltbild ist nicht per se materialistisch (heute sagt man oft „physikalistisch", um zu betonen, dass es auf Materialität nicht vordringlich ankommt), bezieht es sich doch allein auf das physische Geschehen und schließt es doch an sich nicht aus, dass es neben dem physischen Geschehen auch ein nichtphysisches, beispielsweise psychisches Geschehen gibt. Manche Denker, die das mechanistische Weltbild vertraten, waren denn auch in der Tat keine Materialisten. Dennoch hat sich mit dem mechanistischen Weltbild schon früh der Materialismus verbunden, und je länger es herrschte, umso mehr. Ein psychophysischer Dualismus – wonach die Gesamtwirklichkeit nicht nur eine physische, sondern auch eine nichtphysische, psychische Seite habe – wurde immer mehr als eine nur Probleme schaffende unnötige Beschneidung des vereinheitlichenden, *monistischen* Potentials des mechanistischen Weltbilds empfunden.

Im Laufe des 19. Jahrhunderts erfuhr dieses Weltbild gewisse Abwandlungen seiner eben geschilderten ursprünglichen Gestalt, blieb aber im Wesentlichen intakt – bis zu seiner radikalen Infragestellung durch die Entwicklung der Quantenphysik. Jene Abwandlungen ergaben sich aus dem Bemühen, gewisse physische Phänomene, die sich einem mechanistischen Verständnis lange Zeit hartnäckig widersetzten, letztlich doch noch mechanistisch zu begreifen. Bei diesen Phänomenen handelt es sich zum einen um die elektrischen und magnetischen Erscheinungen, zum anderen um alle Erscheinungen, die mit Temperatur zu tun haben. Die zwar von vornherein als möglich unterstellte, aber doch lange Zeit nicht effektiv bewerkstelligte Integration der ersteren Erscheinungen ins mechanistische Weltbild gelang nur dadurch, dass *Felder ohne materielle Träger* – insbesondere eben *elektromagnetische* Felder – gleichberechtigt neben Massenpunkten als Unterlage der physischen Erscheinungen anerkannt wurden, also dadurch, dass das mechanistische Weltbild *selbst* sich inhaltlich bis zu einem gewissen Grade wandelte.

Die Integration der Temperaturerscheinungen wiederum konnte erfolgen, nachdem man gelernt hatte, sie als Summeneffekte der ungeordneten Bewegungen riesiger Mengen winziger materieller Teilchen auf begrenztem Raum aufzufassen. Dabei ist es natürlich menschenunmöglich, die Orte und Impulse all dieser einzelnen Teilchen zu einem Zeitpunkt festzustellen oder gar im Zeitverlauf zu verfolgen. Statistische Beschreibungen mussten unvermeidlich den Platz der Einzelbeschreibungen einnehmen. Die Temperaturerscheinungen ließen sich also durchaus ins mechanistische Weltbild integrieren, aber nur dadurch, dass statistische Begriffe – darunter der der statistischen Wahrscheinlichkeit – in der Theoriebildung der Physik Anwendung fanden. Die Erweiterung der Mechanik zur *Statistischen Mechanik* wurde freilich von den Vertretern des mechanistischen Weltbildes als ohne inhaltliche Konsequenzen für dieses Weltbild erachtet. Denn es stand bei ihnen ganz außer Frage, dass es sich bei der Anwendung statistischer Begriffe nur um einen – allerdings unvermeidlichen – Behelf handele, dessen Notwendigkeit sich nichts weiter als unserer begrenzten Erkenntnisfähigkeit verdanke. Es stand bei ihnen außer Zweifel, dass *an sich* all die Abermilliarden von Teilchen in einem bestimmten Gasvolumen zu einem Zeitpunkt einen bestimmten Ort und einen bestimmten Impuls haben und dass *an sich* die Folge der Zustände des Gasvolumens in Abwesenheit äußerer Einflüsse vollkommen deterministisch verläuft. Mit anderen Worten: Die klassischen Fundamentalsuppositionen der *universell eindeutigen objektiven Bestimmtheit der physikalischen Größen* und der *Determiniertheit alles physischen Geschehens* blieben unangetastet (wie auch die übrigen beiden angeführten klassischen Fundamentalsuppositionen).

Es ist der Erwähnung wert, dass auch die Relativitätstheorie – so sehr sie in anderer, sehr grundlegender Hinsicht die Physik revolutionierte (nämlich hinsichtlich des Verständnisses von Raum und Zeit) – jedenfalls die vier oben beschriebenen Fundamentalsuppositionen der klassischen Physik *nicht* in Frage stellte. Die Relativitätstheorie machte diesbezüglich nur deutlich, dass man sich von dem, was *Objektivität* ist (also auch von der objektiven Bestimmtheit der physikalischen Größen und der Objektivierbarkeit der Beobachtungen), in der klassischen Physik eine *teilweise* unhaltbare Vorstellung gemacht hatte.

Objektivität ist auch in der klassischen Physik zunächst nur eine relative: sie ist relativ zum gewählten fixen Bezugsrahmen. Aber man nahm in der klassischen Physik an, dass unter allen möglichen Bezugsrahmen gewisse ausgezeichnet sind, nämlich diejenigen Bezugsrahmen, die auf die absolute Zeit und den absoluten Raum abstellen, was sie dadurch tun, dass sie sich relativ zum absoluten Raum in Ruhe befinden. Diese *absoluten Bezugsrahmen* definieren (siehe unten) *absolute Objektivität*. Allerdings zeigte sich gegen Ende des 19. Jahrhunderts definitiv, was man beinahe schon geahnt hatte: dass es *keine*

Möglichkeit für uns gibt, absolute Bezugsrahmen von nichtabsoluten zu unterscheiden. Die Relativitätstheorie nahm dies als Grundeinsicht auf und verabschiedete daraufhin – mit einer gewissen Folgerichtigkeit – die Konzepte einer absoluten Zeit und eines absoluten Raumes. *Absolut objektiv* war nun nicht mehr das, was *in allen absoluten Bezugsrahmen* invariant ist, sondern das, was *in allen Bezugsrahmen überhaupt* invariant ist (gemäß der Relativitätstheorie ist etwas Derartiges beispielsweise der Betrag der Lichtgeschwindigkeit im Vakuum, in allen Richtungen).

Von den revolutionären relativitätstheoretischen Gesichtspunkten sehe ich in diesem Buch – von einigen Bemerkungen abgesehen – weitgehend ab, um den schwierigen Gegenstand nicht noch weiter zu komplizieren (zudem haben ja auch die Väter der Quantenphysik sie zunächst unter Nichtberücksichtigung der Relativitätstheorie entwickelt: die Quantenphysik ist ursprünglich eine nichtrelativistische Theorie). Die Sache wird hier also im Großen und Ganzen so dargestellt, als wäre die klassische Physik *nur* durch die Quantenphysik revolutioniert worden. Demgemäß wird von mancher klassischer Position, die aus relativitätstheoretischer Sicht nur noch annäherungsweise richtig ist (nämlich bei Geschwindigkeiten, die im Verhältnis zur Lichtgeschwindigkeit klein sind), in der Darstellung dennoch unhinterfragt Gebrauch gemacht. Das entspricht nicht exakt den wahren Verhältnissen, aber dient der Deutlichkeit – das Neue der Quantenphysik kommt damit nämlich fasslicher zum Vorschein – und überhaupt der Lesbarkeit.

Wenn im Hinblick auf die Quantenphysik von Fundamentalsuppositionen der klassischen Physik die Rede ist, so dürfen neben den schon genannten vier *zwei weitere* nicht unerwähnt bleiben, wenngleich die klassische Physik ihnen gegenüber eine gewisse Ambivalenz an den Tag legte. Aber jedenfalls handelt es sich bei ihnen um fundamentale Annahmen, die der klassischen Physik sozusagen *lieb* waren: Annahmen, die ungern aufgegeben wurden – und immer nur bis zu dem Punkt, bis zu dem man es für unerlässlich hielt. Die beiden gemeinten Fundamentalsuppositionen sind die Annahme der *Lokalität aller physischen Wirkungen* und die Annahme der *Kontinuität der physischen Realität*. Beide Annahmen sind in gewisser Weise miteinander verwandt, was darin schlagend zum Ausdruck kommt, das man den alten Grundsatz *natura non facit saltus* („die

Natur macht keine Sprünge") sehr gut auf jede von beiden beziehen kann.

Mit der Lokalität aller physischen Wirkungen ist gemeint, dass die Kausalität eines beliebigen physischen Ereignisses *unmittelbar* nur seine *unmittelbare Nachbarschaft* in Raum und Zeit betreffen kann. *Unmittelbare Fernwirkungen* gibt es hiernach nicht; wirkt also ein physisches Ereignis in die räumliche oder zeitliche Ferne, so kann diese Kausalität keine unmittelbare sein, sondern muss durch eine lückenlose – „kontinuierliche" – Kette räumlich und zeitlich unmittelbarer Kausalverhältnisse vermittelt werden.

Die klassische Physik hatte ein ambivalentes Verhältnis zur *Lokalität* (wie man kurz sagt), da man sich in manchen ihrer Bereiche zu manchen Zeiten auch mit nichtlokalen Kausalverhältnissen angefreundet hatte, so sehr man andererseits die anscheinend ja viel begreiflicheren lokalen Kausalverhältnisse (wie sie paradigmatisch bei Stoß und Zug und bei der Wellenprogression auftreten) im Grunde bevorzugte. Beispielsweise ging man im 18. Jahrhundert ganz selbstverständlich davon aus, dass die zu einem Zeitpunkt von der Sonne ausgeübte Gravitationskraft die Erde *sofort* über Millionen von Kilometern leeren Raumes hinweg in Richtung des Sonnenmittelpunkts beschleunigt. Eine vermittelnde Kausalkette war nicht ersichtlich; man nahm also die Existenz einer unmittelbaren räumlichen Fernwirkung an, und zwar einer augenblicklich, *instantan* erfolgenden.

Die Entwicklung der klassischen Physik zu der Höhe, die sie im 19. Jahrhundert erreichte, wurde einerseits wesentlich durch die Fundamentalsupposition der Kontinuität der physischen Realität ermöglicht und führte andererseits doch letztlich von ihr weg: darin besteht das ambivalente Verhältnis der klassischen Physik zu dieser letzteren Fundamentalsupposition. Sie ermöglichte die Anwendung der Mathematik der reellen Zahlen, insbesondere der Differential- und Integralrechnung, in der Beschreibung der physischen Realität – mit glänzendem Erfolg (und das obwohl kein jemals von einem Messinstrument unmittelbar, ohne zwischengeschaltete Rechnung, angezeigter Messwert eine reelle Zahl sein kann, die nicht zugleich eine rationale Zahl ist!). Aber im Laufe des 19. Jahrhunderts legte eine Vielzahl von experimentell gewonnenen Beobachtungen nahe, dass manche physikalische Größen nur ganzzahlige Vielfache gewisser (dem absoluten Betrag nach) kleinster Werte annehmen; das galt von der Masse ebenso wie von der elektrischen Ladung. Mit anderen Worten: Der alte, vorklassische Gedanke des *Atomismus*, der dem Gedanken der Kontinuität der physischen Realität entgegengesetzt ist, fasste in der Physik Fuß – zunächst freilich immer nur als eine begrenzte Arbeitshypothese ohne ultimativen Wahrheitsanspruch, welcher sich dann aber doch im Laufe weniger Jahrzehnte immer unüberhörbarer meldete als ein *berechtigter* und *weitreichender*.

In der Verwendung des Begriffs des Massenpunkts liegt noch kein Materie-Atomismus, da Massenpunkte als vollkommen ausdehnungslos gemeint sind. (Einem Massenpunkt lässt sich daher keine Dichte zuordnen.) Man kann ja auch nicht schon aus der Verwendung des Begriffs des *Punktes* auf einen Ausdehnungsatomismus schließen, sondern erst dann, wenn angenommen wird, dass die Größe der Länge nur Werte annimmt, die ganzzahlige Vielfache gewisser kleinster Werte sind (weniger solcher Werte, idealiter eines einzigen solchen).

Im Sinne eines Operierens mit einer begrenzten Arbeitshypothese verhielt sich auch noch Max Planck, als er im Jahre 1900 zur empirisch korrekten gesetzmäßigen Beschreibung der sog. Hohlraumstrahlung sich – höchst unfreiwillig – gezwungen sah, *zu postulieren*, dass die physikalische Größe der *Wirkung* sich – jedenfalls im Fall der Hohlraumstrahlung – atomistisch, diskontinuierlich verhalte: dass sie als Werte nur ganzzahlige Vielfache eines gewissen kleinsten Wertes annehme. Dieser Schritt Plancks war die Geburt der Quantenphysik.

3. Das Planck'sche Wirkungsquantum und seine Bedeutung

Bei den Überlegungen Plancks spielte eine gewisse Konstante – er nannte sie „*h*" – eine entscheidende Rolle: ihre Einführung ermöglichte die Lösung der theoretischen Schwierigkeiten. Jene Konstante ist mittlerweile genauestens vermessen und längst als eine universelle Naturkonstante (wie der Betrag der Lichtgeschwindigkeit im Vakuum, oder die Gravitationskonstante) anerkannt; für die Quantenphysik ist sie von konstitutiver Bedeutung (während sie in der klassischen Physik schlicht nicht vorkommt):

$$h = 6{,}6260688\ (\pm 5) \times 10^{-34}\ \text{Js}.$$

Neben h wird auch die Konstante $\hbar$ („h quer") verwendet (und zwar häufiger als h); $\hbar$ ist einfach $h/(2\pi)$. Manche nennen $\hbar$ „die Planck'sche Konstante" und h „das Planck'sche Wirkungsquantum"; der Sache nach kann freilich sowohl h als auch $\hbar$ sowohl als „Planck'sche Konstante" als auch als „Planck'sches Wirkungsquantum" bezeichnet werden. Wir werden uns im Folgenden hauptsächlich auf h konzentrieren; deshalb ist h hier sowohl *die Planck'sche Konstante* als auch das *das Planck'sche Wirkungsquantum.*

Nach der Aufstellung des *Quantenphysikalischen Grundgesetzes* wird weiter unten ein Hinweis gegeben, wie die Verwendung von $\hbar$ – im Hinblick auf jenes Gesetz – mit der Verwendung von h zusammenhängt. Hier sei zunächst gesagt, dass $\hbar$ ja h dividiert durch den Umfang des Einheitskreises (eines Kreises mit dem Radius 1) ist. Der Umfang des Einheitskreises kann als Winkelmaß – oder Maß der Drehung – dienen: 2π entspricht 360° (eine volle Drehung), π 180° (eine halbe Drehung), $\pi/2$ 90° (eine Vierteldrehung), usw.; $\hbar$ wird dementsprechend bedeutsam bei der Beschreibung der *Drehwirkung* – üblicherweise *Drehimpuls* genannt –, die bei allen Drehbewegungen auftritt. Es ist nicht unwichtig zu beachten, dass der Begriff der *Wirkung* (*schlechthin*, das Wort ohne vorangestellten modifizierenden Zusatz) hier stets so zu verstehen ist, dass damit *nicht* auch die Drehwirkung (der Drehimpuls) gemeint ist. Die

Drehwirkung gilt hier mithin nicht als *Wirkung im eigentlichen Sinn*, sondern steht nur in einem – sehr engen – Analogieverhältnis zur Wirkung im eigentlichen Sinn.

Es ist nun unerlässlich, die obige Aussage, die den Wert der Konstanten *h* angibt, begrifflich „auseinander zu nehmen". Es handelt sich bei ihr um eine *naturgesetzliche Aussage*; es wird durch sie nicht etwa bloß definitorisch eine Abkürzung – „*h*" – für eine gewisse Wirkungswertbezeichnung – „6,6260688 × 10^{-34} Js" – eingeführt. (Dergleichen rein Definitorisches hätte man übrigens in der klassischen Physik jederzeit leisten können, aber es wäre vollkommen witzlos – weil vollkommen willkürlich – gewesen.) Vielmehr steht „*h*" kurz für „der (immer und überall) kleinste positive Wirkungsbetrag" und „6,6260688 × 10^{-34} Js" bezeichnet den empirisch festgestellten, *gemessenen* Wert von *h*.

Die weitere Analyse der Aussage „h = 6,6260688 (± 5) × 10^{-34} Js" bietet die passende Gelegenheit, die im vorausgehenden Kapitel begonnene Darlegung der für ein Verständnis der Philosophie der Quantenphysik notwendigen physikalischen Begriffe voranzubringen. Was hinter der Bezeichnung des äußerst winzigen Zahlenwerts von *h* steht, „Js" (sprich „Joulesekunden"), bezeichnet die durch das Produkt von J und s definierte Maßeinheit der *Wirkung* (die *hier* eine gewisse physikalische Größe ist, und *nicht* das, was man *sonst* „Wirkung" nennt, nämlich das, was durch eine *Ursache* hervorgebracht wird), wobei „s" – „Sekunde" – die basale Maßeinheit der *Zeit(dauer)* und „J" – „Joule" – die nichtbasale, sondern ihrerseits definierte Maßeinheit der *Energie* bezeichnet. Die Maßeinheit der Wirkung folgt also in ihrer Definition einfach der in der Physik üblichen Definition der *Wirkung* als *Energie mal Zeit* (worüber noch einiges mehr zu sagen ist; siehe weiter unten in diesem Kapitel). 1 Joule wiederum ist definiert als 1 kgm^2/s^2, wobei, neu hinzukommend, „m" – „Meter" – die basale Maßeinheit der *Länge* bezeichnet und „kg" – „Kilogramm" – die basale Maßeinheit der *Masse*. In physikalischer Grundnotation geschrieben und unter Ausnützung der sich ergebenden Kürzungsmöglichkeit haben wir also: $h = 6{,}6260688 \times 10^{-34}$ kgm²/s.

Was verrät nun die Definition der Maßeinheit der *Energie* über diese physikalische Größe selbst, die für die Physik von allergrößter Bedeutung ist? Nimmt man den definierenden Ausdruck „1 kgm²/s²" mathematisch wie folgt auseinander: „[1 kgm/s²] × [1 m]", so definiert der erste Ausdruck in eckigen Klammern die Maßeinheit N (sprich „Newton") der physikalischen Größe der *Kraft* (genauer: des *Kraftbetrags*): 1 N ist definiert als 1 kgm/s². 1 kgm²/s² oder 1 J ist, mit anderen Worten, nichts anderes als 1 Nm (sprich „1 Newtonmeter"), und wir können demnach auch schreiben: $h = 6{,}6260688 \times 10^{-34}$ Nms. Die auf z zu t einwirkende *Kraft*$_n$, F_n(z, t), ist nun <$m \times a$, D>, wobei m der Betrag der Masse von z ist (kurz: der Betrag von M(z)), a der Betrag der *Beschleunigung*$_n$ von z zu t (kurz: der Betrag von A_n(z, t)) und D schließlich die räumliche Richtung dieser Beschleunigung. Ist der Betrag von F_n(z, t) 1 N und der Betrag von M(z) 1 kg, so teilt also F_n(z, t) z eine Beschleunigung$_n$ zu t mit dem Betrag von 1 m/s² mit.

Indices (und das Indexschema „n") bei der Benennung von Instanzen vektorieller physikalischer Größen – welche Indices der häufig gegebenen Tatsache Rechnung tragen sollen, dass mehrere physikalisch gleichartige, aber verschieden gerichtete Vektorinstanzen (etwa mehrere Geschwindigkeiten, Impulse, Beschleunigungen, Kräfte) ein und dasselbe physische Objekt zur selben Zeit betreffen – werden weggelassen, wenn im jeweiligen Schilderungskontext offensichtlich nur *eine* Richtung physikalisch relevant ist.

Für das Folgende gehen wir davon aus, dass z während der Zeit T den Weg L ohne Richtungsänderung zurücklegt. Den Betrag f_z der auf z in Bewegungsrichtung jeweils einwirkenden Kraft kann man nun in Abhängigkeit von den Zeitpunkten in der Zeit T betrachten, in der z L durchläuft, oder auch in Abhängigkeit von den Orten auf dem Weg L, den z während der Zeit T durchläuft: Im ersten Fall wird jedem t aus T der Betrag f_z(t) der Kraft zugeordnet, die auf z zu t einwirkt; im zweiten Fall wird jedem l aus L der Betrag f_z(l) der

Kraft zugeordnet, die auf x einwirkt, als x sich an l befindet. Wir erhalten demnach zwei Graphen: den T-Graphen für das Koordinatensystem, in dem die Abszissenachse („die x-Achse") T und die Ordinatenachse („die y-Achse") die möglichen $f_z(t)$ darstellt (für die t in T), und den L-Graphen für das Koordinatensystem, in dem die Abszissenachse L und die Ordinatenachse die möglichen $f_z(l)$ darstellt (für die l in L). Was aber wird wohl nun durch die *Fläche* unter dem T- bzw. L-Graphen dargestellt? Es muss etwas sein, das z im Laufe der Zeit T bzw. des Weges L *anhäuft,* denn die jeweilige Fläche wächst bei anhaltender Krafteinwirkung – und wird auch dann nicht kleiner, wenn $f_z(t)$ bzw. $f_z(l)$ auf 0 sinkt –, je länger T bzw. L andauert.

Im Falle des T-Graphen werden die Abstände auf der Abszissenachse in s gemessen und die Abstände auf der Ordinatenachse in kgm/s^2 (der Maßeinheit der Kraft). Die Fläche unter dem T-Graphen muss also in $s \times kgm/s^2$ gemessen werden, mit anderen Worten: in kgm/s – und das ist die Maßeinheit des *Impulses* (denn $P(z, t) = <m \times v, D>$, wobei *m* der Betrag der Masse von z in kg und *v* der Betrag der Geschwindigkeit von z in m/s ist; siehe das vorausgehende Kapitel). Im Falle des L-Graphen hingegen werden die Abstände auf der Ordinatenachse ebenfalls in kgm/s^2 gemessen, die Abstände auf der Abszissenachse aber in m. Die Fläche unter dem L-Graphen muss also in $m \times kgm/s^2$ gemessen werden, mit anderen Worten: in kgm^2/s^2 – und das ist die Maßeinheit der *Energie*.

Verallgemeinernd können wir demnach sagen: Impuls ist das, was an einem physischen Gegenstand *der Zeit nach* durch Krafteinwirkung kumulativ resultiert, Energie hingegen das, was an ihm durch Krafteinwirkung *dem Weg nach* kumulativ resultiert. In diesem Sinn sagt man auch, Impuls sei das *Zeitintegral* der Kraft und Energie deren *Wegintegral* (denn unter geeigneten Bedingungen lässt sich der Betrag der Fläche unter dem T-Graphen bzw. L-Graphen mittels der Integralrechnung bestimmen).

Was aber ist nun Energie als Wegintegral der Kraft? Anders als der Impuls (die Geschwindigkeit, die Beschleunigung, die Kraft, der

Ort) hat die physikalische Größe der Energie keinen räumlichen Richtungssinn, sondern wird nur durch ihren Betrag charakterisiert (wie die Masse). Sie ist also kein Vektor. Man fasst den Energiebetrag am besten auf als *das, was es physikalisch kostet, eine gewisse Arbeit zu vollbringen.*

Beispielsweise: Wie viel kostet es physikalisch, ein Teilchen x mit dem Massenbetrag m in gerader Linie von 0 auf den Geschwindigkeitsbetrag v zu beschleunigen, ohne dass dabei andere Widerstände zu überwinden wären als eben der *Trägheitswiderstand* – d. h. die *Masse* – m von x? Dazu wird man das Teilchen x über eine Strecke L laufen lassen unter dem Einfluss einer Kraft F, die für die Zeitdauer, die x braucht, die Strecke L zurückzulegen, konstant bleibt (in Richtung und Betrag). Am Ende der Strecke hat dann die Geschwindigkeit von x den Betrag v erreicht. Ist f der Betrag der Kraft F und l die Länge der Strecke L, so gilt also für den Energiebetrag E, der für diese Beschleunigungsarbeit nötig ist:

(1) $E = f \times l.$

t sei nun die Dauer der Zeit T, die x braucht, um L zu durchlaufen; $v_d = l/t$ ist dann der Betrag der durchschnittlichen Geschwindigkeit von x, während es L durchläuft. Nun ist aber l/t nichts anderes als $v/2$. Denn da der Betrag der Geschwindigkeit von x, während es L durchläuft, linear zunimmt (wegen der konstanten Beschleunigung von x unter dem Einfluss der konstanten Kraft F), gilt einfach: $l = (t \times v)/2$. (l wird nämlich in einem Koordinatensystem repräsentiert durch den Betrag der Fläche unter dem Graphen, der den Betrag der Geschwindigkeit von x in Abhängigkeit von den Zeiten in T darstellt; diese Fläche ist jedoch diejenige eines *rechtwinkligen Dreiecks,* dessen Basislänge t darstellt und dessen Höhenlänge v, wobei Basis und Höhe den 90°-Winkel einschließen.) Mithin: $v_d = l/t = v/2$. Wir halten fest:

(2) $l = (v/2) \times t.$

Der Betrag a der *konstanten* Beschleunigung, die x während T unterliegt, ist nun offenbar v/t. Mithin (wegen $f = m \times a$):

(3) $f = m \times (v/t).$

Indem wir nun die Gleichungen (2) und (3) in Gleichung (1) einsetzen, erhalten wir:

(4) $E = m \times (v/t) \times (v/2) \times t = \frac{1}{2}(m \times v^2)$.

Das also, was es physikalisch kostet, ein Teilchen x mit dem Massenbetrag m in gerader Linie von 0 auf den Geschwindigkeitsbetrag v zu beschleunigen, ist exakt $\frac{1}{2}(m \times v^2)$. Der aufgewendete Energiebetrag E ist dabei nicht etwa verloren gegangen, sondern vielmehr in x investiert worden: Hat x zu Beginn seines Streckenlaufs die Energie 0, ist F die einzige Kraft, die auf x einwirkt, und ist t der Zeitpunkt, als x den Endpunkt von L erreicht, so ist die *Energie von* x *zu* t – als Wegintegral über L der auf x einwirkenden Kraft F, das aber wegen der Konstanz von F einfach darstellbar ist durch ein Rechteck mit der Fläche $f \times l$ – identisch mit der sog. *kinetischen Energie von* x *zu* t; es gilt: $E(x, t) = E_{KIN}(x, t) = \frac{1}{2}(m \times v^2)$.

Die kinetische Energie eines physischen Gegenstands z zu einem gegebenen Zeitpunkt t ist die *manifeste Energie* von z zu t. Aber nicht immer ist die in z investierte Energie (man denke etwa an eine gespannte Feder) vollständig zum gegebenen Zeitpunkt t manifest (als kinetische Energie) wie im eben betrachteten Fall des Teilchens x. Die zu t nichtmanifeste in z investierte Energie bezeichnet man als die *potentielle Energie von* z *zu* t. Von der in z investierten Gesamtenergie, E(z, t), gilt aber jedenfalls: $E(z, t) = E_{KIN}(z, t) + E_{POT}(z, t)$.

Die Energie ist als das, was es physikalisch kostet, eine gewisse Arbeit zu vollbringen, eine physikalische Größe, die in vielen verschiedenen Gestalten auftritt (welche – mit gewissen unvermeidlichen Verlusten an die jeweilige Umgebung – ineinander umwandelbar sind). Wir haben diese physikalische Größe hier im Gewande ihrer Grundform, der *mechanischen Energie,* dargestellt. Daneben stechen besonders hervor die thermische Energie, *vormals* gemessen in cal – „Kalorien“ –, und die elektrische Energie, vorzugsweise gemessen in Ws – „Wattsekunden“. (Dabei ist 1 J gerade 1 Ws.)

Mit dem gewonnenen begrifflichen Instrumentarium können wir nun beginnen zu ermessen, was sich aus der zentralen naturgesetzlichen Aussage der Quantenphysik, auf die Max Planck zuerst stieß und welcher die Erfahrung bislang nicht im Mindesten widersprochen hat, ergibt. Diese Aussage ist die folgende:

Quantenphysikalisches Grundgesetz
Jede Wirkung ist ein ganzzahliges Vielfaches von h: W(z, t) = (N × h), für alle physischen Objekte z und Zeitpunkte t. („N", oder später auch „N′", steht für eine gewisse *ganze Zahl,* wobei mit „ganze Zahl" *hier* ausschließlich die *nichtnegativen ganzen* Zahlen gemeint sind: 0, 1, 2, ...).

Aus dem Quantenphysikalischen Grundgesetz folgt unmittelbar:

Jede Wirkung, die größer als 0 ist, hat mindestens den Betrag h: Falls W(z, t) > 0, dann W(z, t) ≥ h, für alle physischen Objekte z und Zeitpunkte t.

Es folgt weiterhin aus dem Quantenphysikalischen Grundgesetz:

Jede *Differenz* zwischen zeitverschiedenen Wirkungen am selben Objekt ist ein ganzzahliges Vielfaches von h: |W(z, t) – W(z, t′)| = (N × h) für alle physischen Objekte z und verschiedenen Zeitpunkte t und t′ (N eine gewisse ganze Zahl).

Hiermit wiederum ergibt sich, dass h nicht nur *der kleinste Wirkungsbetrag größer* 0 ist, sondern auch *die kleinste Wirkungsbetragsdifferenz größer* 0. Denn angenommen, dass z ein physisches Objekt ist und t und t′ verschiedene Zeitpunkte sind, aber gilt: 0 < |W(z, t) – W(z, t′)| < h. Offenbar existiert dann keine ganze Zahl N, sodass gilt: |W(z, t) – W(z, t′)| = (N × h) – im Widerspruch zu dem, was soeben aus dem Quantenphysikalischen Grundgesetz gefolgert wurde.

Um die Verwendungsweise der Konstanten $\hbar$ (lies „h quer", definiert als $h/2\pi$), die in vielen quantenphysikalischen Kontexten an Stelle von h verwendet wird, zu illustrieren, möge das Folgende dienlich sein. Wenn die Bewegung eines Massenpunkts y mit der Masse m auf einer Kreisbahn, deren Radius r beträgt, mit einem konstanten Betrag v der Umlaufgeschwindigkeit erfolgt, so hat die Wirkungsdifferenz $|W(y, t) - W(y, t')|$ (sofern „$|W(y, t) - W(y, t')|$" überhaupt eine physikalische Bedeutung hat, d. h. eine *Wirkungsdifferenz* bezeichnen kann, was allerdings wegen des nachfolgend Gesagten – des damit Präsupponierten – nicht ausbleiben kann)[2] zwischen zwei Zeitpunkten t und t', die eine volle Umlaufszeit *T* auseinander liegen, den folgenden Betrag: $2\pi \times r \times m \times v$ (denn $2\pi \times r$ ist der Weg, den y in *T* zurücklegt), und dieser Betrag muss nun gemäß dem Quantenphysikalischen Grundgesetz gleich $(N \times h)$ sein, wo N eine ganze Zahl > 0 ist. Wegen $v = (2\pi \times r)/T$ und $\omega = 2\pi/T$ lässt sich der konstante Betrag *v* der Umlaufgeschwindigkeit von y durch den konstanten Betrag ω der *Winkelgeschwindigkeit* von y ausdrücken: $v = (r \times \omega)$. Mithin: $(2\pi \times r \times m \times v) = (2\pi \times r^2m \times \omega) = (N \times h)$, und folglich: $(r \times m \times v) = (r^2m \times \omega) = (N \times \hbar)$. $(r^2m \times \omega)$ – und der damit identische Betrag $(r \times m \times v)$ – ist aber nichts anderes als der konstante Betrag des *Bahndrehimpulses* oder, wie ich auch sage, der *Bahndrehwirkung* von y. Von „Bahndrehimpuls" spricht man *trotz* der nicht zu dieser Bezeichnung, sondern zu der Bezeichnung „Bahndrehwirkung" passenden Maßeinheit des Bahndrehimpulses – kgm^2/s, *nicht* kgm/s – deshalb, weil der konstante Wirkungsbetrag $(r^2m \times \omega)$ in offensichtlicher Analogie zum konstanten *Impuls*betrag $(m \times v)$ von y steht. Zudem hat der Bahndrehimpuls – wie der *eigentliche Impuls*, aber anders als die *eigentliche Wirkung* – stets eine räumliche Richtung und ist also ein *Vektor*.

Wie *h* die minimale Quantität einer Wirkung ist, so ist $\hbar$ die minimale Quantität einer Bahndrehwirkung; dabei gilt die Korrespondenz: *Wirkungsdifferenzbetrag bei einer Umdrehung*/2π = *Bahndrehwirkungsbetrag*. Ist also der Wirkungsdifferenzbetrag bei einer Umdrehung gleich $(N \times h)$ (wie es gemäß dem Quantenphysikalischen Grundgesetz sein muss), so ist der korrespondierende Bahndrehwirkungsbetrag gleich $(N \times \hbar)$, und umgekehrt. $\hbar$ ist aber nicht schlechthin die minimale Quantität einer Drehwirkung überhaupt. Neben der Bahndrehwirkung gibt es nämlich die *Eigendrehwirkung* – üblicherweise *Eigendrehimpuls* genannt – bei Rotationen von *Körpern* um die eigene Achse, die sich Massenpunkten wie y nicht zuschreiben lässt, die aber in der modernen Physik als grundlegende kennzeichnende Größe bei Elementarteilchen auftritt (dabei jedoch in *einer übertragenen Bedeutung* genommen werden muss, denn recht besehen sind diese Teilchen keineswegs Kügelchen, die um ihre eigene Achse rotieren); die Eigendrehwirkung oder der Eigendrehimpuls (*Spin*) des Elektrons beispielsweise beträgt konstant $(\sqrt{3}/2)\hbar$ – und das ist offensichtlich ein kleinerer Betrag als $\hbar$. Es kann also durchaus Verwirrung stiften, *h* als den

---

[2] Zum Sinn dieser Parenthese siehe weiter unten in diesem Kapitel, und dort insbesondere die Aussagen der *Physikalischen Partialsemantik* (wie ich sie nenne).

kleinsten Wirkungsbetrag zu bezeichnen; denn $\hbar$ und erst recht $(\sqrt{3}/2)\hbar$ sind ja kleiner als h und *in gewissem Sinne* auch *Wirkungs*beträge ($\hbar$ hat ja dieselbe Maßeinheit wie h: kgm^2/s) – aber eben nur *in gewissem Sinne*, handelt es sich doch bei $\hbar$ und $(\sqrt{3}/2)\hbar$ um *Dreh*wirkungsbeträge, und die *Drehwirkung* (ob Bahndrehwirkung oder Eigendrehwirkung) ist von der *Wirkung schlechthin*, der *eigentlichen Wirkung*, zu unterscheiden.

Oben wurde die physikalische Größe der Wirkung definiert als *Energie mal Zeit*. Mit gleichem Recht könnte man sie auch definieren als *Impuls mal Weg* (und in der Tat wurde ja von dieser Auffassungsmöglichkeit in der obigen Anmerkung zu $\hbar$ soeben schon Gebrauch gemacht); die maßeinheitlichen (oder *dimensionsmäßigen*) Voraussetzungen dafür sind erfüllt, denn $(kgm^2/s^2) \times s = (kgm/s) \times m$. Jede dieser beiden einfachen Definitionen ist freilich nur adäquat unter der speziellen Bedingung, dass die Energie des Objekts in der Zeit bzw. der Impuls des Objekts auf dem entsprechenden Weg konstant bleibt; von dieser Konstanzbedingung wollen wir im Folgenden ausgehen. Zudem ist zu beachten, dass die beiden Definitionen tatsächlich *verschiedene* (aber gleichberechtigte) Wirkungsbegriffe definieren, *Energiewirkung* (W_1) und *Impulswirkung* (W_2); warum das so ist, wird sogleich deutlich werden.

In größerer Allgemeinheit – ohne Voraussetzung der besagten Konstanzbedingung, aber bei konstantem Bewegungssinn – stellt die Energiewirkung das Zeitintegral der Energie und die Impulswirkung das Wegintegral des Impulses dar (wobei die Energie, wie wir gesehen haben, wiederum das Wegintegral der Kraft ist und der Impuls das Zeitintegral der Kraft). In geometrischer Veranschaulichung erscheint also die Energiewirkung als die Fläche unter dem (u. U. nicht waagerechten, sondern vielleicht gar gekurvten) Graphen, der die Energie in Abhängigkeit von der Zeit darstellt, und die Impulswirkung als die Fläche unter dem Graphen, der den Impulsbetrag in Abhängigkeit vom Weg darstellt. Es ist hieraus unmittelbar ersichtlich, dass die Energie- und Impulswirkung auch dann größer wird, wenn ein Objekt mit konstanter Energie und konstantem Impuls *kräftefrei* dahinfliegt. Dieses Resultat ist schlicht die Folge der dimensionsgerechten (zu h und seiner Maßeinheit passenden) Definition der Begriffe von Energie- und Impulswirkung.

Allerdings passt jenes Resultat *nicht* zum Begriff von Wirkung als kraftinvolvierender, kausaler *Aktion* und deshalb auch nicht zum Begriff der sog. *Wechselwirkung*, welche Begriffe man klarerweise im Sinn hat, wenn man das 3. Newton'sche Gesetz (*actio est reactio*) durch „Wirkung ist gleich Gegenwirkung" wiedergibt, wobei man unter „Wechselwirkung" die nach eben jenem Newton'schen Gesetz stets zueinander richtungsumgekehrt erfolgenden (Kraft-) *Aktionen* zwischen physischen Objekten befasst (beispielsweise im Gravitationsverhältnis zwischen zwei Körpern). Aber der Begriff von Wirkung als Kraftaktion (oder Krafteinsatz) ist *hier* – im gegebenen quantenphysikalischen Kontext – nun gerade *nicht* der einschlägige Begriff von Wirkung.

Wir nehmen – um der oben angenommenen Konstanzbedingung zu entsprechen und zwecks weiterer Vereinfachung – an, dass das Teilchen x, dessen Masse bekannt ist, sich mit konstantem (aber zunächst unbekanntem) Geschwindigkeitsbetrag vom Ursprung O des Bezugsrahmens aus auf einer seiner Achsen frei bewegt – in bekannter einheitlicher Richtung (also ohne Drehung) und bekanntermaßen ohne Einwirkung von (äußeren oder inneren) Kräften. Sei t ein gewisser Zeitpunkt dieser Bewegung – nach t_0 – und l der Ort, an dem sich x zu t befindet. Die Länge der Zeit T, welche, seitdem x von O zum bekannten Zeitpunkt t_0 ausging, bis zu t verflossen ist, ist *t*. Die Länge des Weges L, den x in *t* zurückgelegt hat, ist *l* – mit anderen Worten: *l* ist der Betrag des Abstands – kurz: *der Abstand* – zwischen O und l. *E* (> 0) sei der während T konstante Betrag der Energie von x (wobei im Fall von x seine Gesamtenergie mit seiner kinetischen Energie zusammenfällt); *p* (> 0) sei der während T konstante Betrag des Impulses von x. Es gilt unter Anwendung des Quantenphysikalischen Grundgesetzes, das – siehe oben – für *jede* Art der (*eigentlichen*) *Wirkung*, W, formuliert ist, für die Energiewirkung W_1 und die Impulswirkung W_2 das Folgende:

Theorem
Wenn $|W_1(x, t) - W_1(x, t_0)| = (E \times t)$, dann $(E \times t) = (N \times h)$.
Wenn $|W_2(x, t) - W_2(x, t_0)| = (p \times l)$, dann $(p \times l) = (N' \times h)$.
Dabei ist N bzw. N′ eine gewisse ganze Zahl.

Es ist notwendig, dieses Theorem für W_1 und W_2 separat anzugeben, da im betrachteten Fall – wo die (Gesamt-) Energie von x identisch mit seiner kinetischen Energie ist – $(E \times t)$ *ungleich* $(p \times l)$ ist. Da $p = mv$ und $v = l/t$, sind $(E \times t)$ und $(p \times l)$ nur dann gleich, wenn $E = mv^2$. Für $E = E_{KIN} = (1/2)mv^2$ hingegen ergibt sich: $(p \times l) = 2(E \times t)$.

Aus dem Theorem (seiner ersten Hälfte) folgt: Wenn für *keine* ganze Zahl N gilt: $(E \times t) = (N \times h)$, dann gilt: $|W_1(x, t) - W_1(x, t_0)| \neq (E \times t)$. Was aber soll $|W_1(x, t) - W_1(x, t_0)|$ physikalisch sonst sein, wenn nicht $(E \times t)$ – „Energie mal Zeit t"? Es bleibt offenbar nur, dass „$|W_1(x, t) - W_1(x, t_0)|$" *keine physikalische Bedeutung* hat, wenn für *keine* ganze Zahl N gilt: $(E \times t) = (N \times h)$. Dann haben aber auch „$W_1(x, t)$" oder „$W_1(x, t_0)$" (oder beide Ausdrücke) keine physikalische Bedeutung. Entsprechend ergibt sich aus dem obigen Theorem (seiner zweiten Hälfte): Wenn für *keine* ganze Zahl N′ gilt: $(p \times l) = (N' \times h)$, dann gilt: $|W_2(x, t) - W_2(x, t_0)| \neq (p \times l)$. Was aber soll $|W_2(x, t) - W_2(x, t_0)|$ physikalisch sonst sein, wenn nicht $(p \times l)$ – „Impuls mal (in t zurückgelegter) Weg l"? Es bleibt offenbar nur, dass „$|W_2(x, t) - W_2(x, t_0)|$" *keine physikalische Bedeutung* hat, wenn für *keine* ganze Zahl N′ gilt: $(p \times l) = (N' \times h)$. Dann haben aber auch „$W_2(x, t)$" oder „$W_2(x, t_0)$" (oder beide Ausdrücke) keine physikalische Bedeutung.

Beide Fälle – der der physikalischen Bedeutungslosigkeit von „$|W_1(x, t) - W_1(x, t_0)|$" und der der physikalischen Bedeutungslosigkeit von „$|W_2(x, t) - W_2(x, t_0)|$" – treten bei der oben beschriebenen Bewegung des Teilchens x unvermeidlich auf, wenn man t, t und l als kontinuierliche Variablen fungieren lässt; dann muss nämlich $(E \times t)$ und $(p \times l)$ für eine unendliche Vielzahl von Werten jener Variablen (wobei E und p konstant gehalten sind) *kein* ganzzahliges Vielfaches von h sein.

Impuls und *Weg*, *Energie* und *Zeit* stehen in der Quantenphysik gemäß dem obigen (zweigliedrigen) Theorem in einem naturgesetzlichen Verhältnis zueinander, das in der klassischen Physik gänzlich unbekannt war: *Nicht immer* spezifizieren (prima facie mögliche)

Werte dieser Größenpaare, wenn sie miteinander multipliziert werden, eine *mögliche Wirkung* (eine mögliche Impulswirkung bzw. eine mögliche Energiewirkung) oder eine *mögliche Wirkungsdifferenz*. Vielmehr passen in dieser Hinsicht zwar manche Impuls-und-Weg-Werte bzw. Energie-und-Zeit-Werte zueinander, aber andere Impuls-und-Weg-Werte bzw. Energie-und-Zeit-Werte schließen sich in der fraglichen Hinsicht gegenseitig aus. Unter Verwendung eines Begriffs, den der Quantenphysiker Niels Bohr 1927 prägte, kann man davon sprechen, dass Impuls und Weg, Energie und Zeit zueinander *komplementäre* physikalische Größen sind. Ihr durch die quantenphysikalische Neufassung des Wirkungsbegriffs bestimmtes Verhältnis ist das der (quantenphysikalischen) *Komplementarität*.

Dieses Verhältnis ist aber durch die im vorausgehenden Absatz gemachten Bemerkungen noch nicht hinreichend beschrieben. Die Abweichung der Quantenphysik von der klassischen Physik hinsichtlich des Wirkungsbegriffs kann ja nicht gut ohne *noch einschneidendere Auswirkungen* als die eben geschilderten auf die Begriffe von Impuls und Weg, Energie und Zeit bleiben. Es ist nur konsequent, davon auszugehen, dass beispielsweise der Ausdruck „$|W_1(x, t) - W_1(x, t_0)|$“ *genau dann* eine physikalische Bedeutung hat, wenn der Ausdruck „$(E \times t)$“, der jenen W-Ausdruck physikalisch definieren soll, eine physikalische Bedeutung hat; und entsprechend dass der Ausdruck „$|W_2(x, t) - W_2(x, t_0)|$“ *genau dann* eine physikalische Bedeutung hat, wenn der Ausdruck „$(p \times l)$“, der jenen zweiten W-Ausdruck physikalisch definieren soll, eine physikalische Bedeutung hat. Hiermit ergibt sich aber, dass in genau den Fällen, wo „$|W_1(x, t) - W_1(x, t_0)|$“ bzw. „$|W_2(x, t) - W_2(x, t_0)|$“ die physikalische Bedeutung mangelt, sie auch „$(E \times t)$“ bzw. „$(p \times l)$“ abgeht.

Im Hinblick auf das in den vorausgehenden drei Absätzen Gesagte ist es hilfreich, die dort angesprochenen semantischen Beziehungen der Begriffe, die mit *Impulswirkung* zu tun haben, in Zusammenstellung vor Augen zu setzen, wenn auch nur für den hier behandelten speziellen Fall. (*Genau entsprechend* ist die Zusammenstellung – *mutatis mutandis* – für die oben angesprochenen semantischen Beziehungen der Begriffe, die mit *Energiewirkung* zu tun haben.)

Physikalische Partialsemantik
Wenn „$|W_2(x, t) - W_2(x, t_0)|$“[3] oder „$(p \times l)$“ eine physikalische Bedeutung hat, dann wird „$|W_2(x, t) - W_2(x, t_0)|$“ durch „$(p \times l)$“ *definiert* (und nur dann), d. h. die beiden Ausdrücke stehen dann (und nur dann) für definitorisch (und folglich schon der Bedeutung nach) Identisches. Daraus folgt (**1**): dass „$|W_2(x, t) - W_2(x, t_0)|$“ genau dann eine physikalische Bedeutung hat, wenn „$(p \times l)$“ eine solche hat; und (**2**): dass im Fall der Wahrheit von „$|W_2(x, t) - W_2(x, t_0)| \neq (p \times l)$“ (welche sich mit dem Quantenphysikalischen Grundgesetz ergibt, wenn $(p \times l)$ *nicht* ein ganzzahliges Vielfaches von h ist) „$|W_2(x, t) - W_2(x, t_0)|$“ und „$(p \times l)$“ keine physikalische Bedeutung haben (was *nicht* heißt, dass sie überhaupt keine Bedeutung haben: man wird ihnen in jedem Fall immer noch eine mathematische Bedeutung zuordnen können); und schließlich (**3**): dass wenn „$|W_2(x, t) - W_2(x, t_0)|$“ und/oder „$(p \times l)$“ eine physikalische Bedeutung hat, „$|W_2(x, t) - W_2(x, t_0)| = (p \times l)$“ wahr ist („und nur dann“ möchte man hinzufügen – was sich gewährleisten lässt, falls die beiden „=“ flankierenden Ausdrücke so eingerichtet sind, dass sie im Falle ihrer physikalischen Bedeutungslosigkeit *Verschiedenes* bezeichnen).

Die (quantenphysikalische) *Komplementarität* hat noch andere Aspekte als die oben geschilderten – indirektere, nicht sogleich sichtbare, aber doch solche mit kaum weniger radikalen Implikationen. Ein Aspekt der Komplementarität von dieser Art wird sich den nachfolgenden Überlegungen entnehmen lassen.

3.1 Messunschärfen und Unbestimmtheiten

Es sei vorausgeschickt, dass obgleich diese Überlegungen zu Ergebnissen führen, die den Heisenberg'schen Unschärferelationen äh-

[3] Man beachte hier, dass „$|W_2(x, t) - W_2(x, t_0)|$“ durch „$W_2(x, t) - W_2(x, t_0)$“ ersetzt werden kann, wenn t nach t_0 kommt (wie im betrachteten Fall), und„$W_2(x, t) - W_2(x, t_0)$“ zudem durch „$W_2(x, t)$“ ersetzt werden kann, wenn $W_2(x, t_0)$ gleich 0 ist, was, wenn (wie im betrachteten Fall) t_0 der zeitliche Ursprung des Koordinatensystems ist, sinnvollerweise so festgesetzt werden kann.

neln, die Gedankengänge wesentlich andere sind als die heisenbergschen: sie beziehen sich auf den vorliegenden einfachen Beispielfall und beruhen in sehr direkter Weise auf der schlichten Tatsache der Quantelung jeder Wirkung durch *h*.

Angenommen, es soll beim Teilchen x gemessen werden, *wo* es sich zum Zeitpunkt t befindet und *welchen Betrag* sein Impuls zu diesem Zeitpunkt hat (beides ist also unbekannt, sonst wäre die Messung ja witzlos); mit anderen Worten, es möge darum gehen, l und *p* zu bestimmen – nach freier Wahl von t. *Oder alternativ*: Angenommen, es soll bei x gemessen werden, *wann* es sich am Ort l′ befindet und welchen Betrag seine Energie an diesem Ort hat; mit anderen Worten, es möge darum gehen, t′ und *E* zu bestimmen – nach freier Wahl von l′. Nach allem, was wir bezüglich x und seiner Bewegung schon vorausgesetzt haben (siehe oben), sind die Messbedingungen im betrachteten Fall höchst einfache.

Wird beispielsweise eine Ort-und-Impuls-Messung ins Auge gefasst, so ist vieles schon bekannt (weil als bekannt schlicht vorausgesetzt): (1) die Masse des Teilchens, (2) die Richtung seiner Bewegung, (3) dass diese Bewegung mit konstantem (positiven) Geschwindigkeitsbetrag erfolgt. Die Messung des Ortes l kann hiernach einfach in der Messung des Abstandes von x zu t vom Ursprungsort O bestehen, d. h. in der Messung von *l*. Damit hat man dann aber auch schon die Messung von *p* in der Tasche. Denn alles, was zur Bestimmung von *p* noch fehlt, ist die Bestimmung des Betrages der Geschwindigkeit von x zu t. Dieser Betrag ist jedoch wegen seiner Konstanz einfach *l*/*t* – und *t* ist schon bekannt, da es ja der bekannte (weil durch die freie Wahl von t frei gewählte) Abstand zwischen den Zeitpunkten t und t_0 ist.

Wie also wäre *l* konkret zu messen? Die Messapparatur müsste in einer Folge von hinreichend vielen zunächst geöffneten Schleusen R_1, …, R_n bestehen, die im immer gleichen Abstand auf der Achse, auf der x sich bewegt, hintereinander gestaffelt sind, wobei R_1 am Ort O platziert ist (wo x zu t_0 – dem Ursprungszeitpunkt – ist). Zum Zeitpunkt t (nach t_0) werden alle diese Schleusen gleichzeitig geschlossen. Ist x dann bei der Schleuse R_{k+1} hängengeblieben (was sich ja feststellen lässt), so bedeutet dies, dass x zu t *zwischen* (in einem gewissen Sinn von „zwischen“) dem Ort der Schleuse R_k – im bekannten Abstand l_k von O – und dem Ort der Schleuse R_{k+1} – im bekannten Abstand l_{k+1} von O – gewesen sein muss. Mithin ist das Ergebnis der Messung: $l_k < l \leq l_{k+1}$, mit anderen Worten: l ist bis auf den Abstand zwischen R_{k+1} und R_k, also bis auf $(l_{k+1} - l_k)$, festgelegt. Offenbar lässt sich nun die Messgenauigkeit steigern, indem man die Abstände zwischen den Schleusen verringert, und in der klassischen Physik ging man davon aus, dass die Messgenauigkeit im Prinzip *beliebig steigerbar* ist, wenn auch stets ein gewisser (doch stets im Prinzip wiederum verringerbarer) Rest an Messungenauigkeit verbleibt (siehe die im vorausgehenden Kapitel geschilderte 2. Fundamentalsupposition der klassischen Physik). Es ist aber davon auszugehen, dass es eine physikalische Bedeutung hat, wenn man von einer *Impulswirkungsdifferenz* an x, als es bei R_{k+1} ist, gegenüber dem Zeitpunkt, als es bei R_k war, spricht: Denn „$(l_{k+1} - l_k)$“ gilt vorausgesetztermaßen als physikalisch bedeutungsvoll (nämlich als die gemessene Länge eines Wegstücks bezeichnend, das x tatsächlich zurückgelegt hat), und „p“ gilt vorausgesetztermaßen ebenfalls als physikalisch bedeutungsvoll (nämlich als den zu messenden Betrag des bei x vorausgesetzten konstanten Impulses bezeichnend); damit ist aber auch der Ausdruck „$p \times (l_{k+1} - l_k)$“ physikalisch bedeutungsvoll, und folglich ist – gemäß den obigen Aussagen zum physikalischen Bedeutungsvollsein (nämlich gemäß der Physikalischen Partialsemantik, *mutatis mutandis* genommen) – auch der Ausdruck „$|W_2(x, t(R_{k+1})) - W_2(x, t(R_k))|$“ physikalisch bedeutungsvoll und, im Übrigen, durch „$p \times (l_{k+1} - l_k)$“ definiert.[4] Dementsprechend ist davon auszugehen, dass gilt: $|W_2(x, t(R_{k+1}))$ –

[4] $t(R_{k+1})$ und $t(R_k)$ sind die Zeitpunkte, als x R_{k+1} bzw. R_k erreicht. Offensichtlich entsprechen „$t(R_{k+1})$“ und „$t(R_k)$“ „t“ und „t_0“ in den obigen Aussagen zur Physikalischen Partialsemantik, während „$p \times (l_{k+1} - l_k)$“ dem Ausdruck „$(p \times l)$“ in den Aussagen zur Physikalischen Partialsemantik entspricht (an dessen Stelle man dort auch gut „$p \times (l_t - l_0)$“ hätte setzen können).

$W_2(x, t(R_k))\,|$ = $p \times (l_{k+1} - l_k)$, also wegen des obigen aus dem Quantenphysikalischen Grundgesetz folgenden *Theorems* auch davon, dass gilt: $p \times (l_{k+1} - l_k) = (N' \times h)$, wobei N′ eine gewisse ganze Zahl ist – und zwar in diesem Fall eine *positive* ganze Zahl, denn $p \times (l_{k+1} - l_k)$ muss ja größer als 0 sein (da p und $(l_{k+1} - l_k)$ größer als 0 sind). Wenn man die Abstände zwischen den Schleusen kleiner macht – also $(l_{k+1} - l_k)$ verringert – in der Absicht, die Messgenauigkeit zu erhöhen, so bleibt es doch dabei: Es ist davon auszugehen, dass gilt: $p \times (l_{k+1} - l_k) = (N' \times h)$, für eine gewisse *positive* ganze Zahl N′ (nun eine kleinere). Mithin ist aber auch davon auszugehen, dass gilt: $p \times (l_{k+1} - l_k) \geq h$, oder mit anderen Worten: $(l_{k+1} - l_k) \geq (h/p)$. Schreiben wir für $(l_{k+1} - l_k)$ – also für das Maß der Genauigkeit/Ungenauigkeit der Messung von l (oder äquivalent: von l) – „Δl" (oder äquivalent „Δl"), so muss also von der Unschärfebeziehung

U1 $\Delta \mathrm{l} \geq (h/p)$ [oder äquivalent: $\Delta l \geq (h/p)$]

ausgegangen werden. Die Genauigkeit der Bestimmung des Ortes von x (d. h. in diesem Fall: seines Abstandes von O) zu t ist somit *eben nicht* beliebig steigerbar, sondern hat eine definitive Grenze: h/p. Damit unterliegt aber auch die Bestimmung des Impulses von x zu t einer nicht zu verringernden Ungenauigkeit, da mit der Bestimmung von l auch die Bestimmung des Geschwindigkeitsbetrags von x zu t, der gleich l/t ist, einer nicht zu verringernden Ungenauigkeit unterliegt. In der Tat erhält man

U2 $\Delta p \geq (h/l)$.

Die Ableitung geht wie folgt: Aus der Ungleichung U1 erhält man: $(\Delta p \times \Delta \mathrm{l}) \geq (\Delta p \times (h/p))$. Δp ist aber offenbar $[m \times (l_{k+1}/t) - m \times (l_k/t)]$, d. h.: $(m/t) \times \Delta \mathrm{l}$. Folglich: $(\Delta p \times \Delta \mathrm{l}) \geq ((m/t) \times \Delta \mathrm{l} \times (h/p))$. Folglich: $\Delta p \geq ((m/t) \times (h/p))$, also: $\Delta p \geq (m \times h)/(t \times p)$. Folglich wegen $p = (m \times l/t)$ und unter Ausnützung sämtlicher Kürzungsmöglichkeiten: $\Delta p \geq (h/l)$.

Eine Unschärfebeziehung mit annähernd heisenbergscher Gestalt – der Quantenphysiker Werner Heisenberg ist der Entdecker der nach ihm benannten quantenphysikalischen Unschärfebeziehungen (im Jahre 1927) – erhalten wir, indem wir die Ungleichungen U1 und U2 miteinander multiplizieren und das Ergebnis zunächst in der folgenden Form schreiben:

U3 $(\Delta p \times \Delta \mathrm{l}) \geq (h \times (h/(p \times l))$.

Da sowohl „*p*" als auch „*l*" voraussetzungsgemäß als physikalisch bedeutungsvoll gelten („*l*" als den zu messenden Abstand ab O von x zu t bezeichnend) und folglich auch „$(p \times l)$" eine physikalische Bedeutung hat, ist $(p \times l)$ der Betrag einer Wirkungszunahme (in $\mathrm{kgm^2/s}$), nämlich gerade der Betrag der Zunahme der Impulswirkung, die x auf der Strecke L der Länge *l* – bzw. in der Zeit T der Länge *t* – erfährt; denn wegen der Physikalischen Partialsemantik (siehe oben) gilt ja: $(p \times l) = |W_2(x, t) - W_2(x, t_0)|$. Der Quotient $h/(p \times l)$ ist nun eine reine Zahl, da sich alle Maßeinheiten wegkürzen. Da $(p \times l)$ ein ganzzahliges Vielfaches von *h* sein muss (in Folge des sich aus dem Quantenphysikalischen Grundgesetz ergebenden obigen *Theorems*), kann man statt $h/(p \times l)$ setzen: 1/N, wobei N 1 ist, oder 2, oder 3, oder …, aber jedenfalls eine bestimmte *positive* ganze Zahl ist, da $(p \times l) > 0$, weil ja $p > 0$ und $l > 0$. Mithin erhalten wir aus U3:

U4 $(\Delta p \times \Delta \mathrm{l}) \geq (h/\mathrm{N})$.

Man beachte, dass hiermit nur die Form von U4 angegeben ist. Konkret hat U4 *eine* der folgenden unendlich vielen möglichen Gestalten: $(\Delta p \times \Delta \mathrm{l}) \geq (h/1)$, $(\Delta p \times \Delta \mathrm{l}) \geq (h/2)$, $(\Delta p \times \Delta \mathrm{l}) \geq (h/3)$, … . Um *welche* von diesen es sich handelt, hängt eben davon ab, für exakt welche positive ganze Zahl N gilt: $h/(p \times l) = 1/\mathrm{N}$.

Die obigen zu U4 führenden Erwägungen, die schlicht an das Quantenphysikalische Grundgesetz anknüpfen und einen sehr einfachen Fall im Auge haben, sind weit elementarer und spezieller als diejenigen, die Heisenberg zu seiner eigenen Unschärfeaussage hinsichtlich Ort und Impuls führten: $(\Delta \mathrm{l} \times \Delta p) \geq \hbar/2$ [$= h/4\pi$]. Ein Widerspruch zwischen U4 und dieser letzteren Unschärfeaussage – nennen wir sie „H" – besteht nicht. Für $(h/N) < h/13$, folgt U4 logisch aus H; für $(h/N) \geq h/13$, folgt H logisch aus U4.

Dies impliziert nun, dass der Ort l und der Impuls p (genauer gesagt: der Impuls dessen Betrag p ist) zueinander in einem Verhältnis der *Messkomplementarität* stehen. *Zunächst*: Die Ungenauigkeit bei der Messung von l und p zu t kann bei keinem von beiden auf 0 reduziert werden; denn (h/N) – ein Zahlenwert, der in jedem Fall größer als 0 ist – muss ja gemäß U4 durch das Produkt $(\Delta p \times \Delta l)$ mindestens egalisiert werden. U4 darf man aber nicht so verstehen, dass Δp umso größer wird, je kleiner Δl wird, oder vice versa. Vielmehr wird im vorliegenden Fall – dem Fall des Teilchens x unter den vorausgesetzten speziellen Messbedingungen – Δp *umso kleiner*, je kleiner Δl wird, *und vice versa*; denn Δp ist ja $(m/t) \times \Delta l$ (siehe die oben angegebene Herleitung von U2), wobei m/t konstant bleibt. Es ist nur so, dass das Produkt $(\Delta p \times \Delta l)$ (dennoch) niemals kleiner als h/N wird, d. h. (im Blick auf U3): niemals kleiner als $h^2/(p \times l)$.

Der Zahlenwert von h/N unterschreitet h für $N > 1$. Ein Widerspruch zum Quantenphysikalischen Grundgesetz würde mit $(\Delta p \times \Delta l) = h/N$ und $N > 1$ dennoch nicht vorliegen, denn man kann x $(\Delta p \times \Delta l)$ nicht als Wirkung bzw. Wirkungsdifferenz zuschreiben.

Zur eigentlichen *Messkomplementarität* von Ort l und Impuls p führen nun aber die folgenden Erwägungen hin: Die Ungenauigkeit der Messung des Ortes von x zu t hängt nach U1 in der Weise vom Betrag p des Impulses von x zu t ab, dass sie nicht unter h/p gedrückt werden kann; und die Ungenauigkeit der Messung des Impulses von x zu t hängt nach U2 in der Weise vom Betrag l des Ortes von x zu t ab, das sie nicht unter h/l gedrückt werden kann. Wir stehen in der Bestimmung des wahren Wertes von l und p vor einer *Erkenntnisgrenze,* die aus naturgesetzlichen Gründen unüberwindbar ist. Beliebig kleine Ungenauigkeit der Messung von l und p ist also nicht erreichbar (und natürlich schon gar nicht absolute Genauigkeit, wo $\Delta l = 0$ und $\Delta p = 0$ gelten würde). *Wohl aber* ist – im Prinzip

– *relativ größtmögliche Genauigkeit* erreichbar, mit anderen Worten: *relativ kleinstmögliche Ungenauigkeit*; diese liegt gemäß U1 und U2 bei der Messung von l und p vor, wenn gilt: $\Delta l = (h/p)$ und $\Delta p = (h/l)$. *In diesem Fall* geht U4 über in $(\Delta p \times \Delta l) = (h/N)$ – die Ungleichung wird durch eine Gleichung ersetzt. Schreiben wir für den Wert h/N „f_N", so gilt also dann: $\Delta p = (f_N/\Delta l)$ und $\Delta l = (f_N/\Delta p)$. Mit anderen Worten:

(A) Je näher an 0 bei fixem f_N (z. B. $h/2$) die relativ kleinstmögliche Ungenauigkeit Δl der Ortsmessung ist (d. h., wegen $\Delta l = (h/p)$, je größer p de facto ist), umso näher an ∞ (*Unendlich*) ist die relativ kleinstmögliche Ungenauigkeit Δp der Impulsmessung.

Und vice versa:

(B) Je näher an 0 bei fixem f_N $(= h^2/(p \times l))$ die relativ kleinstmögliche Ungenauigkeit Δp der Impulsmessung ist (d. h., wegen $\Delta p = (h/l)$, je größer l de facto ist), umso näher an ∞ ist die relativ kleinstmögliche Ungenauigkeit Δl der Ortsmessung.

Dies – (A) und (B) – ist nun das, was im vorliegenden Beispielfall das Verhältnis der (eigentlichen) Messkomplementarität darstellt, das laut der Quantenphysik zwischen den physikalischen Größen des Ortes und Impulses besteht.

Vielleicht möchte man es nicht recht glauben und versucht einen anderen Messzugang. Nun soll nicht direkt der Ort l, sondern zunächst der Geschwindigkeitsbetrag v von x zu t gemessen werden. Mit v hätte man dann den – als konstant vorausgesetzten – Impuls von x zu t bestimmt (denn dessen übrige Bestimmungsstücke, die Masse von x und die räumliche Richtung, sind ja schon bekannt *laut Voraussetzung*), darüber hinaus aber auch den Ort l von x zu t; denn l wird hier schlicht durch l gegeben und wegen der Konstanz der Geschwindigkeit von x gilt einfach: $l = (v \times t)$ (die Zeitdauer t ist bekannt, da ja der Zeitpunkt t laut Voraussetzung bekannt ist: weil frei gewählt).

Wie also wäre v konkret zu messen? Dazu installiert man in der Achse, auf der x sich bewegen soll, in der Richtung seiner Bewegung eine Schranke im Abstand l' vom Ursprung O (also am Ort l′) und misst die Länge t' der Zeit ab t_0, die x braucht, bis es die Schranke erreicht (mit anderen Worten: man bestimmt den Zeitpunkt t′). Wegen der (vorausgesetzten) Konstanz der Geschwindigkeit von x gilt dann einfach: $v = (l'/t')$.

Dabei ist es wichtig, l' so zu wählen, dass, was auch immer der genaue Wert von l sein mag, sichergestellt ist, dass l' größer als l ist, oder m. a. W.: dass t' größer als t ist, t′ nach t kommt. Nur so ist garantiert, dass x, wenn es den Ort l erreicht, nicht schon in seiner Bewegung (durch den Durchgang durch die Schranke) gestört wurde und infolgedessen dann l/t verschieden von l'/t' ist. Aber der genannten Bedingung ist leicht zu genügen, da t ja (wie l′) frei gewählt werden kann (wenn auch nun nicht mehr ganz frei), also auch – *nach der Messung von* t′ – als da und da *vor* t′ liegend.

Für die Genauigkeit der Messung von t' ist nun entscheidend die Taktlänge (oder äquivalent: die Taktfrequenz) der dafür verwendeten Uhr. Diese Uhr – welche Stoppuhr auch immer man verwenden mag – beginnt mit t_0 (dem Zeitpunkt des Ausgangs von x ab O) ihren ersten Takt und zählt dann die Anzahl ihrer stets gleichlangen Takte bis zu dem Takt, bei dem – in dessen Verlauf – x die Schranke erreicht: Bei diesem Takt bleibt sie stehen (was sich durch einen geeigneten Mechanismus sicherstellen lässt). Nehmen wir an, die Anzahl der gezählten Takte sei N (≥ 1) und t_U die für die Uhr spezifische Taktlänge. Dann gilt: $((N - 1) \times t_U) < t' \leq (N \times t_U)$. Offenbar lässt sich nun die Messungenauigkeit verringern, indem man die Taktlänge der Uhr verkürzt (mit anderen Worten: ihre Taktfrequenz erhöht). Aber leider geht das nicht bis zu jeder beliebig kleinen (wenn auch stets von 0 verschiedenen) Messungenauigkeit. Denn da „E" vorausgesetztermaßen physikalisch bedeutungsvoll ist (als den konstanten Energiebetrag von x bezeichnend) und „$(t' - t_{N-1})$" ebenfalls als physikalisch bedeutungsvoll vorausgesetzt ist (als Bezeichnung für den zeitlichen Abstand zwischen t′ – dem zu messenden

Zeitpunkt – und t_{N-1} – dem Zeitpunkt, welcher der durch die Uhr abgezählten Zeitlänge $t_{N-1} = ((N - 1) \times t_U)$ ab t_0 entspricht), ist folglich „$E \times (t' - t_{N-1})$" physikalisch bedeutungsvoll und mithin auch der (weil nun durch den vorausgehenden Ausdruck physikalisch definierte Ausdruck) „$|W_1(x, t') - W_1(x, t_{N-1})|$" (gemäß der obigen Physikalischen Partialsemantik, *hier nun* bezogen – *mutatis mutandis* – auf die Begriffe, die mit Energiewirkung zu tun haben). Es ist demnach auch davon auszugehen, dass gilt: $|W_1(x, t') - W_1(x, t_{N-1})| = E \times (t' - t_{N-1})$, wobei $E \times (t' - t_{N-1}) > 0$ [weil $E > 0$ und weil $(t' - t_{N-1}) > 0$, da $t' > ((N - 1) \times t_U) = t_{N-1}$], und also nach dem Quantenphysikalischen Grundgesetz davon, dass gilt: $E \times (t' - t_{N-1}) \geq h$. Nun $t_U \geq (t' - t_{N-1})$ [wegen $t_{N-1} = ((N - 1) \times t_U) < t' \leq (N \times t_U)$]. Mithin ist davon auszugehen, dass gilt: $(E \times t_U) \geq h$. Schreiben wir für die bei der Messung von t' auftretende Messungenauigkeit t_U „$\Delta t'$" (ebenso gut könnte man „Δt'" schreiben), so ist also die folgende Unschärfebeziehung anzunehmen:

U5 $\Delta t' \geq (h/E)$ [oder äquivalent: Δt' $\geq (h/E)$].

Wegen dieser nicht weiter als auf (h/E) reduzierbaren Unschärfe der Messung von t' (von t') unterliegt auch auf diesem *zweiten Messweg* die Bestimmung von p und die Bestimmung von l einer nur bis auf einen gewissen Betrag reduzierbaren Unschärfe; denn der für beide Bestimmungen entscheidende Wert v unterliegt wegen $v = (l'/t')$ und der Mindestunschärfe bei der Bestimmung von t' seinerseits einer Mindestunschärfe bei seiner Bestimmung. Und noch etwas anderes ist sichtbar geworden: Würde man unter den vorausgesetzten Bedingungen bei x eine Zeit-und-Energie-Messung ins Auge fassen – also bestimmen wollen (wie oben schon angesprochen), *wann* x sich am frei gewählten Ort l' befindet und welchen Betrag seine Energie an diesem Ort hat –, dann ginge das nicht genauer, als in U5 zum Ausdruck kommt. Die Bestimmung von t' unterliegt einer nicht unter (h/E) zu senkenden Unschärfe; damit unterliegt einer Mindestunschärfe aber auch die Bestimmung von v (= l'/t'), wie gesagt, und also auch die Bestimmung von *E*; denn um *E* zu bestimmen, muss man ja die kinetische Energie von x bestimmen, die aber nun $\frac{1}{2}(m \times v^2)$ ist.

Bei den obigen Überlegungen wurde x am Anfang als ein „Teilchen" bezeichnet, aber tatsächlich blieb völlig offen, wie groß x ist und wie groß die x (in der Messzeit) konstant charakterisierenden Werte *E* und *p* sind. Nach allem, was gesagt wurde, könnte x also durchaus ein makroskopisches physisches Objekt sein und *E* und *p* entsprechend groß. Das ist ganz richtig so, denn das Quantenphysikalische Grundgesetz gilt allgemein für alle physischen Objekte, denen man überhaupt eine Wirkung zuschreiben kann. Die Quantenphysik hat es *eben nicht* allein mit mikroskopischen physischen Objekten zu tun. Aber es genügt ein Blick auf die Ungleichungen U1 und U5, um sich klar zu machen, dass der Mindestwert von Δl und Δ*l* (also der Mindestwert der Ungenauigkeit der Orts- und Abstandsmessung) und der Mindestwert von Δt′ und Δ*t*′ (also der Mindestwert der Ungenauigkeit der Zeitpunkts- und Zeitabstandsmessung) bei x um so größer resultieren, je kleiner *p* bzw. *E* ist, und umso kleiner, je größer *p* bzw. *E* ist: Die Quotienten (Brüche) h/p und h/E sind jeweils umso größer, je kleiner der jeweilige Divisor (Nenner) ist, und umso kleiner, je größer er ist. Der Ungleichung U4 wiederum kann man unmittelbar entnehmen, dass der Mindestwert des Unschärfenprodukts $(\Delta p \times \Delta \mathrm{l})$ um so größer wird, je kleiner N ist, also, wie aus der U4 vorbereitenden Ungleichung U3 und $(p \times l) = (\mathrm{N} \times h)$ ersichtlich ist, je kleiner der Wirkungsbetrag $(p \times l)$ im Verhältnis zu *h* ist. Im Grenzfall – bei N = 1, also bei $(p \times l) = h$, mithin bei $(h/(p \times l)) = 1$ – ist der Mindestwert von $(\Delta p \times \Delta \mathrm{l})$ gerade *h*, was ja schon in sich sehr klein ist. Bei N > 1 muss der Mindestwert von $(\Delta p \times \Delta \mathrm{l})$ aber noch kleiner ausfallen.

Wenn $(p \times l)$ minimal, also gleich *h* ist, dann folgt zudem aus U1: $\Delta \mathrm{l} \geq l$, aus U2: $\Delta p \geq p$. Folglich ist auch auf diesem Wege ersichtlich, dass unter der Bedingung der Minimalität von $(p \times l)$ gilt: $(\Delta p \times \Delta \mathrm{l}) \geq h$. (Es sei in diesem Zusammenhang festgehalten, dass, wenn $(E \times t')$ minimal, also gleich *h* ist, sich aus U5 ergibt: $\Delta t' \geq t'$.)

Es ist also klar, dass die ununterschreitbaren Mindestwerte von Δl und Δ*l*, Δt′ und Δ*t*′ sowie (Δ*p* × Δl) für x, wenn es sich bei x um ein makroskopisches physisches Objekt handelt, gänzlich unbemerkbar bleiben (obwohl sie allesamt immer noch größer als 0 sind); denn für ein makroskopisches x müssen *E*, *p* und (*p* × *l*) gegenüber der Kleinheit von *h* sehr, sehr groß sein und mithin die Mindestwerte von Δl, Δ*l*, Δt′, Δ*t*′ und (Δ*p* × Δl) äußerst klein ausfallen.

An der grundsätzlichen Situation ändert das nichts: Die 2. Fundamentalsupposition der klassischen Physik – die der *beliebig steigerbaren Wahrheitsnähe der Messungen* – ist mit dem hervorragend bestätigten Quantenphysikalischen Grundgesetz unvereinbar. Damit gerät aber auch die 1. Fundamentalsupposition der klassischen Physik – die der *universell eindeutigen objektiven Bestimmtheit der physikalischen Größen* – ins Wanken, denn die 2. Fundamentalsupposition ist ja nichts anderes als *die* begründende Stütze der 1.: Der einzige wirklich gute Grund, den wir dafür haben, anzunehmen, dass alle physikalischen Größen immer eindeutig objektiv bestimmt sind (nach Wahl des Bezugsrahmens), ist eben, dass die Wahrheitsnähe der Messung dieser Größen (im Prinzip, d. h. im Rahmen des naturgesetzlich Möglichen) stets beliebig steigerbar ist – und gerade davon können wir nicht ausgehen, wie die Quantenphysik lehrt.

Es ist aber an dieser Stelle wichtig darauf hinzuweisen, dass es *logisch* durchaus möglich und keineswegs schlicht unvernünftig ist, die 1. Fundamentalsupposition der klassischen Physik auch ohne die 2. aufrechtzuerhalten – auch angesichts aller bekannten empirischen Fakten. (Das zeigt insbesondere die Quantentheorie des Physikers David Bohm.) Es liegt hier insgesamt eine in der Philosophie nicht selten vorkommende Art von Situation vor, die sich schematisch wie folgt beschreiben lässt:

Schema F der empirischen Unentscheidbarkeit

Keine empirischen Daten sprechen dafür, *dass A*. Keine empirischen Daten sprechen zwingend dafür, *dass nicht-A*. Soll man nun annehmen, *dass A*? Oder annehmen, dass *nicht-A*? Oder sich des Urteils bzgl. der Frage, *ob A*, enthalten? Oder aber diese Frage für sinnlos erklären? Was davon? – Es lässt sich nicht zwingend sagen.

Setzen wir beispielsweise für „A" den Satz „Es gibt kantsche Dinge an sich", m. a. W.: den Satz „Es gibt absolut unbeobachtbare Dinge", [5] dann füllt sich das obige Schema zu einer *Instanz* (einem Fall) von sich wie folgt aus:

Eine empirische Unentscheidbarkeit nach Schema F
Keine empirischen Daten sprechen dafür, dass es absolut unbeobachtbare Dinge gibt. Keine empirischen Daten sprechen zwingend dafür, dass es keine absolut unbeobachtbaren Dinge gibt. Soll man nun (1) annehmen, dass es absolut unbeobachtbare Dinge gibt? Oder (2) annehmen, dass es keine absolut unbeobachtbaren Dinge gibt? Oder (3) sich des Urteils bzgl. der Frage, ob es absolut unbeobachtbare Dinge gibt, enthalten? Oder aber (4) diese Frage für sinnlos erklären? Was davon? – Es lässt sich nicht zwingend sagen.

Keine der vier möglichen, aber einander ausschließenden Reaktionen hat einen *unbedingten* Vorrang im Sinne philosophischer Vernunft gegenüber den drei anderen – und darum überrascht es nicht, dass sich für jede der vier Reaktionen Philosophen fanden und finden, die sie sich zu eigen gemacht haben, sodass Philosophen einander schließlich auf ganzer Linie, was die Existenz absolut unbeobachtbarer Objekte angeht, widersprochen haben.

Nicht viel anders sieht es nun aber bei der folgenden Füllung (also der folgenden Instanz) des obigen Schemas aus:

---

[5] Immanuel Kant vertrat die Auffassung, es gäbe *Dinge an sich* im angegebenen Sinn: *absolut unbeobachtbare Objekte*.

Eine andere empirische Unentscheidbarkeit nach Schema F
Keine empirischen Daten sprechen dafür, dass alle physikalischen Größen immer eindeutig objektiv bestimmt sind. Keine empirischen Daten sprechen zwingend dafür, dass *nicht* alle physikalischen Größen immer eindeutig objektiv bestimmt sind. Soll man nun (1) annehmen, dass alle physikalischen Größen immer eindeutig objektiv bestimmt sind? Oder (2) annehmen, dass *nicht* alle physikalischen Größen immer eindeutig objektiv bestimmt sind? Oder (3) sich des Urteils bzgl. der Frage, ob alle physikalischen Größen immer eindeutig objektiv bestimmt sind, enthalten? Oder aber (4) diese Frage für sinnlos erklären? Was davon? – Es lässt sich nicht zwingend sagen.

Die Reaktion (1) machte sich außer David Bohm auch Albert Einstein zu eigen. Niels Bohr und Werner Heisenberg hingegen unterschieden bei ihrer Reaktion – Teil der sog. *Kopenhagener Deutung* der Quantenphysik – aufs Ganze gesehen nicht sonderlich genau zwischen den möglichen Reaktionen (2), (3) und (4), sondern vertraten eine Art Überlagerung von diesen drei – was schon unter dem Gesichtspunkt der Klarheit nicht zufriedenstellen kann.

Wie auch immer im vorliegenden Fall die philosophische Meinungslage – die durch die eben gemachten knappen Bemerkungen zu den Haltungen der illustren philosophischen Physiker Bohm, Einstein, Bohr und Heisenberg natürlich nur andeutungsweise umrissen ist – sich einmal klären und vereinheitlichen wird (vielleicht nur in einer zufälligen, philosophisch irrelevanten Weise, vielleicht *niemals*), die philosophisch *interessanteste* Reaktion ist jedenfalls die Reaktion (2), die weder agnostizistisch (wie (3)), noch sinnverleugnend (wie (4)), noch konservativ (wie (1)) ist, *sondern revolutionär.* Sie führt sofort zu einer weitergehenden Destruktion der Fundamentalsuppositionen der klassischen Physik. Denn sieht man neben der 2. auch die 1. Fundamentalsupposition der klassischen Physik als falsch an (eben deshalb, weil man die 2. als falsch ansieht), so wird die 3. – die der *universellen Determiniertheit des physischen Geschehens* – mehr als fragwürdig. Zum physischen Determinismus gehört ja zweierlei: *zum einen* ein beliebiger unter den zur Gänze eindeutig objektiv bestimmten physischen Totalzuständen, *zum anderen* die solchen Zuständen angemessenen Naturgesetze, die auf jeden beliebigen unter jenen Zuständen jeweils in solcher Weise „zugreifen", dass alle übrigen physischen Totalzustände durch ihn restlos festgelegt werden, und zwar *als zur Gänze eindeutig objektiv bestimmte.* Aber wird nun die 1. Fundamentalsupposition der klassischen Physik als falsch angesehen, so können gerade *nicht* alle physischen Totalzustände (die gemäß dem mechanistischen Weltbild, wie wir im vorausgehenden Kapitel sahen, jeweils durch den Ort und den Impuls aller Massenpunkte zu einem Zeitpunkt gegeben sind) zur Gänze eindeutig objektiv bestimmt sein, weil manche physikalischen Größen (insbesondere Ort und Impuls) nicht immer eindeutig objektiv bestimmt sind. Es ist demnach gewissermaßen so, als würde der großen Determinismusmaschine der ihr allein zuträgliche Treibstoff vergällt. Denn: Ohne eine durchgängige eindeutige objektive Bestimmtheit aller physikalischen Größen sind nicht alle physischen Totalzustände zur Gänze eindeutig objektiv bestimmt, und folglich kann keine Determination (Festlegung) alles physischen Geschehens gegeben sein.

Und was, schließlich, sind die Auswirkungen des Quantenphysikalischen Grundgesetzes auf die 4. Fundamentalsupposition der klassischen Physik – die der *letztlich eindeutigen Objektivierbarkeit der Beobachtungen*? Diese Frage wird das Hauptthema des nächsten Kapitels sein. Hier aber bleibt zu sagen, dass die Interaktion zwischen dem physischen Objekt x und den Messarrangements, denen es auf den oben geschilderten beiden Messwegen ausgesetzt wird, um seinen Ort l und Impuls *p* zu einem Zeitpunkt t zu bestimmen, äußerst merkwürdig erscheint, wenn man den quantenphysikalischen Standpunkt einnimmt. Denn zunächst scheint es doch, als könne man *von vornherein, bevor* man überhaupt mit dem Messvorgang beginnt, *die Schleusenstaffel bzw. die Stoppuhr bis zu jedem gewünschten Grad der Messgenauigkeit optimieren*: indem man die Abstände bei der Schleusenstaffel bzw. die Taktabstände bei der Uhr *beliebig* kurz macht. Aber kaum tritt das Teilchen x auf den Plan, dessen Ort l und Impuls *p* zum Zeitpunkt t ermittelt werden soll, so stellt sich (als eine Folge des Quantenphysikalischen Grundgesetzes) heraus, dass dies doch nicht möglich ist, sondern dass vielmehr in Wahrheit die Abstände bei der Schleusenstaffel nicht unter h/p und die Taktabstände bei der Uhr nicht unter h/E gedrückt werden können. Wie hat denn nun aber die Natur den Impuls *p* und die Energie *E* von x sozusagen vorausgeahnt, dass sie einen Versuch der Verringerung der Messungenauigkeit auf einen Wert unterhalb von h/p bzw. h/E, wenn er denn unternommen worden wäre, *von vornherein* vereitelt hätte – ein Versuch, der doch (als zeitlich vorausgehender) ganz unabhängig vom Messvorgang an x gewesen wäre? Dies ist – wenigstens prima facie – unbegreiflich, *paradox,* dem rationalen Verständnis widerstrebend und erregt den Verdacht, dass mit der Quantenphysik etwas nicht stimmt, dass sie, wenn nicht geradeheraus falsch, so doch „unvollständig" ist – was jedenfalls besagen soll, dass sie nicht das letzte Wort in der Naturbeschreibung sein kann.

Tatsächlich erinnern die eben angestellten Überlegungen, die auf die Paradoxität der Quantenphysik aus sind, an die berühmten Gedankenexperimenten, mit denen in den zwanziger und dreißiger Jahren des vergangenen Jahrhunderts Albert Einstein Niels Bohr konfrontierte. Diese Gedankenexperimente entwickelten verschiedene Mess-Szenarien mit der Intention darzutun, dass die Konsequenzen der Quantenphysik paradox seien und man bei ihnen vernünftigerweise nicht stehen bleiben dürfe, also die Quantenphysik in dieser Hinsicht noch zu modifizieren sei (auch wenn man einstweilen noch nicht weiß *wie*). Einstein kann es kaum entgangen sein, dass er mit seinen gegen Bohr und die Quantenphysik gerichteten Gedankenexperimenten etwas ähnlich Unattraktives tat, wie jemand – nennen wir ihn „Mewton" (reale Vorbilder hat Mewton viele) –, der ihm – dem Schöpfer der Relativitätstheorie – gegenüber durch Gedankenexperimente darlegen wollte, dass absolute Gleichzeitigkeit *doch feststellbar,* oder dass der Betrag der Lichtgeschwindigkeit (im Vakuum) *doch abhängig vom Bewegungszustand des Beob-*

achters sein müsse. Bohr reagierte jedenfalls auf Einsteins Gedankenexperimente unter Verwendung der Quantenphysik gerade so, wie Einstein unter Verwendung der Relativitätstheorie auf Mewtons Gedankenexperimente reagiert hätte: Er erwies sie hinsichtlich ihrer Implikationen als mit der Theorie, für die er stand (in Bohrs Fall: die Quantenphysik), *unvereinbar.*

Warum aber ist die Einstein-Bohr-Kontroverse interessant? Ist sie nicht einfach bloß *zirkelhaft*?

Eine Kontroverse ist *zirkelhaft,* wenn der Opponent A aus seiner Position eine Behauptung *folgert,* die der Position des Proponenten B widerspricht, und der Proponent B daraufhin diese Behauptung zurückweist, *weil* sie seiner Position widerspricht. Offenbar sind A und B (beispielsweise: Einstein und Bohr, oder Mewton und Einstein) keinen Schritt weitergekommen, sondern haben nur ihren jeweiligen Standpunkt bekräftigt (haben sozusagen einmal auf ihrem jeweiligen Standpunkt mit dem Fuß aufgestampft oder, eleganter, eine Pirouette gedreht).

Die Einstein-Bohr-Kontroverse *ist* zirkelhaft (im gerade aufgewiesenen Sinn: beide Parteien setzen jeweils schon das voraus, über das doch erst entschieden werden müsste: die Unrichtigkeit bzw., im Gegenteil, die Richtigkeit der Quantenphysik), und doch ist sie nicht uninteressant. Niemand kann nämlich vernünftigerweise den gewissen Zug des *Paradoxen* leugnen, den die Folgerungen der Quantenphysik an sich haben, so gut bestätigt durch die Erfahrung die Quantenphysik auch sein mag – ein paradoxer Zug, der auch an den hier geschilderten sehr einfachen Mess-Szenarien zu Tage getreten ist. Jene Folgerungen sind zunächst für uns Menschen *rational schwerverdaulich,* und eben dies machen Einsteins erwähnte Gedankenexperimente, obwohl man sie allesamt an der Quantenphysik (wenn man sich wie Bohr *fest auf diesen Standpunkt stellen will*) wie an einem unbeweglichen Felsen zerschellen lassen kann, eindringlich deutlich. Das ist es, was die Einstein-Bohr-Kontroverse interessant macht.

Aber was ist zu tun? Ein *Paradox* wird konstituiert durch Annahmen, die man eigentlich alle gerne beibehalten möchte, die aber eine gewisse Folgerung nach sich ziehen (im Extremfall handelt es sich um einen logischen Widerspruch), die man nun gerade *nicht* gerne akzeptiert. Im Fall des Annahmensystems der Quantenphysik ist eine solche ungeliebte Folgerung u. a. *die,* dass Ort und Impuls eines physischen Objekts x zu einer Zeit t nicht beide mit beliebiger Genauigkeit messbar sind (mit den schon aufgewiesenen weiteren Konsequenzen, die dieses Ergebnis mehr oder minder zwingend nach sich zieht).

Es ist anfänglich ein inneres Bedürfnis menschlicher Vernunft (auch wenn es nicht jeder empfindet), ein Paradox nicht einfach stehen zu lassen, sondern es *aufzulösen.* Das kann auf sehr vielfältige Weise geschehen, aber immer muss das Annahmensystem einer Modifikation unterworfen werden. Man könnte eine der Annahmen aufgeben; man könnte sie alle beibehalten, sie aber einer begrifflichen Neuinterpretation unterziehen und im Lichte dieser Neuinterpretation sogar weitere Annahmen hinzunehmen. Die Hauptsache ist, die fragliche ungeliebte Folgerung lässt sich am Ende nicht mehr aus den Annahmen ziehen – oder zwar immer noch ziehen, aber nicht mehr *als ungeliebte.*

Aber diese *Hauptsache* ist eben nicht die einzige Sache, auf die in der Erfüllung der Absicht der Paradoxauflösung Rücksicht genommen werden muss. Daher kann dabei leicht ein unauflösliches Patt theoretischer Interessen entstehen. Es gibt in der Tat keine Garantie, dass ein Paradox sich stets in rational befriedigender (unsere menschliche Vernunft voll und ganz würdigender) Weise auflösen lässt. Eine *solche* Auflösung mag in dem einen oder anderen Fall *menschenunmöglich* sein. Dann muss man das Paradox schließlich doch stehen, das Annahmensystem unmodifiziert lassen (was immer dann wenigstens *möglich* – rational erlaubt – ist, wenn „die ungeliebte Folgerung" nicht einen logischen Widerspruch darstellt); die *Gewöhnung* wird mit der Zeit unausweichlich dazu führen, dass das Annahmensystem, sofern es beibehalten wird (weil es sonst gut funktioniert und man nichts Besseres zur Verfügung hat), nicht mehr als paradox empfunden wird.

Es besteht nun der keineswegs ganz unbegründete Verdacht, dass es sich beim Annahmensystem der Quantenphysik – aufs Ganze gesehen – *gerade so* verhält, wie es der vorausgehende Absatz ins Auge fasst. Niels Bohr scheint schon sehr früh empfunden zu haben, dass es sich *so* verhält – im Unterschied zu Albert Einstein, der es nie akzeptieren konnte. Das macht Bohr nicht unphilosophischer als Einstein, sondern nur philosophisch in einer anderen Weise als Einstein. Wenn Bohr mit seiner philosophischen Haltung richtig liegt, dann besteht der im 1. und 2. Kapitel dieses Buches angesprochene gewisse – nämlich erkenntnismäßige – *Anthropomorphismus der Natur* in einer sehr grundsätzlichen Hinsicht des großangelegten menschlichen Versuches, die Natur zu verstehen, tatsächlich *nicht*. Und das wäre eine tiefe Einsicht (wenn Bohr denn mit seiner Haltung richtig liegt).

Kehren wir zum Teilchen x, oder allgemeiner gesprochen (da die Voraussetzung der Kleinheit eigentlich keine Rolle spielte): zum physischen Objekt x zurück. Wie könnte man das einzelne Paradox *auflösen*, das oben speziell für x hinsichtlich der Messung seines Ortes und Impulses zum Zeitpunkt t konkret aufgewiesen wurde – in einer Folgerung bestehend, die „unbegreiflich" war? Bei den beiden oben geschilderten Messwegen wird stillschweigend davon ausgegangen, dass x, ob es groß oder klein ist, bei der Einfachheit der vorausgesetzten Messbedingungen jedenfalls etwas ist, das durch einen Massenpunkt darstellbar ist. Da ein Massenpunkt aber nun einmal *seinem Begriff nach* (also, wie es in der Philosophie heißt, *analytisch*) zu jedem Zeitpunkt einen objektiv eindeutig bestimmten Ort und an jedem Ort, den er aufsucht (und nur einmal aufsucht), einen objektiv eindeutig bestimmten Zeitpunkt hat, ist *bei einem Massenpunkt* die Annahme – nennen wir sie „die vorgreifende Messannahme" – völlig angemessen, dass sich sein Ort zu einem Zeitpunkt und sein Zeitpunkt an einem Ort zwischen Grenzen befinden müsse, die *von vornherein* – schon vor der eigentlichen Messung – beliebig nah an jenen Ort bzw. Zeitpunkt (welcher auch immer er sei: das stellt sich erst bei der Messung heraus) herangerückt werden können. Aber da sich nun diese Annahme *bei* x als *unhaltbar erweist* (wobei *dieses Sich-erweisen,* wie wir sahen, aufgrund der Quantenphysik erfolgt: als eine der – zunächst – paradoxen, *ungeliebten* Konsequenzen aus ihr), ist die naheliegende Schlussfolgerung mit paradoxauflösender Intention *die,* dass x eben in Wirklichkeit etwas ist, das sich *nicht* durch einen Massenpunkt darstellen lässt. Das oben aufgewiesene Paradox besteht nur solange, wie man am Massenpunktmodell für x festhält. Gibt man es auf, so wird der vorgreifenden Messannahme der Boden entzogen, und mit der Stützung für sie entfällt auch der Charakter des Paradoxen, den die quantenphysikalische Leugnung jener Annahme mit sich führt.

So weit, so gut. Doch sind nicht alle Probleme damit aus der Welt geschafft. Denn wenn nun x – trotz der angenommenen speziellen Messbedingungen – *nicht* durch einen Massenpunkt modellierbar ist, *was* ist x denn dann? Aus Gründen, die im nächsten Kapitel dargelegt werden, kann davon gesprochen werden, dass x etwas *Wellenartiges* an sich hat. Durch diese Annahme wird vieles verständlich werden. Allerdings bleibt es dabei, dass x auch etwas *Massenpunktartiges* an sich hat, und zwar nicht etwa in geringerem Maße, als Wellenartiges an ihm ist. Beide Charaktere – der der Wellenartigkeit und der der Massenpunktartigkeit – lassen sich nun aber, obwohl sie ja beide für x eine gewisse und dabei gleiche Berechtigung haben, nicht gut an x so miteinander verbinden, dass ein eindeutiges Bild davon entstünde, *was* x (objektiv, an sich) *ist.* Schon gar nicht lässt sich sagen, dass x sowohl Welle als auch Teilchen ist (soviel schon hier zu der Frage, die der Titel des nächsten Kapitels ist).

Hiermit ist nun ein weiterer bedeutender Aspekt der quantenphysikalischen *Komplementarität* angesprochen: die *Komplementarität von Welle und Teilchen* (wie man jenen Aspekt üblicherweise nennt); er bedeutet nichts anderes, als dass es auch um die 4. Fundamentalsupposition der klassischen Physik – die der *letztlich eindeutigen Ob-*

jektivierbarkeit der Beobachtungen (und damit auch unserer die Beobachtungen verarbeitenden Theorien) – aus quantenphysikalischer Sicht nicht gut bestellt ist. Auch das ist eine „ungeliebte Konsequenz", für manche gewiss eine paradoxkonstituierende.

Anhang zum 3. Kapitel:

1. Erste, vorläufige Bemerkungen zum Einstein-Podolsky-Rosen-Paradox

Das berühmteste unter den Argumenten Einsteins, welche die Quantenphysik durch „Paradoxierung" in Frage stellen wollen, ist das sogenannte *EPR-Argument,* oder – wie man ganz richtig sagt (nämlich dem angemessen, worauf es hinaus will: die Quantenphysik als paradox zu erweisen) – *das EPR-Paradox.* „EPR" steht hier kurz für „Einstein-Podolsky-Rosen" (Boris Podolsky und Nathan Rosen waren die beiden Physiker, die das Argument zusammen mit Einstein im Jahre 1935 veröffentlichten). In diesem Argument soll die der Quantenphysik schlicht widersprechende genaue Messung von Ort *und* Impuls eines Teilchens x zu einer Zeit t dadurch erreicht werden, dass x mit einem anderen Teilchen y *gekoppelt* wird. Im einfachsten Fall – den ich hier anknüpfend an das 3. Kapitel zur Betrachtung vornehme – sieht diese Kopplung so aus, dass y *der exakte Symmetriepartner* des oben betrachteten Teilchens x ist; was bedeutet, dass y haargenau so wie x ist (also insbesondere gilt: M(x) = M(y)), nur dass eben y in die zur Richtung der Bewegung von x *entgegengesetzte* Richtung den Ursprung (des Bezugsrahmens) verlässt – und zwar bekanntermaßen *gleichzeitig* mit x, mit dem *gleichen* konstant bleibenden (aber einstweilen unbekannten) Geschwindigkeitsbetrag wie x und dabei, wie x, seine eingeschlagene Richtung konstant beibehaltend. Der Gedanke ist nun der, dass man auf der einen Seite der Messanordnung den Ort l von x zu t misst, während man auf der anderen Seite gleichzeitig den Betrag *p´* des Impulses von y zu t misst. Unter der gemäß EPR äußerst plausiblen, ja gemäß EPR unaufgebbaren Fundamentalsupposition der *Lokalität aller physischen Wirkungen* (siehe zur Beschreibung dieser Fundamentalsupposition das 2. Kapitel) kann keine der beiden – gleichzeitig an hinreichend weit voneinander entfernten Orten erfolgenden – Messungen die andere (inklusive dessen, *was* diese andere Messung misst) *stören* und in Folge davon deren angezielte Genauigkeit in der Erfassung der an sich gegebenen Realität verderben. Beide Messungen sind also *be-*

liebig genau ausführbar. Da aber y der exakte Symmetriepartner von x ist, und also der Betrag *p´* des Impulses von y zu t identisch ist mit dem Betrag *p* des Impulses von x zu t, ist mit *p´* auch *p* beliebig genau messbar (wenn auch indirekt). Wegen der Symmetrie von x und y ist zudem mit dem Ort l von x zu t der diametral gegenüberliegende Ort l´ von y zu t beliebig genau messbar. Folglich ergibt sich gemäß EPR, dass der Impuls von x zu t und der Ort von x zu t (sowie der Impuls von y zu t und der Ort von y zu t) *doch* beide beliebig genau bestimmbar sind – während die Quantenphysik das Gegenteil lehrt, also einen (nunmehr unterstrichenen) *paradoxen* Charakter hat, so gut bestätigt sie andererseits auch sein mag.

Man beachte hier, dass es *nicht* die Absicht von EPR ist, die Quantenphysik schlicht als *falsch* zu erweisen; das Anliegen ist vielmehr, sie als in der Beschreibung der physischen Wirklichkeit „unvollständig" – ergänzungsbedürftig, umbaubedürftig, rückführbedürftig auf eine fundamentalere Theorie –zu erweisen. Aber inwieweit kann dann die im EPR-Argument als möglich hingestellte beliebig genaue Bilateralmessung *als Möglichkeit* ernst gemeint sein? Soll sie *wirklich* möglich sein? Aber wäre sie *wirklich* möglich – naturgesetzlich möglich –, so wäre damit die Quantenphysik eben doch als *falsch* erwiesen. Wenn jedoch jene Bilateralmessung gar nicht als Möglichkeit ernst gemeint ist, welche Kraft hat dann eigentlich das EPR-Argument noch, irgendetwas an der Quantenphysik in Frage zu stellen?

Das EPR-Argument verkennt jedenfalls, dass für eine Herleitung der quantenphysikalischen Messkomplementarität von Ort und Impuls, die diese Komplementarität wenigstens partiell verständlich macht, keineswegs vorausgesetzt werden muss, dass sich die Messungen beider Größen für den gleichen Zeitpunkt am selben Objekt notwendig *gegenseitig stören*. Die Ausschaltung im EPR-Argument von Heisenbergs populär gewordenen Gedanken der Erklärung *der unvermeidlichen gewissen Unbestimmtheit von Messungen am selben Objekt für denselben Zeitpunkt dadurch, dass sich diese Messungen notwendig gegenseitig stören müssen*, wozu EPR bemerkenswerterweise die klassische Fundamentalsupposition der Lokalität aller physischen Wirkungen ins Spiel bringen müssen, ist daher *funktionslos* und bringt die Quantenphysik *nicht* in einen größeren Ruch des Unglaublichen und Paradoxen als den, den sie schlicht durch die Messkomplementarität von Ort und Impuls von x zu t ohnehin hat. Denn, wie wir sahen, lässt sich die Messkomplementarität des Ortes und Impulses von x zu t auch dann in einer Weise, die sie wenigstens partiell verständlich macht, herleiten, wenn man – wie bei den oben für x unterstellten speziellen Messbedingungen – mit einer *einzigen* (Orts- bzw. Zeit-) Messung auskommt und von vornherein ausgeschlossen werden kann, dass *zwei* Messungen sich gegenseitig stören. Jene Überlegungen lassen sich ohne Abstriche auf das hier geschilderte äußerst einfache EPR-Szenario übertragen: y wiederholt nur *für sich genommen* (auf seiner Seite der Messanordnung), was wir für x *für sich genommen* (auf seiner Seite des Messanordnung) schon gefunden haben. Wegen $l' = l$ (d. h.: wegen der symmetriebedingten Gleichheit der Abstände von y bzw. x vom Ursprung zu t, trotz Verschiedenheit ihrer Orte l′ und l zu t) gilt mithin bei *relativ größtmöglicher Genauigkeit* der Messungen auf beiden Seiten: $\Delta p' = (h/l') = (h/l) = \Delta p = (f_N/\Delta l)$, wobei $f_N = (h/N)$ (gemäß U2 – was für l' und p' ebenso wie für l und p gilt – und U4; bei relativ größtmöglicher Genauigkeit der Messungen ist „≥" in U2 und U4 durch „=" zu ersetzen). *Also*: Je an sich genauer die relativ genaustmögliche Ortsmessung auf der x-Seite ist (d. h.: je näher Δl – mit $\Delta l = h/p$ – an 0 heranrückt), umso an sich ungenauer ist die relativ genaustmögliche Impulsmessung auf der y-Seite (d. h.: umso näher rückt $\Delta p'$ an Unendlich heran). Davon, dass *beide* Messungen *beliebig genau* gemacht werden können, kann also *gemäß der Quantenphysik* keine Rede sein. Das mag unbegreiflich, paradox sein, aber es ist nicht paradoxer als das, was wir – ohne EPR – schon gehört haben. Es wäre, angesichts der obigen Ausführungen, *äußerst irreführend,* davon zu sprechen, dass *gemäß der Quantenphysik* Durchführung und Ergebnis der Ortsmessung auf der x-Seite und Durchführung und Ergebnis der Impulsmessung auf der y-Seite in (wie man oft hört) „spukhafter" – also *rational völlig unverständlicher* – Weise miteinander korreliert seien, was doch einer vollständigen physikalischen Theorie nicht gut anstehe. Das EPR-Paradox ist also einstweilen keineswegs ein besonders scharfes, sondern eher ein besonders pittoreskes Paradox der Quantenphysik. Wir werden aber auf das EPR-Szenario (*in modifizierter Form*) zurückkommen müssen: Es bleibt dazu noch wesentlich mehr zu sagen (siehe Kap. 6), insbesondere hinsichtlich dessen, was das Verhältnis der Quantenphysik zur kausalen Lokalität angeht.

4. Welle *und* Teilchen?

Im Rahmen der klassischen Physik gewann im Laufe der Zeit ein Begriff, den Christiaan Huygens – ein (weitgehender) Zeitgenosse Isaac Newtons – in die Physik eingeführt hatte, eine immer größere Bedeutung: der Begriff der *Welle* und in Folge davon auch der grundlegendere Begriff der *Schwingung*. Gegen Ende des 19. Jahrhunderts hatte sich die (auf Huygens zurückgehende) Wellentheorie des Lichts gegenüber der (auf Newton zurückgehenden) Korpuskeltheorie vollständig durchgesetzt. Vor dem Aufkommen der Quantenphysik war es zudem ganz unzweifelhaft, dass zwischen einem Teilchen (einer Korpuskel) und einer Welle ein durch nichts zu verwischender Unterschied besteht. Um die durch die Quantenphysik erzwungene Revolution zu ermessen, die hinsichtlich dieser Ansichten eingetreten ist, ist es notwendig, die wichtigsten Begriffe kennenzulernen, die für die Beschreibung von Wellen erforderlich sind.

Eine *Schwingung* ist der periodisch exakt wiederkehrende Hin-und-her-Wechsel eines Schwingungsträgers – *Oszillators* – zwischen zwei physikalischen „Lagen" (*in Anführungsstrichen,* denn es brauchen nicht Lagen im Raum – Lagen im eigentlichen Sinn – zu sein, zwischen denen der Oszillator hin und her geht).

Gemäß dieser ganz allgemeinen Definition ist sowohl der sich regelmäßig wiederholende Hin-und-her-Gang eines Pendels zwischen zwei räumlichen Extremlagen als auch die sich regelmäßig wiederholende Vorzeichenumkehr der Ladungen (gewisser Stärke) zweier entgegengesetzt geladener benachbarter Pole (sie bilden zusammen einen *elektrischen Oszillator*) von Negativ-Positiv zu Positiv-Negativ und zurück eine *Schwingung*.

Eine *einfache Welle* besteht dann aus einer Ursprungsschwingung, die in *feststehender* Weise räumlich und zeitlich versetzt *ganz gleichartige* Schwingungen (aber natürlich mit ihren jeweils eigenen

Schwingungsträgern) hervorruft, die wiederum – in derselben feststehenden Weise – räumlich und zeitlich versetzt ganz gleichartige Schwingungen hervorrufen (d. h.: ganz gleichartige untereinander und zu den vorherigen), usw.

Die Zeit, die der jeweilige Schwingungsträger benötigt, um bei seiner Schwingung einen ganzen Schwingungsdurchgang (einen Hin-und-her-Wechsel) zu vollziehen, ist die *Schwingungsdauer* oder *Periode* der Schwingung, nennen wir sie „T" (wie in der Physik üblich). T wird, wie jeder Zeitbetrag, in Sekunden angegeben. Der Kehrwert von T, also $1/T$, gibt dann die Zahl der Schwingungsdurchgänge pro Sekunde an, mit anderen Worten: die *Frequenz* der Schwingung. Für die Frequenz schreibt man den griechischen Buchstaben „ν" (sprich „Nü"). Gilt also beispielsweise $T = 0{,}001$ s, dann gilt $\nu = 1000/\text{s}$, und umgekehrt. Für die Beschreibung einer einzelnen Schwingung muss zudem ihre *Amplitude* berücksichtigt werden, worunter gerade die Hälfte der Differenz – beispielsweise des räumlichen Abstands – zwischen den beiden physikalischen Lagen zu verstehen ist, zwischen denen der Oszillator hin und her wechselt; die Amplitude ist also die Hälfte des *Schwingungsabstands*, oder mit anderen Worten: der maximale Betrag der Abweichung des Oszillators von der mittleren Lage (auch „Ruhelage" genannt). Je nachdem, ob man die Amplitude auf die eine oder aber die andere der beiden äußersten Schwingungslagen bezieht, versieht man sie mit einem positiven bzw. negativen Vorzeichen.

Alle bisher eingeführten Begriffe charakterisieren eine Schwingung, die für sich genommen betrachtet wird, *ebenso* wie sie eine einfache Welle charakterisieren (die ja nichts anderes ist als eine besondere – sehr einfache – Art von Schwingungssystem): Da alle Schwingungen, die eine einfache Welle ausmachen, *dieselbe* Amplitude und *dieselbe* Frequenz (bzw. Periode) haben, kann man auch von *der* Amplitude und *der* Frequenz (bzw. *der* Periode) der (einfachen) *Welle* sprechen.

Im Weiteren werden mit dem unmodifizierten Wort „Welle“ in der Regel *einfache Wellen* bezeichnet (also Wellen, die im *oben beschriebenen Sinn* einfach sind). Damit soll natürlich nicht impliziert sein, dass einfache Wellen diejenigen Wellen sind, mit denen man realistischerweise rechnen muss (das Gegenteil ist der Fall). Einfache Wellen sind jedoch die am einfachsten zu beschreibenden Wellen, und schon anhand von ihnen lässt sich das quantenphysikalisch Relevante darstellen.

Der Begriff der *Wellenlänge* hingegen kann nur *Wellen* charakterisieren; er ist auf eine Schwingung, die für sich genommen betrachtet wird, nicht anwendbar. Was ist mit diesem Begriff gemeint? Um dies wirklich verständlich zu machen, muss ein wenig ausgeholt werden. Befinden sich um den Ursprungsoszillator O_0 herum (in hinreichender Dichte) mit O_0 gleichartige mögliche Oszillatoren, dann regt die Ursprungsschwingung (wenn geeignete Übertragungsmechanismen vorhanden sind) diese anderen Oszillatoren zu eigenen Schwingungen an, die, nehmen wir an, der Ursprungsschwingung völlig gleichartig sind – bis auf die Tatsache, dass sie an anderen Orten stattfinden und zeitlich hinter der Ursprungsschwingung ein wenig zurückbleiben, und zwar um so mehr, je weiter entfernt von O_0 ihr jeweiliger Oszillator ist. Mit dem Ende eines Schwingungsdurchgangs von O_0 bleibt allerdings der zu dieser Zeit in einer gegebenen Richtung R von O_0 aus angeregte Oszillator O_T mit seiner Schwingung so weit hinter O_0 zurück, dass sein absoluter Schwingungsanfang mit dem soeben wiederkehrenden von O_0 (zeitlich) koinzidiert (O_T wird sozusagen von O_0 „überrundet“ – ohne dabei freilich von ihm „überholt“ zu werden), was zur Folge hat, dass O_0 und O_T im weiteren Zeitverlauf *phasengleich* (wenn auch an verschiedenen Orten) *schwingen*, d. h.: *in völligem Einklang* zu jedem Schwingungszeitpunkt hinsichtlich relativer Schwingungslage und Schwingungssinn. Offenbar wird sich bei weiterer Ausbreitung der betrachteten einfachen Welle in Richtung R von O_0 aus (wobei R repräsentiert wird durch einen von O_0 ausgehenden, von O_0 wegorientierten Strahl) das Verhältnis zwischen O_0 und O_T wiederholen: zwischen O_T und O_{2T}, O_{2T} und O_{3T}, usw. In der Tat wird für jeden *beliebigen* in der Richtung R von O_0 aus zu irgendeinem Zeitpunkt angeregten Oszillator *um die Zeitlänge T später* in derselben Richtung ein weiterer angeregt, der dann im weiteren Zeitverlauf mit dem ersteren phasengleich schwingt. Dabei tritt bei den räumlichen Abständen zwischen den phasengleich schwingenden Oszillatoren in der Richtung R von O_0 aus immer der gleiche Längenbetrag auf. Dieser konstante Betrag ist die *Wellenlänge* der fraglichen Welle; zur Bezeichnung der Wellenlänge verwendet man den griechischen Buchstaben „λ" (sprich „Lambda").

Die Wellenlänge λ ist nun offenbar nichts anderes als die Länge der Strecke, um die eine Welle in einer vorgegebenen Richtung von O_0 aus während einer Periode T der Ursprungsschwingung (und damit auch der Welle) gleichförmig anwächst. Ist V der Betrag der *Ausbreitungsgeschwindigkeit* der Welle, so gilt also: $V = (\lambda/T)$, oder mit anderen Worten: $V = (\nu \times \lambda)$.

Wellen breiten sich gewöhnlich kugelförmig aus, d. h. gleichzeitig in alle räumlichen Richtungen, die vom Ursprungsoszillator O_0 ausgehen. Das gilt insbesondere von Schall- und Lichtwellen; sie sind demnach *räumliche* (d. h. in der Ausbreitung *dreidimensionale*) Wellen. Neben räumlichen Wellen treten an Oberflächen *flächige* (d. h. in der Ausbreitung *zweidimensionale*) Wellen auf, etwa die Wasserwellen, und an Strängen *lineare* (d. h. in der Ausbreitung *eindimensionale*) Wellen. Von einer *ebenen* Welle spricht man, wenn die Welle eine einzige Ausbreitungsrichtung hat (wobei in diesem Fall die räumliche Richtung gewöhnlich *ohne Ausgangspunkt* gemeint ist, also darstellbar ist durch eine mit einem Richtungssinn versehene *Geraden – und ebenso* durch deren mit dem gleichen Richtungssinn versehenen Parallelen). Man kann aber jede Welle, auch eine kugelförmige oder eine kreisförmig Welle, entlang eines einzigen vom Ursprungsoszillator ausgehenden gerichteten Strahls betrachten und dementsprechend von *der* (nämlich *der gemeinten*) Ausbreitungsrichtung der Welle sprechen (eben *der* für die Betrachtung *gewählten* Ausbreitungsrichtung). Bei kugelförmigen und kreisförmigen Wellen ist zu beachten, dass wegen des Energieerhaltungssatzes ihre Amplitude in der Ausbreitungsrichtung mit dem Abstand vom Wellenursprung auch ohne jeden dämpfende Einwirkung abnehmen muss; bei einer ebenen Welle ist das hingegen nicht der Fall. Kugelförmige und kreisförmige Wellen sind also Wellen, die aus naturgesetzlichen Gründen keine *einfachen Wellen* (im oben definierten Sinn) sein können; ebenen Wellen hingegen ist es naturgesetzlich möglich, einfache Wellen zu sein, sie sind es aber de facto stets doch nur höchstens in guter Näherung (wegen der unausbleiblichen Dämpfungseffekte). Dennoch wird im Folgenden – zwecks Komplexitätsreduktion – jede Welle wie eine *einfache Welle* aufgefasst (also als Schwingungssystem mit *einheitlicher* zeitlich konstanter Frequenz, Wellenlänge und Amplitude). Solange man die Betrachtung auf den Ausgangsbereich einer Welle beschränkt, ist das nicht inadäquat.

Schwingen die Oszillatoren einer Welle *lotrecht* zur Ausbreitungsrichtung, so spricht man von einer *Transversalwelle*. Lichtwellen sind von dieser Art. Sie sind zudem *elektromagnetische Wellen* (die *sichtbaren* unter diesen); die Oszillatoren einer Lichtwelle werden nämlich gebildet durch jeweils aufeinander und auf der Ausbreitungsrichtung senkrecht stehende, sich wechselweise durch immer die gleiche sich wiederholende elektrische bzw. magnetische Feldstärkenänderung im Raum fortzeugende elektrische und magnetische *immaterielle Felder*. (Die Oszillatoren einer Lichtwelle sind also nicht schon da und werden nur zur Schwingung angeregt, sondern sie werden im Verlaufe der Wellenausbreitung erst erzeugt.)

Schwingen die Oszillatoren einer Welle hingegen *in* der Ausbreitungsrichtung (und zurück), so spricht man von einer *Longitudinalwelle*. Schallwellen sind von dieser Art. Bei ihnen handelt es sich um *mechanische Wellen*, denn die Oszillatoren von Schallwellen sind *materielle Teilchen*, beispielsweise Luftmoleküle.

Ein nur auf Transversalwellen, nicht auch auf Longitudinalwellen anwendbarer Begriff der Wellenlehre ist der der *Polarisierung*. *Polarisiert* ist eine Transversalwelle entlang eines Richtungsstrahls genau dann, wenn alle ihre Oszillatoren auf diesem Strahl *in ein und derselben* Ebene (lotrecht zu ihm) schwingen. Insbesondere spricht man von *polarisierten Lichtwellen*.

Kann man nun von einer Welle sagen, sie befinde sich an einem gewissen *Ort* zu einer bestimmten Zeit t? Gewiss kann man das: Sie befindet sich überall dort zu t, wo zu t Oszillatoren sind, die die Welle, indem sie miteinander in der oben beschriebenen, allgemeinen Weise systematisch zusammenhängen, durch ihre jeweiligen (ganz lokalen) Schwingungen konstituieren. Aber *diese* Ortsaussage ist offensichtlich sehr weit von den Ortaussagen entfernt, die man über *Massenpunkte* machen kann. Denn der Ort eines Massenpunkts y zu t, R(y, t), wird durch <*d*, D> spezifiziert, wo *d* der Betrag des gerichteten Abstands von y zu t vom Ursprung des Bezugsrahmens ist und D die Richtung dieses Abstands (vom Ursprung aus). Will man sich einer solchen *punktgenauen* Ortsaussage auf der Seite der Wellen wenigstens annähern, so muss man sehr spezielle Wellen betrachten: *Minimalwellen.* Eine *Minimalwelle* breitet sich vom Ursprungsoszillator ausgehend nur entlang eines einzigen Richtungsstrahls aus (sie ist also eine *spezielle ebene Welle*), und sie wird nur durch eine einzige Schwingung der an ihr beteiligten Oszillatoren hervorgerufen; wir nehmen an, dass die an ihr beteiligten Oszillatoren, angefangen vom Ursprungsoszillator, nach einer einzigen Schwingung *stehen bleiben* (oder jedenfalls ihre weiteren Schwingungen nicht mehr relevant sind). Eine Minimalwelle ist eine *vollständig bestimmte* Welle; sie weist alle Bestimmungsstücke einer Welle auf: eine Periode (und damit auch eine Frequenz), eine Amplitude, eine Wellenlänge und eine Ausbreitungsrichtung (und mit Periode und Wellenlänge liegt natürlich auch der Betrag ihrer Ausbreitungsgeschwindigkeit fest); sie ist dabei die größtmögliche Annäherung einer Welle – sodass sie noch *Welle* bleibt – an einen sich bewegenden *Massenpunkt* (und wie der Massenpunkt ist die Minimalwelle ein theoretisches Konstrukt, das seine Rechtfertigung in seiner Fähigkeit zur Repräsentation von Realitäten finden muss).

Wo befindet sich nun eine Minimalwelle zu einem bestimmten Zeitpunkt t? Offenbar in demjenigen Stück des Richtungsstrahls, welches zu t von ihr – d. h.: von den sie zu t konstituierenden (*schwingenden*) Oszillatoren – gefüllt wird. Da jeder Oszillator einer

Minimalwelle nur ein einziges Mal schwingt, ist dieses Stück (*wenn* die Welle *vollständig* ist, also der Ursprungsoszillator seine eine Schwingung komplett ausgeführt hat – und *vorher* liegt noch gar keine Welle vor) offenbar gerade so lang wie die Wellenlänge λ der Minimalwelle; einen enger umschriebenen Ort kann auch eine Minimalwelle zu keinem Zeitpunkt haben. Für Minimalwellen mit kleinerer Wellenlänge wird ihr Ort zu t natürlich „konzentrierter" sein als er es für Minimalwellen mit größerer Wellenlänge ist; aber es bleibt dabei, dass dieser Ort von einem *Punkt im Raum* streng, nämlich dimensionsmäßig unterschieden bleibt (handelt es sich doch bei ihm stets um eine Strecke, nicht um einen Punkt).

Eine andere Frage ist es, *wann* sich eine Minimalwelle an einem bestimmten Raumpunkt l – einem *Ort* l im Sinne von <*d*, D> – befindet. (Im eben angegebenen Sinn haben wir im vorausgehenden Kapitel stets vom *Ort* gesprochen.) Da sich eine Minimalwelle nie im eigentlichen Sinn an einem Raumpunkt befindet (nämlich in dem Sinn, dass sie mit ihm deckungsgleich wäre), kann diese Frage nur meinen, *in welchem bestimmten Zeitraum* sie l passiert. Welcher Zeitraum das auch sein mag, er hat offenbar gerade die Periode der Minimalwelle, also *T*, als Länge.

Diese Überlegungen zum *Wo* einer Minimalwelle an einem Zeitpunkt t und zum *Wann* einer Minimalwelle an einem Raumpunkt l lassen sich nun in höchst aufschlussreicher Weise mit Resultaten verbinden, die im vorausgehenden Kapitel gewonnen wurden. Dort hatten wir ein Teilchen x betrachtet, das mit (in Richtung und Betrag) konstantem Impuls und mit konstanter Energie auf einer Achse des Bezugsrahmens von dessen Ursprungsort O kräftefrei wegfliegt. Wir fanden – als Konsequenz der Quantenphysik –, dass der Ort l von x (oder der Abstand *l* von x auf der Achse des Bezugsrahmens vom Ursprung O) zum frei gewählten Zeitpunkt t sich bei (naturgesetzlich) genaustmöglicher Messung doch nur mit einer Genauigkeit $\Delta\mathrm{l} = \Delta l = (h/p)$ messen lässt, wo *p* der (konstante) Impulsbetrag von x ist (siehe U1). Wir fanden außerdem, dass der Zeitpunkt t´ (oder der Zeitabstand t' nach dem Ausgang von x von

O), zu (bei) dem x am frei gewählten Ort l′ ist, sich bei (naturgesetzlich) genaustmöglicher Messung doch nur mit einer Genauigkeit Δt′ = Δ*t*′ = (*h*/*E*) messen lässt, wo *E* der (konstante) Energiebetrag von x ist (siehe U5). Wir stellten fest, dass diese Resultate etwas Paradoxes, dem rationalen Verständnis Widerstrebendes an sich haben – *solange* man an der Vorstellung festhält, Teilchen x lasse sich nach dem Modell eines Massenpunkts auffassen.

4.1 Vom Teilchen zur Welle, und umgekehrt

Wie nun aber, wenn x gar nicht durch einen Massenpunkt, sondern vielmehr durch eine *Welle,* genauer gesagt: durch eine *Minimalwelle* zu modellieren wäre? Wir wollen einmal *davon* ausgehen. Die Vorteile dieser Annahme stellen sich als erheblich heraus. Sie erklärt mit einem Schlag die eben noch einmal hervorgehobenen quantenphysikalischen Konsequenzen hinsichtlich Orts- und Zeitmessung an x und hebt deren paradoxen Charakter auf. Denn unter der gemachten Annahme hat x – wie wir oben für Minimalwellen allgemein sahen – keinen Punktort zu einem Zeitpunkt und keinen Zeitpunkt an einem Punktort. Die Unschärfewerte Δl und Δt′, die *bestenfalls,* nämlich bei genaustmöglicher Orts- bzw. Zeitmessung, *gleich h*/*p* bzw. *h*/*E* sind (sonst aber *größer* als *h*/*p* bzw. *h*/*E*), zeigen unter jener Annahme offenbar nichts anderes an als das Folgende: was die Wellenlänge λ (oder die größtmögliche Bestimmtheit des Ortes zu einem Zeitpunkt) und die Periode *T* (oder die größtmögliche Bestimmtheit der Zeit an einem Raumpunkt) des *sich wie eine Minimalwelle verhaltenden* Teilchens x sei. Mithin:

W1 $\lambda = (h/p)$.

W2 $T = (h/E)$.

W1 (vgl. U1) ist die Formel, die Louis-Victor de Broglie 1924 für die Wellenlängen der von ihm postulierten „Materiewellen" aufstellte. Aus W2 (vgl. U5) wiederum folgt wegen $\nu = (1/T)$ unmittelbar

W3 $\quad E = h\nu\,[= (h \times \nu)]$,

also äußerlich (gestaltmäßig) gerade die Formel, die Max Planck im Jahre 1900 für *das Energiequantum* der korrekt nicht anders als *diskontinuierlich* zu beschreibenden Energieabgabe einer ν-frequentigen Hohlraumstrahlung fand, welcher Formel Albert Einstein 1905 sozusagen *Strahlungsatome unterlegte,* somit von *dem (einen) Energiequantum* zu *den (vielen) Energiequanten* als teilchenartigen Gebilden übergehend (die man im Fall von Licht „Lichtquanten" oder „Photonen" nennt). Dies eben ist es, was der *Quanten*physik ihren Namen gegeben hat (und nicht das Wirkungs*quantum h* selbst, das freilich mit den *Quanten* aufs Innerste verknüpft ist).

In den Formeln W1 und W3 (oder nur anders ausgedrückt: W2) verkörpert sich – löst man sie von der speziellen Bezugnahme auf x ab – nun nicht nur der in diesem Buch zuerst präsentierte gedankliche Weg: *vom Teilchen zur Welle* (nennen wir ihn den „De-Broglie-Weg"), sondern auch der umgekehrte gedankliche Weg: *von der Welle zum Teilchen* (nennen wir ihn den „Planck/Einstein-Weg"). Auf beiden Wegen scheint sich eine vor dem Jahre 1900 nicht zu ahnende *Einheit der Natur* abzuzeichnen: Teilchen verhalten sich wie Wellen, Wellen wie Teilchen; liegt da nicht eine *einheitliche,* Wellen und Teilchen im doppelten hegelschen Sinn *aufhebende,* physische Wirklichkeit zu Grunde? Zur Einheit der Natur immer wieder und immer weiter vorzudringen ist höchstes Erkenntnisziel der Physik – und doch besteht zu ungetrübter Erkenntnisfreude kein rechter Anlass. Denn die unterstellte *Einheit* von Welle und Teilchen in der Natur ist bis heute nicht wirklich – nicht philosophisch – verstanden; sie erweist sich vielmehr als zutiefst rätselhaft – so rätselhaft, dass man von einem *Welle-Teilchen-Dualismus* spricht, der sowohl an dem auftritt, was man vordringlich als „Teilchen", als auch an dem, was man vordringlich als „Welle" bezeichnen möchte.

Der Welle-Teilchen-Dualismus ist in der rätselhaften Einheit in der Zweiheit (oder Zweiheit in der Einheit), die er meint, formal (aber nicht inhaltlich) verwandt mit dem Leib-Seele-Dualismus, der seit Jahrtausenden die Philosophie in Atem hält. Viele meinen heute, dass sich jedenfalls der letztere Dualismus beseitigen lässt. Wie dem auch sei, für beide Dualismen bleibt gewiss festzuhalten, dass die richtige Umgangsweise mit einem gordischen Knoten nicht unbedingt die ist, ihn einfach durchzuhauen.

Bevor wir dem Welle-Teilchen-Dualismus – oder anders gesagt: der *Welle-Teilchen-Komplementarität* – nachgehen, sei nach dem De-Broglie-Weg der wissenschaftshistorisch frühere Planck/Einstein-Weg – der Weg *von der Welle zum Teilchen* – betrachtet. Wir haben in diesem und dem vorangehenden Kapitel (zusammengenommen) gesehen, wie man von der Teilchenseite kommend zur Formel W3 gelangt, die *als* W3 – dem „vor Ort" intendierten Aussagegehalt nach – auf ein *Teilchen* x bezogen ist. Wie gelangt man nun von der Wellenseite kommend zu einer Formel, die genau dieselbe Gestalt wie W3 hat, die aber auf eine *Welle* w bezogen ist und dementsprechend natürlich etwas anderes als W3, eben etwas auf w Bezogenes besagt? Der gesuchte Weg ist, wie sich gleich zeigen wird, ein ganz anderer als der schon gefundene, dabei aber ein einfacherer.

Sei w eine von ihrem Ursprungsoszillator O_0 abgelöste elektromagnetische Welle (von einer *Welle* wird man bei w zunächst ebenso unbefangen reden wie bei x von einem *Teilchen*), die sich mit konstanter Gesamtenergie E_w frei in jede von O_0 ausgehende Richtung ausbreitet. Innerhalb ihrer Periode T nimmt die Energiewirkung von w um den Betrag ($E_w \times T$) zu.

Sowohl „E_w" als auch „T" sind hier als physikalisch bedeutungsvoll vorausgesetzt. Mithin ist auch „$E_w \times T$" physikalisch bedeutungsvoll. Damit wird aber „$|W_1(w, t_{(n+1)T}) - W_1(w, t_{nT})|$" für alle Ziffern aus der Menge der ganzzahligen Ziffern {„0", „1", „2", ...} durch „$E_w \times T$" definiert (und ist mithin ebenfalls physikalisch bedeutungsvoll). Man beachte hierbei (a) die Physikalische

Partialsemantik im vorausgehenden Kapitel, mutatis mutandis für den vorliegenden Fall einer Energiewirkung (W_1) genommen, (b) dass der Energiebetrag von w, E_w, konstant ist und (c) dass der zeitliche Abstand zwischen $t_{(n+1)T}$ und t_{nT} konstant die Länge T hat (denn nT bzw. (n+1)T ist das Produkt von n bzw. (n+1) und T, und diese Produkte fungieren hier als Zeitpunktsindices, die den Abstand des indizierten Zeitpunkts von t_0 – d. h. vom Anfangszeitpunkt des Progresses von w – anzeigen). Folglich muss gelten: $|W_1(w, t_{(n+1)T}) - W_1(w, t_{nT})| = (E_w \times T)$.

Wegen des Quantenphysikalischen Grundgesetzes – siehe das vorausgehende Kapitel; w gilt durchaus als physikalisches Objekt – muss dann gelten: $(E_w \times T) = (N \times h)$, wo N eine positive ganze Zahl ist (sie ist positiv, denn E_w ist ja größer als 0 und ebenso T). Und da für die Frequenz ν von w gilt: $\nu = (1/T)$, folgt unmittelbar:

P1 $E_w = N \times (h\nu)$.

Diese Formel (das „P" steht für „Planck") besagt, dass die Energie der Welle w das positiv-ganzzahlige Vielfache einer von der Frequenz von w abhängigen Energieportion ist. Wenn wir diese Energieportion „E_{Qw}" nennen – „das Energiequantum für w" –, so ergibt sich aus P1 (wegen $E_{Qw} = (E_w/N)$):

P2 $E_{Qw} = h\nu$.

P2 ist offenbar *in der Gestalt* nur noch unwesentlich verschieden von W3. Nur das (allerdings berechtigte) Interesse an der Vermeidung von Äquivokationen hindert, das Energiequantum für w einfach durch „E" (statt durch „E_{Qw}") zu bezeichnen, so wie wir weiter oben die konstante Energie von x einfach durch „E" bezeichnet haben (statt durch „E(x)" oder „E_x"); W3 und P2 liefen dann *der Gestalt nach* auf dasselbe hinaus, nämlich auf

$E = h\nu$.

Diese Formel, die zum Logo der Quantenphysik geworden ist, verdient es wegen ihrer überragenden physikalischen und geistesgeschichtlichen Bedeutung ebenso allbekannt zu sein wie jene andere revolutionäre Energieformel: $E = mc^2$, die für die Relativitätstheorie steht. Freilich hat $E = mc^2$ das 20. Jahrhundert gewissermaßen in viel augenfälligerer Weise erschüttert als $E = h\nu$. Die Wende in der Geschichte der Naturerkenntnis, die die letztere Formel symbolisiert, ist aber nicht weniger bedeutsam – wenn nicht gar bedeutsamer – als diejenige, deren Symbol die erstere Formel ist.

Die Übereinstimmung von P2 und W3 *der Gestalt nach* darf freilich nicht darüber hinwegtäuschen, dass die Aussagegehalte von P2 und W3 ganz verschieden sind. Gehen wir noch ein wenig näher auf P1 ein (welches Prinzip den Aussagegehalt von P2 bestimmt). Dass die Gesamtenergie der Welle w gemäß P1 das N-fache eines Quantums der Größe $(h \times \nu)$ ist, scheint für sich genommen noch nicht viel zu besagen. Denn könnte man nicht in der obigen Ableitung von P1 statt der Periode T von w eine andere positive Zeitlänge t^* für die Wirkungszunahme veranschlagen? Dann würde doch gelten: $E_w \times t^* = N'' \times h$, und mithin erhielte man: $E_w = N'' \times (h/t^*)$, wobei N′′ eine *andere* positive ganze Zahl als N wäre. Demnach scheint die Frage berechtigt, welches größere Recht als das Quantum (h/t^*) das Quantum $(h \times \nu)$ – oder anders gesagt: (h/T) – hat, als *das* Energiequantum für w zu gelten?

Doch wird bei der eben angegebenen Überlegung stillschweigend unterstellt, dass „t^*" physikalisch bedeutungsvoll ist (gerade so wie „T"). *Nur wenn* „t^*" physikalisch bedeutungsvoll ist, ist „$E_w \times t^*$" oder „$|W_1(w, t_{(n+1)t^*}) - W_1(w, t_{nt^*})|$" physikalisch bedeutungsvoll, und nur dann kann man schließen, dass gilt: $|W_1(w, t_{(n+1)t^*}) - W_1(w, t_{nt^*})| = (E_w \times t^*)$ (vgl. oben die letzte eingeschobene Anmerkung), was die unerlässliche Voraussetzung dafür ist, auf der Grundlage des Quantenphysikalischen Grundgesetzes weiter zu schließen: $E_w \times t^* = N'' \times h$. Aber *ist* „$t^*$" physikalisch bedeutungsvoll, hat es eine physikalische Bedeutung?

Um diese Frage zu beantworten, muss man auf das Zustandekommen der Welle w sehen. Das ($h \times \nu$)-Quantum – oder (h/T)-Quantum – wird *eben nicht* willkürlich als *das* Energiequantum für w angesehen, während doch (h/t^*) dafür genauso in Frage käme. Vielmehr stehen die Dinge so: Der Ursprungsoszillator O_0 von w hat die Welle w und ihre Energie E_w nicht kontinuierlich in der Zeit aufgebaut, wie es nach der klassischen Physik der Fall sein müsste, sondern *schrittweise*. Der Ursprungsoszillator O_0 hat E_w nicht stetig aus sich „herausgesponnen" (an die Umgebung abgegeben), sondern E_w ist in der Weise zustande gekommen, dass O_0 jeweils am Ende eines Zeitabschnitts von der Länge seiner Schwingungsperiode (= T = die Periode von w) ein stets gleiches Quantum an Energie *ausgesandt* hat, und zwar genau N-mal (danach hörte O_0 auf zu schwingen, und die entstandene Welle führte ihr eigenes Leben weiter: mit konstanter Energie E_w). Wie groß ist jenes Energiequantum? Offenbar muss es gleich ($h \times \nu$) sein, da E_w ja gemäß P1 ($N \times h\nu$) ist und O_0 genau N-mal geschwungen hat. Diese Geschichte der Genese von E_w unterstreicht, dass „ν" und „T" – definitionsgemäß Ausdrücke von gegenseitigen Kehrwerten – eine physikalische Bedeutung haben. Dass „t^*" eine physikalische Bedeutung hat (was im gegebenen Kontext nur bedeuten kann, dass es den Zeitfaktor einer Zunahme der Energiewirkung bei w bezeichnet), lässt sie hingegen nicht erkennen – im Gegenteil.

Bis zu P1 und P2 ist Planck eigentlich nur gegangen. Den *weiteren* Schritt von dem jeweiligen (frequenzbedingten) *Energiequantum* einer Welle – das eine die Welle charakterisierendes *Universale* ist, wie die Philosophen sagen – zu den irgendwie in ihr anwesenden *Energiequanten*, die als solche keine Universalia, sondern *Individuen* sind und die Welle erscheinen lassen wie einen Strom von Teilchen (also gar nicht mehr so recht wie eine Welle), hat Planck nicht getan, sondern erst Einstein (nämlich im Jahre 1905). Die Formel P1 sagt, was sie sagt (wir haben es beschrieben); sie sagt *nicht* – auch nicht in der zusätzlichen Perspektive, die durch die Berücksichtigung des Zustandekommens der Welle gewonnen wird –, dass dem Energiewert

(N × $h\nu$) N verschiedene teilchenartige Entitäten zugrunde liegen, von denen jedes die Energiemenge ($h\nu$) trägt. Aber natürlich *kann* man diese Vorstellung mit P1 verbinden – ja, sie drängt sich einem förmlich auf. Aber dazu, das Teilchenbild wirklich ernst zu nehmen, wurde Einstein nicht durch theoretische Überlegungen veranlasst, sondern durch ein sehr handfestes, im physikalischen Labor jederzeit herstellbares Phänomen: den sog. *lichtelektrischen* (oder *photoelektrischen) Effekt*.

Einsteins Begründung der Existenz von *vielen individuellen* Energie*quanten* in einer Welle (neben dem *einen*, die Welle charakterisierenden *Universale* des Energie*quantums*) auf der Grundlage des lichtelektrischen Effekts ist ein mustergültiges Beispiel für eine in den Wissenschaften sehr häufig verwendete Argumentationsform, die man als *Schluss auf die beste Erklärung* bezeichnet. Ein Schluss auf die beste Erklärung sieht so aus, dass man für die Erklärung eines Phänomens X gewisse Annahmen $P_1, \ldots, P_n$ macht. Stellt sich dann heraus, dass die Erklärung von X mithilfe von $P_1, \ldots, P_n$ eine ganz ausgezeichnete ist, ja, soweit man sieht, *die beste* (d. h.: *die beste unter den möglichen Erklärungen*), dann schließt man daraus, dass die Annahmen $P_1, \ldots, P_n$ *wahr* sind.

Im Unterschied zu einem *logischen Schluss* (mit wahren Prämissen) ist ein Schluss auf die beste Erklärung *fallibel*. Auch wenn es richtig ist, dass $P_1, \ldots, P_n$ eine beste Erklärung von X ermöglichen, garantiert das noch nicht, dass $P_1, \ldots, P_n$ wahr sind; es macht es nur sehr plausibel, dass $P_1, \ldots, P_n$ wahr sind. Auch fallible Schlussverfahren (zu denen beispielsweise auch der *Induktionsschluss* von einigen Fällen auf alle Fälle bzw. von vergangenen Fällen auf den nächsten, zukünftigen Fall gehört) müssen offenbar *rational* sein, denn die Wissenschaften – Verkörperungen menschlicher Rationalität – machen von solchen Schlussverfahren beständig Gebrauch. Für die Philosophie erweist es sich aber als eine nicht leicht zu beantwortende Frage, *in welchem Sinne* eigentlich fallible Schlussverfahren rational sind.

Das zu erklärende Phänomen X ist im hier einschlägigen, einsteinschen Fall eines Schlusses auf die beste Erklärung *der lichtelektrische Effekt*. Worin besteht er? Bestrahlt man eine Metallplatte mit Licht einer hinreichend hohen Frequenz, so treten aus der Metallplatte Elektronen aus (mit anderen Worten: die Atome an der Metalloberfläche werden durch die Bestrahlung *ionisiert*). Die Elektronen fliegen alle mit der gleichen Geschwindigkeit davon. Erhöht man die Intensität der Strahlung (mit anderen Worten: ihre Amplitude, genauer gesagt: *das Quadrat* ihrer Amplitude, denn das Amplitudenquadrat *definiert* eben die Wellenintensität), aber nicht die Frequenz, so lösen sich pro Zeiteinheit *mehr* Elektronen von der Metallplatte ab, aber ihre Austrittsgeschwindigkeit bleibt *die gleiche*. Erhöht man hingegen die Frequenz der Strahlung, aber nicht ihre Intensität, so wird die Geschwindigkeit der austretenden Elektronen allerdings größer, aber nun bleibt deren Anzahl pro Zeiteinheit *die gleiche*. Ist die Intensität der Strahlung sehr niedrig, aber ihre Frequenz dabei hinreichend hoch – d. h.: überschreitet sie einen gewissen Schwellenwert, der von der Natur der Metallplatte abhängt (davon, aus welchem Metall sie besteht und wie ihre Oberflächenstruktur beschaffen ist) –, dann lösen sich *ungeachtet der niedrigen Strahlungsintensität* dennoch Elektronen mit einheitlicher Geschwindigkeit ab, und zwar *sofort*, wenngleich es pro Zeiteinheit nur wenige sind. Ist die Frequenz der Strahlung hingegen *nicht* hinreichend hoch, so löst sich – gleichgültig, wie hoch die Intensität der Strahlung ausfällt – *kein einziges Elektron aus der Metallplatte*.

Das Fazit aus diesen Beobachtungen ist das folgende: (1) Dass der lichtelektrische Effekt überhaupt auftritt, hängt allein von der *Frequenz* des verwendeten Lichts und der Natur der Metallplatte ab, nicht aber von der Intensität des Lichts. (2) Die kinetische Energie E_{KIN} der ausgelösten Elektronen – angezeigt durch deren Geschwindigkeit v (denn $E_{KIN} = (m_e v^2/2)$, wo m_e die für jedes Elektron gleiche Elektronenmasse ist) – ist der Frequenz des verwendeten Lichts proportional; mit dessen Intensität hat sie nichts zu tun. (3) Die Anzahl der ausgelösten Elektronen pro Zeiteinheit hingegen ist proportional der Intensität des verwendeten Lichts; mit dessen Frequenz – wenn einmal die Schwellenfrequenz für das Auftreten des lichtelektrischen Effekts erreicht ist – hat sie nichts zu tun.

Einstein betrachtete die jeweils für alle ausgelösten Elektronen einheitliche kinetische Energie bei *frequenzverschiedenen Fällen* des lichtelektrischen Effekts mit derselben Metallplatte Y und fand, dass bei allen diesen Fällen für alle jeweils ausgelösten Elektronen gerade das Folgende gilt: $E_{KIN} = (h\nu - E_Y)$. Die kinetische Energie der jeweils ausgelösten einzelnen Elektronen war also stets das plancksche Energiequantum der zur Erzeugung des jeweiligen Falls des lichtelektrischen Effekts verwendeten Lichtwelle *abzüglich* eines Energiebetrags E_Y, der bei allen betrachteten Fällen des lichtelektrischen Effekts mit derselben Metallplatte Y *derselbe* war.

Einsteins Erklärung dieser Erscheinungen war nun die, dass die ausgelösten Elektronen von *Lichtquanten* oder *Photonen* aus der Metallplatte *herausgeschlagen* werden, und zwar jedes Elektron durch ein Photon, dessen Energie – $h\nu$ – für diese Arbeit hinreichend groß ist. Um nämlich die Auslösearbeit zu leisten, muss für jedes auszulösende Elektron ein bestimmter Energiebetrag aufgewendet werden, der von der Natur der Platte Y abhängt: E_Y. Solange die Energie der Photonen – jeweils $h\nu$ – kleiner als E_Y ist, tritt also kein lichtelektrischer Effekt auf; sobald aber diese Energie über E_Y hinauswächst (weil die Frequenz ν des verwendeten Lichts entsprechend gesteigert wird), wird der Differenzbetrag $(h\nu - E_Y)$ den Elektronen, die sich dann von der Metallplatte ablösen, als jeweilige kinetische Energie mitgeteilt.

In einsteinscher Sicht erscheint also die bei der Metallplatte Y im Laufe der Zeit eintreffende, sich frei ausbreitende Lichtwelle w′ – deren Energie $E_{w'}$ konstant (weil w′ von ihrem Ursprungsoszillator abgelöst sei) und gleich $(N' \times h\nu)$ ist (wie wir gemäß P1, angewandt auf w′, schließen können) – als ein Strom von N′ Photonen, jedes von diesen mit der Energie $h\nu$.[6] Ist die Strahlung auf die Metallplatte *intensiv*, hat w′ eine große Amplitude, dann bedeutet dies, dass derjenige Bruchteil von N′, der die Zahl der pro Zeiteinheit auf Y

[6] Die Wellenparameter ν, T, λ seien hier ohne unterscheidende Indizierung auf w oder aber auf (die spezielle elektromagnetische Welle) w′ bezogen. Verwirrung wird dadurch nicht entstehen.

einschlagenden Photonen ist, *groß* ist; ist die Strahlung hingegen weniger intensiv, so ist jener Bruchteil entsprechend kleiner. Je nach Strahlungsintensität werden also mehr oder aber weniger Elektronen pro Zeiteinheit ausgelöst: je ein Elektron für je eines der Photonen, die pro Zeiteinheit auftreffen (*vorausgesetzt* $h\nu > E_Y$).

Der entscheidende Punkt nun, der die einsteinsche Erklärung zu einer *besten* Erklärung des lichtelektrischen Effekts macht, ist der, dass der lichtelektrische Effekt einen höchst *lokalen* Charakter hat und nur die einsteinsche Erklärung diesem Faktum gerecht wird. Es ist nicht so, dass die Welle w′ die Metallplatte über einen gewissen Zeitraum hinweg gewissermaßen „aufheizt" – einen Zeitraum, der länger oder kürzer ausfällt, je nachdem, ob die Amplitude von w′ kleiner oder größer ist – und dass dann, wenn die Metallplatte hinreichend „aufgeheizt" ist, über die ganze Oberfläche der Platte verteilt – „auf breiter Front" – die Elektronen sich ablösen. Nein, der lichtelektrische Effekt tritt *sofort* ein, unabhängig von der Amplitude von w′, sobald nur die Frequenz von w′ hinreichend hoch ist, und er kann *sehr vereinzelt* auftreten: da und dort auf der Oberfläche der Metallplatte verstreut, ja im Grenzfall mag sich in einer Zeiteinheit nur ein einziges Elektron von einem bestimmten Punkt der Oberfläche ablösen. Ohne die Annahme von *teilchenartigen* Lichtquanten – die als solche bei ihrem Auftreffen auf die Metallplatte im Unterschied zur klassischen Lichtwelle eine eng umgrenzte Örtlichkeit haben können – lässt sich das nicht gut verstehen.

Es wird manchmal gesagt, dass die Korpuskeltheorie des Lichts durch Einsteins Erklärung des lichtelektrischen Effekts letztlich doch noch den Sieg über die Wellentheorie davongetragen habe. Das ist aber keine angemessene Schilderung des wahren Sachverhalts, wie schon daraus ersichtlich ist, dass wellentheoretische Begriffe – wie der der Frequenz und der Wellenlänge – für die neue Korpuskeltheorie des Lichts (wenn man denn von einer solchen sprechen will) *unverzichtbar* sind. Zudem lassen sich, wie wir noch eingehend sehen werden, die beim Licht beobachtbaren *Interferenz-* und *Beugungserscheinungen* nicht nur mit der alten, sondern auch mit der neuen Korpuskeltheorie nicht gut verstehen (aus neuen, zuvor nicht zu sehenden Gründen). Im 19. Jahrhundert führte das Versagen der Korpuskeltheorie bei der Erklärung der genannten Erscheinungen schließlich zum vollständigen Sieg der Wellentheorie. Von einem solchen Sieg kann schon lange keine Rede mehr sein; denn obwohl Lichtinterferenz und Lichtbeugung nach wie vor massive Schwierigkeiten für korpuskeltheoretische Konzepte bieten, so haben sich doch diese Konzepte – auf quantenphysikalischer Grundlage – längst einen ständigen Sitz in der noch immer wesentlich wellentheoretisch geprägten Lichttheorie erobert: sie sind schlicht unverzichtbar. Allerdings ist das Bild der Natur dadurch nicht eben klarer geworden. Die *letztlich eindeutige Objektivierbarkeit der Beobachtungen*, eine der fundamentalen Suppositionen der klassischen Physik, hat sich, wie wir noch sehen werden, von einer Gewissheit in eine bloße Hoffnung verwandelt – vielleicht gar in eine Illusion: in einen bloßen, schönen Traum menschlicher Erkenntnis.

Dass Photonen einen teilchenartigen Charakter haben, wird nun insbesondere dadurch bestätigt, dass man ihnen sinnvoll einen *Impuls* zuordnen kann, der dem Impuls eines materiellen Teilchens entspricht. Die obige Gleichung P2 gibt an, wie das Energiequantum einer beliebigen elektromagnetischen Welle w, die sich von ihrem Ursprungsoszillator abgelöst mit konstanter Energie E_w ausbreitet, von der Frequenz der Welle abhängt. P2 gilt daher auch für die zuletzt betrachtete Lichtwelle w′ (die sich, wie wir oben schon annahmen, von ihrem Ursprungsoszillator abgelöst mit konstanter Energie $E_{w'}$ ausbreitet). P2 gibt dann (angewandt auf w′) an, wie das Energiequantum von w′ von der Frequenz von w′ abhängt. Nach Einsteins – höchst zufriedenstellender, nämlich bester – Erklärung des lichtelektrischen Effekts kann man P2 aber auch so lesen, dass dieser Gleichung zusätzlich zu entnehmen ist, wie die Energie *jedes der Photonen (Lichtquanten) in* w′ von der Frequenz von w′ abhängt.

Der Gleichung P2 lässt sich nun eine Gleichung P3 zur Seite stellen, die das *Impulsquantum* der abgelösten elektromagnetischen Welle w spezifiziert:

P3 $P_{Qw} = (h/\lambda)$.

Man beachte, dass P3 rein durch Substitution und arithmetische Umformungen aus W1 gewinnbar ist (ersetze „p" in W1 durch „P_{Qw}"; der Rest ist Arithmetik), und umgekehrt W1 aus P3 – gerade so, wie P2 rein durch Substitution und arithmetische Umformungen (und mit der Definitionsgleichung $\nu = 1/T$) aus W2 gewinnbar war, und umgekehrt W2 aus P2. P3 *besagt* aber etwas *wesentlich* anderes als W1, ebenso wie P2 etwas wesentlich anderes als W2 *besagt*: P3 und P2 sind *wellenbezogen*, W1 und W2 *teilchenbezogen*.

Den Namen „P_{Qw}" – „das Impulsquantum der Welle w" – verdient (h/λ) aufgrund des nachfolgenden Theorems, das beschreibt, wie sich (h/λ) zu P_w, dem Impuls von w, verhält, aber auch in welcher Beziehung (h/λ) zu $(h\nu)$ steht, dem schon etablierten Energiequantum von w. Mit der oben gegebenen Rechtfertigung dafür, $(h\nu)$ als *das* Energiequantum von (oder für) w anzusprechen, ergibt sich somit die Rechtfertigung dafür, bei (h/λ) von *dem* Impulsquantum von w zu sprechen.

P4 $[P_w/(h/\lambda)] = N = [E_w/(h/T)] = [E_w/(h\nu)]$, wo N eine positive ganze Zahl ist.

Wegen P1 und $(h/T) = (h\nu)$ bleibt nur noch zu zeigen: $[P_w/(h/\lambda)] = [E_w/(h/T)]$. Da im Fall von frei sich im Raum ausbreitenden elektromagnetischen Wellen kein Anlass besteht, zwischen Impulswirkung und Energiewirkung zu unterscheiden, *ist* die Wirkungszunahme der Welle w auf der Basis ihrer konstanten Energie E_w während ihrer Periode T *gleich* der Wirkungszunahme von w auf der Basis ihres konstanten Impulsbetrages P_w beim Durchlaufen ihrer Wellenlänge λ; denn λ ist die Länge der Strecke, die w in T (in jeder Ausbreitungsrichtung) zurücklegt. Es gilt also: $(P_w \times \lambda) = (E_w \times T)$. Mithin (nach Division durch h): $[(P_w \times \lambda)/h] = [(E_w \times T)/h]$, also: $[P_w/(h/\lambda)] = [E_w/(h/T)]$.

Im Sinne von Einsteins Erklärung des lichtelektrischen Effekts kann man nun die Gleichung P3 analog zur (schon beschriebenen) *Photonendeutung von* P2 lesen: nämlich so, dass P3, bezogen auf die abgelöste Lichtwelle w′, nicht nur angibt, wie das Impulsquantum von w′ von ihrer Wellenlänge abhängt, sondern dass P3 darüber hinaus auch sagt, wie der Impulsbetrag *jedes der Photonen von* w′ von der Wellenlänge von w′ abhängt. Wird aber in diesem Sinne das Impulsquantum von w′ an den einzelnen Photonen von w′ *festgemacht*, so wie schon das Energiequantum von w′ an ihnen festgemacht wurde, dann sollte, *wenn denn* Photonen mehr sind als bloße theoretische Fiktionen, *in beiden Fällen* genau dieselbe Anzahl von w′-Photonen involviert sein: Die Zahl der Photonen von w′ als – je für sich – Träger des Impulsquantums von w′ sollte gleich sein der Zahl der Photonen von w′ als – je für sich – Träger des Energiequantums von w′. Alles andere wäre für den ontologischen Anspruch, *dass Photonen etwas Wirkliches sind*, mehr oder weniger fatal (oder sollte man etwa *Impulsphotonen* von *Energiephotonen* unterscheiden?). Aber P4 lässt sich ja, bezogen auf w′, *so* verstehen, dass es gerade zum Ausdruck bringt, dass *in beiden Fällen*, dem Energiefall und dem Impulsfall, die Photonenzahl in der Tat dieselbe ist – nennen wir diese Zahl nun wieder, da wir uns spezifisch auf w′ beziehen, „N′“ (und nicht „N“). Es spricht also soweit nichts dagegen und alles dafür, dass ein und dieselbe Gruppe von N′ Entitäten – die N′ *Photonen* in w′ – *in ihrer Gesamtheit* Träger des gesamten Impulsbetrages $P_{w'}$ und der Gesamtenergie $E_{w'}$ von w′ ist, welche zwei Quantitäten sich in Portionen der Größe (h/λ) bzw. $(h\nu)$ auf die N′ Gruppenmitglieder verteilen. Es sei jedoch ausdrücklich darauf hingewiesen, dass die notwendige Voraussetzung für dieses Resultat ist (siehe die obige Ableitung von P4), dass im Falle freier elektromagnetischer Wellen die Impulswirkung nicht verschieden von der Energiewirkung ist und gesetzt werden kann: $(P_{w'} \times \lambda) = (E_{w'} \times T)$.

Die Geschwindigkeit jedes der Photonen von w′ hat denselben Betrag, nämlich den Betrag c der Ausbreitungsgeschwindigkeit von w′ (dieser Betrag ist im Vakuum, wie bei allen elektromagnetischen Wellen, gleich 299792458 m/s). Mithin ist die Masse $m_{Qw'}$ jedes einzelnen Photons von w′ gleich $(h/c\lambda)$ – wegen $P_{Qw'} = (m_{Qw'} \times c) = (h/\lambda)$ –, oder mit anderen Worten: $m_{Qw'} = (h/\nu\lambda^2)$ (wegen $c = \nu\lambda$).

Hier ist einer der Punkte, wo die Relativitätstheorie der Quantenphysik entgegenkommt, denn nach der Relativitätstheorie kann auch ein physisches Objekt mit der Ruhmasse 0 (wie es ein Photon ist), eine Bewegungsmasse größer als 0 haben (und das ist die Masse schlechthin eines Photons, denn ein Photon kann nur sein, wenn es in Bewegung ist). Es gilt übrigens: $E_{Qw'} = (m_{Qw'} \times c^2)$; denn $E_{Qw'} = (h\nu) = (hc/\lambda) = [(h/c\lambda) \times c^2] = (m_{Qw'} \times c^2)$ (vgl. die einsteinsche Gleichung: $E = mc^2$); $m_{Qw'}$ lässt sich also auch als $(h\nu)/c^2$ darstellen.

Um nun vom *Impuls* eines Photons wie vom Impuls eines (materiellen) Teilchens sprechen zu können, fehlt als einziges Bestimmungsstück noch die *Impulsrichtung*; diese ist aber einfach die Richtung der Geschwindigkeit des Photons, also die für das Photon relevante Ausbreitungsrichtung von w′, die bestimmt wird durch den vom Ursprungsoszillator ausgehenden Richtungsstrahl, auf dem das Photon sich von jenem wegbewegt.

Demonstrierte die einsteinsche Erklärung des lichtelektrischen Effekts die *Quanten* von der energietheoretischen Seite, so kann man dem 1922 entdeckten *Compton-Effekt* (benannt nach seinem Entdecker, dem Physiker Arthur Compton) eine *impulstheoretische* Demonstration der Quanten entnehmen. Setzt man freie Elektronen einer Röntgenwelle aus, so wird diese an den Elektronen *gestreut*, d. h.: von ihrer ursprünglichen Ausbreitungsrichtung abgelenkt. Bemerkenswerterweise hat die gestreute Röntgenwelle eine größere Wellenlänge als die noch nicht gestreute, und zudem werden die Elektronen in Bewegungszustände versetzt, die in Richtung und Betrag von ihren ursprünglichen Bewegungszuständen abweichen. Das lässt sich rein wellentheoretisch nicht gut verstehen – wohl aber *quantentheoretisch*. Der Compton-Effekt ist danach die massenweise Wiederholung des folgenden Vorgangs: Ein *Röntgenquant* q trifft mit dem Geschwindigkeitsbetrag c und der Masse $(h/c\lambda_1)$, also mit dem Impulsbetrag $P_{1q} = (h/\lambda_1)$, auf ein Elektron e mit dem Impulsbetrag $P_{1e} = (m_e \times v_1)$, wobei m_e die Masse des Elektrons und v_1 sein Geschwindigkeitsbetrag ist. Es ereignet sich ein sog. *elastischer Stoß*, durch den die Impulsbeträge von q und e verändert werden. Die

Impulsbeträge *nach dem Stoß* seien P_{2q} und P_{2e}, wobei P_{2q} offenbar gleich (h/λ_2) sein muss und P_{2e} gleich $(m_e \times v_2)$.

Denn die einzigen Bestimmungstücke im Impulsbetrag von q bzw. e, die sich ändern können, sind λ bzw. v. Aus relativitätstheoretischer Sicht ist das freilich nicht exakt, da sich gemäß der Relativitätstheorie die Masse des Elektrons *sehr wohl* durch den Stoß ändert: Wenn beispielsweise v_1 der Einfachheit halber als 0 angesetzt wird und also m_e die Ruhmasse des Elektrons ist, m_e' dagegen die Masse des Elektrons nach dem Stoß, so ist m_e' gleich m_e *dividiert durch die (positive) Quadratwurzel aus* $1 - (v_2^2/c^2)$. Solange aber v_2 klein gegenüber c (dem Betrag der Lichtgeschwindigkeit) ist, bleibt die Inexaktheit, die dadurch entsteht, dass man m_e' gleich m_e setzt, vernachlässigbar.

Gemäß dem fundamentalen physikalischen *Gesetz der Impulserhaltung* muss nun aber die Summe der Impulsbeträge vor und nach dem Stoß dieselbe sein, also gelten: $(P_{1q} + P_{1e}) = (P_{2q} + P_{2e})$, und also auch: $(P_{1q} - P_{2q}) = (P_{2e} - P_{1e})$, mit anderen Worten: $[(h/\lambda_1) - (h/\lambda_2)] = [(m_e \times v_2) - (m_e \times v_1)]$. Aus dieser Gleichung ist unmittelbar ersichtlich, dass ein beim Compton-Effekt erfolgender Impulszuwachs auf Seiten des Elektrons – ein Geschwindigkeitszuwachs bei ihm – auf Seiten des Röntgenquants erkauft sein muss *durch einen Impulsverlust*: durch die Vergrößerung seiner Wellenlänge: Ist $(m_e \times v_2)$ größer als $(m_e \times v_1)$ – mit anderen Worten: $v_2 > v_1$ –, so muss (h/λ_1) größer als (h/λ_2) sein – mit anderen Worten: $\lambda_1 < \lambda_2$; anders ist die obige Gleichung nicht zu erfüllen. Berücksichtigt man nun den Winkel, in dem q von e abgelenkt wird – den *Streuwinkel* ϑ zwischen der alten Flugrichtung von q und der neuen –, und dass es sich bei der Interaktion von q und e um einen elastischen Stoß handelt (also nicht nur die Impulssumme, sondern auch die Summe der kinetischen Energie konstant bleibt), so lässt sich der Betrag der Wellenlängenzunahme: $(\lambda_2 - \lambda_1)$, der umso größer ist, je größer ϑ ist, exakt ausrechnen. Für $\vartheta = 90°$ erhält man $2{,}42626 \times 10^{-12}$ m. Die gegebene quantenphysikalische Erklärung des Compton-Effekts wird nun zu einer wahrhaft besten Erklärung von diesem dadurch, dass dieser ausgerechnete Wert (die sog. *Compton-Wellenlänge des Elektrons*) durch die Erfahrung vollkommen bestätigt wird. Gemäß dem Begründungsverfahren, das als *Schluss auf die beste Erklärung* bekannt ist, ist es also gerechtfertigt, von der Wahrheit der Annahmen auszugehen, auf denen die gegebene (beste) Erklärung des Compton-Effekts beruht. Und dazu gehört vor allem die *Quantenhypothese*, die im vorliegenden Fall besagt, dass die verwendete Röntgenwelle ein Strom von Röntgenquanten „ist", also ein Strom von *Photonen i. w. S.* (so wie ja Röntgenstrahlung *Licht i. w. S.* ist, d. h.: zwar nicht sichtbar ist, aber physikalisch in vollkommener Kontinuität zum sichtbaren Licht steht). Das erste „ist" im vorausgehenden Satz ist mit gutem Grund in Anführungsstriche gesetzt. Denn eine echte Identifizierung einer elektromagnetischen Welle mit einem Strom von Quanten – also der sich an sich durchaus anbietende Endeffekt des Weges *von der Welle zum Teilchen* – ist nicht gut durchführbar, wie ja auch eine echte Identifizierung eines Teilchens mit einer Welle – der sich an sich ebenfalls anbietende letzte Schritt des Weges *vom Teilchen zur Welle* – nicht gut durchführbar ist.[7] Die Hinderungsgründe werden im Folgenden deutlich werden.

Nachdem wir dem Weg von der Welle zum Teilchen (den „Planck/Einstein-Weg") in einiger Ausführlichkeit nachgegangen sind, ist es nun an der Zeit, auch den Weg vom Teilchen zur Welle (den „De-Broglie-Weg") noch etwas eingehender zu verfolgen und zudem darzulegen, wo die beiden Wege verknüpft werden können. Letzteres wird uns zunächst befassen. Danach wird die Schilderung des direkten empirischen Nachweises der *Materiewellen* – oder *De-Broglie-Wellen* – überleiten zur Betrachtung der fundamentalen Schwierigkeiten, in welche die Erstellung eines objektiven Weltbildes durch die Quantenphysik geraten ist.

Niels Bohr gelang es 1913, indem er quantenphysikalische Erwägungen auf das Rutherford'sche Atommodell anwandte, die erste brauchbare (wenn auch alles andere als definitive) Vorstellung vom

---

[7] Auf den Gedanken der Identifizierung eines Teilchens mit einer Welle kann man durch die weiter oben in diesem Kapitel angestellten Überlegungen geführt werden.

Aufbau der Atome zu liefern. Zu den Grundannahmen Bohrs über den Atomaufbau zählt insbesondere das folgende Postulat, das *die Atomhülle* aus Elektronen betrifft:

Ein Elektron kann sich nur auf ganz bestimmten fixen Bahnen um den Atomkern bewegen, nämlich auf Kreisbahnen, auf denen der Betrag des *Bahndrehimpulses* des Elektrons ein positiv-ganzzahliges Vielfaches von $\hbar$ ist, mit anderen Worten: auf Bahnen, für die gilt: $(r_e \times m_e \times v_e) = (N \times \hbar)$, wobei v_e der Betrag der Umlaufgeschwindigkeit des Elektrons ist, m_e die Masse des Elektrons, r_e die Größe seines Umlaufradius und N eine gewisse positive ganze Zahl.[8] Ein Elektron kann sich also *so* um den Atomkern bewegen, dass gilt: $(r_e \times m_e \times v_e) = (1 \times \hbar)$, oder $(r_e \times m_e \times v_e) = (2 \times \hbar)$, oder $(r_e \times m_e \times v_e) = (3 \times \hbar)$, oder … [etc.], *aber in keiner anderen Weise.*

Dieses Postulat Bohrs, das der klassischen Physik widerspricht, erschien zunächst willkürlich und nur durch seinen Ad-hoc-Erfolg gerechtfertigt. Tatsächlich stellt es aber eine einfache Folgerung auf der Basis des Quantenphysikalischen Grundgesetzes dar: Während eines Umlaufs mit dem Radius r_e um den Atomkern (zwischen den Zeitpunkten t und t′) legt ein Elektron mit dem konstanten Impulsbetrag $(m_e \times v_e)$ eine Strecke von der Länge $(2\pi \times r_e)$ zurück. Sowohl „$(m_e \times v_e)$" als auch „$(2\pi \times r_e)$" sind demnach als physikalisch bedeutungsvoll vorausgesetzt, und mithin auch „$(m_e \times v_e \times 2\pi \times r_e)$". Folglich erfährt das Elektron durch seinen Umlauf eine Impulswirkungszunahme (zwischen t und t′), die gleich $(m_e \times v_e \times 2\pi \times r_e)$ ist. (Zu diesem Resultat siehe die Physikalische Partialsemantik in Kap. 3, aus deren Anpassung an den vorliegenden Fall, es sich ergibt.[9]) Gemäß dem Quantenphysikalischen Grundgesetz muss dann gelten: $(m_e \times v_e \times 2\pi \times r_e) = (N \times h)$, mit anderen Worten: $(r_e \times m_e \times v_e) = (N \times \hbar)$, denn $\hbar$ ist ja $h/2\pi$. (Und N muss positiv sein, da ja $(r_e \times m_e \times v_e)$ positiv ist.) Berücksichtigt man, dass der konstante Betrag der Winkelgeschwindigkeit des Elektrons ω_e zum Betrag seiner kon-

---

[8] Vgl. hierzu die längere, den Bahndrehimpuls (die Bahndrehwirkung) betreffende Anmerkung in Kap. 3.

[9] Man ersetze dort p durch p_e [= $(m_e \times v_e)$] und l durch l_e [= $(2\pi \times r_e)$].

stanten Umlaufgeschwindigkeit v_e auf der Bahn mit dem Radius r_e in folgender Beziehung steht: $\omega_e = (v_e/r_e)$ (siehe dazu die Anmerkung zum Bahndrehimpuls im 3. Kapitel), so ergibt sich zudem: Aus $(r_e \times m_e \times v_e) = (N \times \hbar)$ folgt $(r_e^2 \times m_e \times \omega_e) = (N \times \hbar)$ (und natürlich gilt auch die Umkehrung dieser Folgerungsbeziehung). Die dem Elektron allein möglichen Bahnen um den Atomkern – nämlich die Bahnen mit dem Radius r_e, sodass gilt: $(r_e \times m_e \times v_e) = (N \times \hbar) = (r_e^2 \times m_e \times \omega_e)$ – heißen nun *Quantenbahnen* des Elektrons.

Auf einer dieser Quantenbahnen bewegt sich das Elektron auch tatsächlich gemäß Bohr, und Bohr nahm des Weiteren an, dass ein Elektron, solange es auf einer Quantenbahn um den Atomkern läuft, keine Energie abgibt. Es kann nicht anders sein, denn sonst würde das Elektron früher oder später in den Atomkern stürzen. Das Problem ist nur, dass diese Annahme Bohrs – wie schon seine Annahme von *Quantenbahnen* für das Elektron – der klassischen Physik widerspricht (in diesem Fall der klassischen Elektrodynamik). Eine Energieabgabe des Elektrons (und damit auch des Atoms, zu dem es gehört) erfolgt nach Bohr dann, und nur dann, wenn es von einer Quantenbahn auf eine niedrigstufigere andere „springt" (das ist der berühmte, unvorhersehbare „Quantensprung" in seiner ursprünglichen eigentlichen Bedeutung), wobei die Stufe – oder die *Hauptquantenzahl* – N_B einer gegebenen Quantenbahn B einfach diejenige positive ganze Zahl N′ ist, für die *im Fall von* B gilt: $(N' \times \hbar) = (r_e^2 \times m_e \times \omega_e)$. Dabei ist N_B bei allen Quantenbahnen B dem zu B jeweils gehörigen Abstand r_e des Elektrons vom Atomkern direkt proportional: N_B ist umso größer, je größer r_e bei B ist (und umgekehrt), denn $N_B = r_e^2 \times (m_e\omega_e/\hbar)$, wobei $m_e\omega_e/\hbar$ eine von r_e unabhängige Konstante ist (weil ja m_e, ω_e und $\hbar$ von r_e unabhängige Konstanten, also bei allen Quantenbahnen gleich sind). Springt nun ein Elektron von einer Quantenbahn auf eine andere (mit niedrigerer Quantenzahl) *hinunter*, so wird ein Energiequant – beispielsweise ein Photon – mit der Energie $(h \times \nu)$ vom Atom ausgesandt (wobei ν die Frequenz der dem Photon korrespondierenden elektromagnetischen Welle ist); macht das Elektron denselben Sprung *hinauf*, so hat das Atom denselben Energiebetrag absorbiert – etwa in Form eines Photons mit der Energie ($h \times \nu$). In beiden Fällen gilt die Gleichung: ($E_{höher} - E_{tiefer}$) = ($h \times \nu$), wobei $E_{höher}$ die Energie des Elektrons auf der höherstufigen Bahn ist, während E_{tiefer} dessen Energie auf der tieferstufigen ist.

Ersichtlicherweise hat das Elektron auf den höherstufigen Bahnen, also in größerem Abstand vom Atomkern, die größeren Energien: weil – wegen der Konstanz von ω_e – v_e und mithin E_{KIN} von e auf den weiteren Bahnen um den Atomkern größer sein muss als auf den engeren.

Die Energieabgabe – das Herunterspringen des Elektrons – ist dabei ein Vorgang, der von selbst (spontan) abläuft, während die Energieaufnahme – das Heraufspringen des Elektrons – angeregt werden muss (etwa durch Erwärmung im wörtlichen Sinn, oder aber durch Bestrahlung mit Licht oder anderen elektromagnetischen Wellen).

Bohr hatte mit der geschilderten Theorie nicht nur den *erkenntniserschließenden Schritt* zu einem Verständnis des Aufbaus der Atome, insbesondere der Atomhülle, getan, sondern auch den erkenntniserschließenden Schritt zu einem Verständnis der Vorgänge, die dafür verantwortlich sind, dass Atome, die zum gleichen chemischen Element gehören, unter Energiezufuhr einheitlich elektromagnetische Wellen (oft sichtbares Licht, aber auch elektromagnetische Wellen jenseits des sichtbaren Bereichs) ganz bestimmter Frequenzen ausstrahlen – *quantisierte solche Wellen*, wie wir gerade gesehen haben –, was sich in dem für das chemische Element charakteristischen Linienspektrum niederschlägt. Die Erklärung des Linienspektrums des Wasserstoffs, wo die Verhältnisse besonders einfach sind, da Wasserstoffatome nur ein einziges Elektron haben, war einer der großen Erfolge des Bohr'schen Atommodells.

Neues und bedeutsames Licht wird nun auf die bohrsche Theorie durch die Annahme von De-Broglie-Wellen oder Materiewellen geworfen. Angenommen, ein Elektron e bewegt sich um einen Atomkern auf einer Quantenbahn mit der Hauptquantenzahl 2; demnach gilt gemäß Bohr (bzw. dem Quantenphysikalischen

Grundgesetz): $(m_e \times v_e \times 2\pi \times r_e) = (2 \times h)$. Dann jedoch springt e hinunter auf eine Quantenbahn mit der Hauptquantenzahl 1, und also gilt: $(m_e \times v'_e \times 2\pi \times r'_e) = (1 \times h) = h$. Nach Bohr hat e zunächst, auf der erstgenannten Quantenbahn, die Energie E und dann, auf der zweitgenannten Quantenbahn, die Energie E', wobei $(E - E')$ gleich $(h \times \nu)$ ist – eine Energiedifferenz, die aufgrund des Quantensprungs von e in Form eines Energiequants vom Atom abgestrahlt wird, wobei ν (wie gesagt) die Frequenz der elektromagnetischen Welle ist, die aufgrund eben dieses Quantensprungs vom Atom ausgeht.

Gemäß W1 kann man nun e auf der ersten, höheren Quantenbahn eine Wellenlänge λ_e der Größe h/p_e zuordnen, wobei p_e gleich $(m_e \times v_e)$ ist, und auf der zweiten, niedrigeren Quantenbahn eine Wellenlänge λ'_e der Größe h/p'_e, wobei p'_e gleich $(m_e \times v'_e)$ ist.

Eine Bemerkung hierzu aus relativitätstheoretischer Sicht: Sind v_e und v'_e klein gegenüber dem Betrag der Lichtgeschwindigkeit, so kann man setzen $m_e = m'_e =$ die Ruhmasse von e.

Dann folgt aus $(m_e \times v_e \times 2\pi \times r_e) = (2 \times h)$ dies: $(2\pi \times r_e) = (2 \times \lambda_e)$, und aus $(m_e \times v'_e \times 2\pi \times r'_e) = (1 \times h)$ dies: $(2\pi \times r'_e) = (1 \times \lambda'_e)$. Auf unser spezifisches Beispiel kommt es offensichtlich nicht an, sondern vielmehr gilt allgemein (wie de Broglie selbst bemerkte): *Gleichgültig, welche Quantenbahn von* e *man betrachtet, immer ergibt sich, dass ihr Umfang ein positiv-ganzzahliges Vielfaches der Wellenlänge darstellt, die* e *auf dieser Quantenbahn zuzuordnen ist.*

Gemäß W3 kann man e zudem auf der höheren Quantenbahn eine Frequenz ν_e der Größe E/h zuordnen, und auf der niedrigeren Quantenbahn eine Frequenz ν'_e der Größe E'/h. Dann folgt aus $(E - E') = (h \times \nu)$ offensichtlich dies: $(\nu_e - \nu'_e) = \nu$. Wiederum kommt es auf unser spezifisches Beispiel nicht an, sondern es gilt vielmehr allgemein: *Gleichgültig, von welcher höheren Quantenbahn* e *auf eine niedrigere springt, immer ergibt sich, dass die Frequenz der dabei vom jeweiligen Atom ausgesandten Welle und des zugehörigen Energiequants gerade die Differenz der Frequenzen ist, die e auf der höheren bzw. der niedrigeren Quantenbahn zuzuordnen sind.* An dieser Stelle – *gekennzeichnet* durch die eben aufgestellte, zweite kursivierte Allgemeinaussagen – ist demnach *der Weg vom Teilchen zur Welle* – spezifisch: vom Elektron zur Elektronwelle – und *der Weg von der Welle zum Teilchen* – spezifisch: von der Lichtwelle zum Photon – in explanatorisch sehr befriedigender Weise *miteinander verknüpft.*

Unter der Annahme von Materiewellen erschien vielen Theoretikern die bohrsche Theorie des Atomaufbaus weit befriedigender als ohne sie, nämlich eben *nicht* bloß willkürlich zugeschneidert auf – *ad hoc* konzipiert für – die Erfassung der empirischen Fakten am Atom. Besser verständlich – physikalisch handfester als allein durch das Quantenphysikalische Grundgesetz erklärt – schien vielen Theoretikern im Lichte der Annahme von Materiewellen, *warum* das Elektron sich auf seinen Quantenbahnen und nur auf diesen aufhalten kann, und zudem wurde im Lichte der Annahme von Materiewellen verständlich, warum das Elektron, solange es auf einer seiner Quantenbahnen ist, keine Energie abgibt.

Die Bahnbeschränkungen des Elektrons am Atom beruhen nämlich aus der De-Broglie-Perspektive darauf, dass es sich *genau* auf den Bahnen aufhalten kann (d. h.: auf solchen Bahnen und keinen anderen), auf denen es *als Welle betrachtet* eine *stehende Welle* wäre, wenn es sich dort aufhielte.

Unter einer stehenden Welle ist eine Welle zu verstehen, die mit von Ort zu Ort periodisch unterschiedlichen Amplituden zwischen 0 und dem für sie spezifischen *Amplitudenmaximum* stationär schwingt, ohne voranzuschreiten. An den Orten, wo die Amplitude einer stehenden Welle 0 ist, befinden sich ihre sogenannten *Wellenknoten* (jeweils im Abstand einer halben Wellenlänge); wo ihre Amplitude das für sie spezifische Amplitudenmaximum erreicht, befinden sich hingegen ihre sogenannten *Wellenbäuche* (wiederum jeweils im Abstand einer halben Wellenlänge).

Denn, dass das Elektron am Atom als Welle betrachtet auf seiner Bahn eine stehende Welle ist, bedeutet, dass – für eine gewisse positive ganze Zahl N – das N-fache seiner entsprechenden De-Broglie-Wellenlänge exakt den Umfang seiner Bahn ausmacht: dass, *mit anderen Worten* (siehe oben), die Bahn eine *Quantenbahn* des Elektrons ist (und zwar die N-te). Die Quantenbahnen des Elektrons sind aber deshalb genau die Bahnen, auf denen es sich aufhalten kann, weil das Elektron als Welle betrachtet auf allen anderen Bahnen um den Atomkern keine stehende Welle wäre, sondern vielmehr sich dort alsbald – durch *Interferenz* mit sich selbst – selbst auslöschen würde. (Mehr zur Interferenz weiter unten.) Das Elektron als stehende Welle um den Atomkern betrachtet *ruht* nun zudem auf der ganzen Länge seiner jeweiligen Quantenbahn, und das ist der Grund, warum es auf dieser Bahn keine Energie abgibt. (Ein erfreulicher Nebeneffekt dieser Erklärung der Energieneutralität des Elektrons auf seiner jeweiligen Quantenbahn ist, dass in ihrem Lichte kein Widerspruch dieses Faktums zur klassischen Elektrodynamik besteht.)

Solche Gedankengänge waren es, die den Materiewellen – hier in der Sondergestalt der *stationären Elektronwellen* – zum Durchbruch verhalfen, wenn auch die Anschaulichkeit des bohrschen „Planetenmodells" des Atoms dabei zunichte wurde. Beispielsweise: Die Quantenbahn 1 eines Elektrons e – seine stabilste Bahn: die mit dem niedrigsten Energieniveau – hat gerade die Länge seiner dortigen De-Broglie-Wellenlänge, λ_{1e}. Das Elektron als Welle betrachtet liegt also auf dieser Quantenbahn – ohne voranzuschreiten – sozusagen um den Atomkern herum und ist auf ihr zu jedem Zeitpunkt „überall und nirgends". Wenn nämlich „Δl_{1e}" die (relativ) *kleinstmögliche* Ungenauigkeit in der Ortsbestimmung von e (zu einem bestimmten Zeitpunkt) auf der Quantenbahn 1 bezeichnet, so gilt gemäß der Unschärfebeziehung U1 und den hier bereits festgestellten Gleichungen:

$$\Delta l_{1e} = h/p_{1e} = h/(m_e \times v_{1e}) = \lambda_{1e} = (2\pi \times r_{1e}).$$

Liest man die eine Hälfte dieser Gleichungen – $\Delta l_{1e} = h/p_{1e} = h/(m_e \times v_{1e})$ – *ontologisch*, wie ich es nahegelegt habe, und eben nicht nur als eine Aussage über die Begrenzung unseres Erkenntnisvermögens, und zu dieser Lesart passend, *sie physikalisch realisierend,* die andere Hälfe – $h/(m_e \times v_{1e}) = \lambda_{1e} = (2\pi \times r_{1e})$ – *so,* dass eben nicht einer e entsprechenden, *zu ihm irgendwie gehörigen Welle* die Wellenlänge $(2\pi \times r_{1e})$ zugeordnet ist, sondern dem Elektron e *selbst, als einer Art von Welle,* dann befindet sich das Elektron, als eine solche Welle, in der Tat ebenso „überall" auf der Quantenbahn 1 wie „nirgendwo", oder eigentlicher gesprochen: e hat auf der Quantenbahn 1 keinen bestimmten punktuellen Ort. (Wohl aber kann man e in Abhängigkeit von Ort und Zeit *Aufenthaltswahrscheinlichkeiten* auf seiner Quantenbahn um den Atomkern zuordnen; zur Aufenthaltswahrscheinlichkeit siehe das nächste Kapitel.)

Die Überlegungen, die im vorausgehenden Kapitel zur Herleitung von U1 führten, bezogen sich auf den Fall einer geradlinigen Bewegung, aber sie lassen sich auf den Fall einer Kreisbewegung übertragen. Im ersteren Fall befand sich l_x zwischen zwei Positionen auf einer Geraden, deren Abstand nicht kleiner gemacht werden konnte als h/p_x; im letzteren Fall befindet sich l_x zwischen zwei Positionen auf einer Kreisbahn, deren Abstand (auf der Kreisbahn) nicht kleiner gemacht werden kann als h/p_x. Im Grenzfall ist jener Abstand identisch mit h/p_x, wobei im Fall der Kreisbahn noch der Grenzfall hinzukommt, dass h/p_x kein Bruchteil von $(2\pi \times r_x)$ ist, sondern $(2\pi \times r_x)$ selbst (wobei r_x der Drehradius von x ist).

Die eben illustrierte Brauchbarkeit von Elektronwellen bei der theoretischen Konstruktion in explanatorischer Absicht ist aber nicht alles, was für diese Art von Materiewellen spricht: Der Wellencharakter von Elektronen wurde an *freien* Elektronen (an Elektronen, die von Atomen abgelöst sind) auch empirisch nachgewiesen, und zwar schon im Jahre 1927 durch C. J. Davisson, L. H. Germer und G. P. Thomson (also drei Jahre, nachdem de Broglie die Materiewellen postuliert hatte). Bestrahlt man beispielsweise dünne Metallfolien mit Elektronenstrahlen, so treten *Beugungs- und Interferenzerscheinungen* auf, die den Beugungs- und Interferenzerscheinungen bei Röntgenstrahlen völlig analog sind. Beugungs- und Interferenzerscheinungen (zu ihrer näheren Beschreibung siehe weiter unten) sind aber das Erkennungsmerkmal von Wellen, da sich diese Erscheinungen nicht gut erklären lassen, wenn man die Strahlen, an denen sie sich manifestieren, als Teilchenströme deutet. Als Beugungs- und Interferenzerscheinungen bei Röntgenstrahlen beobachtet wurden (1912 durch Max von Laue), stand denn auch fest, dass es sich bei den Röntgenstrahlen um Wellen handeln müsse. Die entsprechende Folgerung ist nun aber auch für Elektronenstrahlen zu ziehen. Durch die Auswertung der bei Elektronenstrahlen auftretenden Interferenz- und Beugungserscheinungen kann zudem – wie im Fall der Röntgenstrahlen – auf die zugehörigen Wellenlängen zurückgeschlossen werden. Spektakulärerweise werden dabei die aus der bekannten Geschwindigkeit und Masse von Elektronen in Elektronenstrahlen *im Voraus* (nach W1) berechneten De-Broglie-Wellenlängen (die übrigens im Bereich der Wellenlängen von Röntgenstrahlen liegen) *im Nachhinein* vollkommen bestätigt. Einer Theorie kann nichts Besseres geschehen: Der Schub an Überzeugungskraft für de Broglies Theorie der Materiewellen war ganz und gar in derselbe Größenordnung wie der, den Einsteins Theorie der teilchenhaften Energiequanten durch die durch sie ermöglichte beste Erklärung des lichtelektrischen Effekts und des Compton-Effekts erhielt, zumal in der Folge der Nachweis von Beugungs- und Interferenzerscheinungen nicht nur bei Elektronen gelang, sondern auch bei Neutronen (den elektrisch neutralen Bestandteilen des Atomkerns) und sogar bei ganzen Atomen.

Im Sinne einer Zusammenfassung und zugleich Weiterführung des bisher Gesagten ist also das Folgende zu bemerken:

(1.) Was *vordem* rein als Welle erschien (wie beispielsweise eine rundum abgestrahlte Menge von Licht) bzw. als Wellenausschnitt in *einer* Richtung (beispielsweise ein Lichtstrahl), das nimmt *in der Folge,* in der theoretischen Durchdringung unabweisbarer empirischer Fakten, Teilchenaspekte an: erscheint auch als Teilchenstrom (oder vielleicht besser gesagt: Teilchenwallung) bzw. als Teilchenstrom in einer homogenen Richtung. Das ist der Weg von der Welle zum Teilchen, der Planck/Einstein-Weg.

(2.) Was *vordem* rein als Teilchen erschien (wie beispielsweise ein Elektron), das nimmt *in der Folge,* in der theoretischen Durchdringung nicht von der Hand zu weisender empirischer Fakten, Wellenaspekte an: erscheint auch als Welle. Das ist der Weg vom Teilchen zur Welle, der De-Broglie-Weg.

(3.) Es ist aber *nicht* der Fall, dass (a) solche physische Objekte, die *vordem* rein als Teilchen galten – nennen wir sie kurz „die T-Objekte" –, *in der Folge* rein als Wellen gelten könnten; oder dass (b) solche physische Objekte, die *vordem* rein als Wellen galten – nennen wir sie kurz „die W-Objekte" –, *in der Folge* rein als Teilchen gelten könnten. Gegen (a) spricht – unabweislich –, dass die T-Objekte – *neben* der neu an ihnen nachgewiesenen Interferenz- und Beugungsfähigkeit (siehe die Versuche von Davisson/Germer, Thomson und vielen anderen) – allesamt die *Auftreffeigenschaft* haben, womit gemeint ist, dass wenn man ihnen ein materielles Hindernis in den Weg legt, sie auf diesem wie ein kleines Geschoss *lokal auftreffen* – was nicht gut zu Wellen passt. Gegen (b) aber spricht – ebenso unabweislich –, dass die W-Objekte – *neben* der neu an ihnen nachgewiesenen Auftreffeigenschaft (siehe den lichtelektrischen Effekt, den Compton-Effekt und andere Effekte mehr) – allesamt *Interferenz- und Beugungsfähigkeit* aufweisen – was nicht gut zu Teilchen passt.

(4.) Es ist bei alledem wiederum nicht etwa so, dass von einer inneren Widersprüchlichkeit der neuen Physik – der Quantenphysik – gesprochen werden könnte. Die mathematische Erfassung der neuen, die klassische Physik revolutionierenden empirischen Fakten durch neue naturgesetzliche Gleichungen ist logisch vollkommen konsistent und zudem von außerordentlich großer Vorhersagekapazität.

Umfassend geleistet worden ist jene mathematisch-nomologische Erfassung auf mathematisch verschiedenen, aber physikalisch äquivalenten Wegen durch *die Matrizenmechanik* Werner Heisenbergs (1925) und *die Wellenmechanik* Erwin Schrödingers (1926). Die schrödingersche Formulierung *der Quantenmechanik* – die Wellenmechanik – wird gegenüber der heisenbergschen heute gewöhnlich bevorzugt, da sie sich auf mathematischen Bahnen bewegt, die vertrauter sind als diejenigen der heisenbergschen Formulierung. Dabei hat sich zudem die zuerst von Max Born (bereits 1926) gegebene *probabilistische* (wahrscheinlichkeitstheoretische) Deutung der Wellenmechanik allgemein durchgesetzt.

Es ist also *keineswegs* als unvernünftig anzusehen, wenn man sich dabei beruhigt, dass ein und dieselbe in einheitlicher Weise mathematisch beschreibbare physikalische Realität sich sowohl im Teilchengewand zeige als auch im Wellengewand, aber niemals in beiden Gewändern zugleich, sondern immer nur in dem einen oder aber dem anderen Gewand, je nach den vorgenommenen Experimenten (deren Ausgänge im Übrigen durch den mathematisch-nomologischen Apparat *stets* zuverlässig, wenn auch immer nur der Wahrscheinlichkeit nach, vorhergesagt werden), und dass es darüber hinaus – außer „fruchtlosen" philosophischen Spekulationen – nichts weiter zu sagen gebe. Mit dieser Aussage (der vorausgehenden) ist ebenso die (theoretisch-empirische) *Komplementarität von Welle und Teilchen* ausgesprochen wie die Kernaussage der sogenannten (heisenberg-bohrschen) *Kopenhagener Deutung* der Quantenphysik.

(5.) Gleichwohl verbleibt ein philosophisches Unbehagen, ein Bedürfnis nach Theorie, das über die mathematisch-nomologische Erfassung der Beobachtungen hinausreicht. Die Quantenphysik erweckt in der Tat den Eindruck des Unfertigen, des Unabgeschlossenen, Unvollständigen, zumal wenn man sie mit der klassischen Physik vergleicht, die genau den gegenteiligen Eindruck vermittelte. Gesucht ist ein Weltbild – ein Bild der objektiven physischen Wirklichkeit –, das zur Quantenphysik in demselben Verhältnis steht, wie das (durch die Quantenphysik obsolet gewordene) mechanistische Weltbild zur klassischen Physik stand, und das denselben Grad an Geschlossenheit aufweist wie dieses letztere. Aber, wie schon mehrfach angedeutet wurde, ist ein solches Weltbild schwer – vielleicht unmöglich? – zu erlangen.

4.2 Das Welle-Teilchen-Passungsproblem

Es ist an der Zeit, die Schwierigkeiten, die sich der Weltbild-Bildung auf quantenphysikalischer Grundlage in den Weg stellen, hervorzuheben. Ein *Symptom* für diese Schwierigkeiten – eines, das in Physiktexten sich allenthalben manifestiert – ist beispielsweise, dass ein Elektron nicht wirklich als mit einer Welle identisch oder wenigstens durch eine solche modellierbar angesehen wird, sondern stattdessen von *der einem Elektron zugeordneten Materiewelle* gesprochen wird, als hätte neben dem Elektron noch eine besondere Welle als dessen Begleiterin Platz; oder dass, auf der anderen Seite, von *der Frequenz eines Photons* gesprochen wird, als könnte ein Photon ohne weiteres eine Frequenz (oder Wellenlänge) haben. Es ist hieraus offensichtlich, dass der Wellenbegriff (und seine Entourage) und der Teilchenbegriff (und seine Entourage) sich in der Beschreibung *ein und derselben Realität* durchaus nicht reibungslos aneinander fügen.

Hier sind drei offene Fragen, die gewisse Schwierigkeiten der Weltbild-Bildung im Anschluss an die Quantenphysik aufzeigen: (1) Was *oszilliert* bei einer Materiewelle, beispielsweise einer Elektronwelle (und einen Oszillator muss es geben, denn sonst könnte man der Elektronwelle schwerlich eine Frequenz zuordnen)? Ist das Elektron zugleich Welle und Oszillator? (2) Geht die Geschwindigkeit eines Elektrons gegen 0, so auch sein Impuls, und also geht dann seine Wellenlänge gemäß W1 gegen Unendlich. Was bedeutet dies? Dass das Elektron – und seine Masse und Ladung – sich durch den ganzen Raum erstreckt? Aber das kann nicht gut sein. (3) Der Geschwindigkeitsbetrag der Elektronwelle, c_e, ist nicht ohne weiteres derselbe wie der Geschwindigkeitsbetrag des Elektrons, v_e. Es gilt: $c_e = \lambda_e \nu_e = ((h/p_e) \times (E_e/h)) = (E_e/p_e) = E_e/(m_e v_e)$. Hiernach kann $c_e = v_e$ nur dann gelten, wenn auch gilt: $v_e = \sqrt{(E_e/m_e)}$, oder anders gesagt: $E_e = m_e \times (v_e)^2$, und das gilt oft nicht: Bei einem frei dahinfliegenden Elektron, das keinerlei Kräften unterworfen ist, ist die gesamte Energie *kinetische Energie*, und es gilt: $E_e = ½(m_e \times (v_e)^2)$, und also gerade *nicht*:

$E_e = m_e \times (v_{e1})^2$; dementsprechend erhält man denn auch in diesem Fall: $2c_e = v_e$. Wenn aber die Geschwindigkeit der Elektronwelle nicht identisch ist mit der Geschwindigkeit des Elektrons, wie kann dann das Elektron mit der Elektronwelle identisch oder auch nur durch sie modellierbar sein?

Antworten auf Fragen wie die drei obigen lassen sich zweifelsohne finden, aber sie leiden daran, dass sie nicht vollständig befriedigen können, sondern den Charakter des bloß Zurechtgemachten machen. (Auf (3) könnte man beispielsweise antworten, dass ein Elektron/eine Elektronwelle e eben sowohl eine *Teilchengeschwindigkeit* aufweise, deren Betrag v_e ist, als auch eine *Wellengeschwindigkeit*, deren Betrag c_e ist; die beiden Geschwindigkeitsbeträge müssten keineswegs identisch sein, aber jedenfalls gelte: $c_e = E_e/(m_e v_e)$.)

Besonders eindrücklich zeigt sich das *Welle-Teilchen-Passungsproblem* (und nicht weniger eindrücklich, als sich in ganz anderem Zusammenhang das Leib-Seele-Passungsproblem zeigt) bei *Doppelspaltexperimenten*. Doppelspaltexperimente dienen der Erzeugung von *Interferenz* und folglich dem Nachweis des Wellencharakters einer Strahlung. Unter *Interferenz* versteht man, dass sich – unter geeigneten Bedingungen, die man unter dem Begriff der *Kohärenz* zusammenfasst – zwei Wellen, die ineinanderlaufen, systematisch überlagern, kurz: Interferenz ist die systematische Überlagerung zweier (oder auch mehrerer) ineinanderlaufender Wellen.

Die Interferenz zweier Wellen wird durch den folgenden Sachverhalt konstituiert: Treffen zwei kohärente (interferenzfähige) Wellen – Schwingungssysteme U_1 und U_2 – an gewissen Orten (Raumpunkten) l zu gewissen Zeiten (Zeitpunkten) t aufeinander, so überlagern sich ihre dortigen momentanen Schwingungszustände, $S_1 = U_1(l, t)$ und $S_2 = U_2(l, t)$, zu einem neuen dortigen momentanen Schwingungszustand, S_{12}, eben dem Schwingungszustand der Wellenüberlagerung U_{12} an l zu t: $S_{12} = U_{12}(l, t)$. Ein momentaner lokaler Schwingungszustand ist aber zum einen gekennzeichnet durch die ihm eigene Schwingungsrichtung r, die entweder + oder – ist, je nachdem, ob die lokale (an l befindliche) Schwingung momentan (zu t) zum einen Oszillationspol geht oder aber zum anderen, und zum anderen durch den ihm eigenen Schwingungsbetrag *b*, d. h. durch die momentane *Elongation* der lokalen Schwingung, womit der Betrag der augenblicklichen Abweichung ihres Oszillators von der Mitte zwischen den Schwingungspolen (der Ruhelage) gemeint ist.

Man beachte, dass die *maximal erreichbare Elongation* einer Schwingung gerade ihre Amplitude ist.

Mehr ist zur Kennzeichnung eines momentanen lokalen Schwingungszustands nicht nötig. Wir können also setzen:

$$U_{12}(l, t) = S_{12} = S_1 \oplus S_2 = U_1(l, t) \oplus U_2(l, t) = (\langle r_1, b_1 \rangle + \langle r_2, b_2 \rangle).$$

Sind hierbei r_1 und r_2 *verschieden*, so spricht man von *destruktiver Interferenz* (an l zu t), sonst von *konstruktiver*. Zwei spezielle Fälle der eben angegebenen allgemeinen Gleichung sind besonders beachtenswert (wobei der erste ein spezieller Fall konstruktiver Interferenz ist, der zweite ein spezieller Fall destruktiver Interferenz):

(1) Die t-momentanen Schwingungszustände S_1 und S_2 haben dieselbe Richtung und ihr Betrag ist jeweils der maximal erreichbare, also gerade die jeweilige Amplitude der zu U_1 bzw. U_2 gehörigen, an l befindlichen Schwingung. Mithin, falls die gemeinsame Richtung + ist,

$$U_{12}(l, t) = S_{12} = S_1 \oplus S_2 = U_1(l, t) \oplus U_2(l, t) = (\langle r_1, b_1 \rangle + \langle r_2, b_2 \rangle) = (\langle +, max_1 \rangle + \langle +, max_2 \rangle) = \langle +, (max_1 + max_2) \rangle.$$

(2) Die t-momentanen Schwingungszustände S_1 und S_2 haben *verschiedene* Richtung und *denselben* Betrag. Mithin, falls die Richtung von S_1 + ist (also die von S_2 –) und der gemeinsame Betrag *b*,

$$U_{12}(l, t) = S_{12} = S_1 \oplus S_2 = U_1(l, t) \oplus U_2(l, t) = (\langle r_1, b_1 \rangle + \langle r_2, b_2 \rangle) = (\langle +, b \rangle + \langle -, b \rangle) = 0.$$

Im ersten Fall *verstärken* sich die Schwingungssysteme U_1 und U_2 an der Stelle l zum Zeitpunkt t *maximal*; im zweiten Fall dagegen *löschen* sich U_1 und U_2 an der Stelle l zum Zeitpunkt t *gegenseitig aus*.

Insbesondere das Auftreten von *Auslöschungserscheinungen* (beispielsweise von Licht durch Licht!) wird als ein frappierendes und untrügliches Zeichen des Wellencharakters der untersuchten Strahlung angesehen. Denn wie könnten diese Erscheinungen anders erklärt werden als dadurch, dass sie einen besonderen Fall der destruktiven Interferenz von Wellen anzeigen?

Beim Nachweis der Existenz von U_{12} wird der erste Fall beispielsweise durch die örtliche Maximalreaktion einer strahlungsempfindlichen Platte dokumentiert, der zweite Fall hingegen durch die örtliche Abwesenheit jeglicher Reaktion; und natürlich werden die zugehörigen Reaktionszwischenstufen ebenfalls örtlich auf der strahlungsempfindlichen Platte in Erscheinung treten. Da Interferenz die *systematische* Überlagerung zweier Wellen ist, ist deren Dokumentation ebenfalls *systematisch*: Es entsteht somit ein für U_{12} charakteristisches reaktives Muster, beispielsweise auf der strahlungsempfindlichen Platte, nämlich das die Überlagerung von U_1 und U_2 dokumentierende *Interferenzmuster*.

Trifft nun im spezifischen Fall eines Doppelspaltexperiments eine Welle auf einen Doppelspalt in einer Barriere (oder auf etwas, was einem Doppelspalt in einer Barriere äquivalent ist), so werden unter geeigneten Bedingungen die Spaltöffnungen zum Ausgangspunkt zweier neuer kohärenter Wellen, die sich im Bereich hinter der Barriere systematisch überlagern, also zur Interferenz kommen, welche Interferenz sich dann auf einer passend angebrachten strahlungsempfindlichen Platte in dem Interferenzmuster offenbart, das sie dort hervorruft.

Die Idee und die erste Ausführung eines Doppelspaltexperiments (zur Demonstration der Wellennatur des Lichts) stammt von Thomas Young (1801). Mit *materieller Strahlung* sind Doppelspaltexperimente hingegen nicht einfach durchzuführen. Durch Claus Jönsson wurde aber im Jahre 1961 ein Doppelspaltexperiment mit

Elektronenstrahlen realisiert (das 2002 „zum schönsten Experiment aller Zeiten“ gekürt wurde). Dabei traten (erwartungsgemäß) Interferenzerscheinungen auf, sodass im Effekt das (oben erwähnte) Resultat von Davisson, Germer und Thomson – nämlich der Nachweis des Wellencharakters von Elektronen – nur auf anderem (glanzvollerem) Wege erneut erbracht wurde. Aber die Implikationen der Sonderbarkeiten, die beim (1989 von Tonomura und Mitarbeitern durchgeführten) Elektronenstrahl-*Doppelspaltexperiment mit speziellem Dreh* auftreten (siehe dazu gleich ein Stück weiter unten), sind nun wahrlich geeignet, die philosophisch schwerwiegende Natur des Welle-Teilchen-Passungsproblems voll zu Bewusstsein zu bringen:

Wird ein starker Elektronenstrahl verwendet, so tritt das Interferenzmuster – ein Streifenmuster – sofort auf: Photographisch festgehalten sieht es aus wie ein Stück Wellblech mit parallelen Rippen, bei dem *zum einen* die Rippen weit heller sind als die dazwischen liegenden gleichmäßig dunklen Rinnen, *zum anderen* jedoch die im Bild mittlere Rippe am hellsten ausfällt, während die Rippen links und rechts daneben, symmetrisch zueinander, an Helligkeit abnehmen.

Man beachte, dass in der *photographischen* Dokumentation des Interferenzmusters die Auslöschungserscheinungen durch maximale Dunkelheit angezeigt werden, das Maximum der konstruktiven Interferenz hingegen durch größte Helligkeit.

Nun ist es aber möglich, die Stärke des Elektronenstrahls soweit zu reduzieren, dass in einem gewissen Zeitabschnitt nur jeweils ein einziges Elektron auf die Reise zum Doppelspalt geschickt wird; das eben ist *der spezielle Dreh,* der oben soeben angesprochen wurde. Wenn wie beschrieben verfahren wird, dann zeigt kurze Zeit nach der Aussendung eines gewissen Elektrons die strahlungsempfindliche Platte hinter dem Doppelspalt den Einschlag dieses Elektrons an einer ganz bestimmten Stelle an. Das Elektron ist also nicht an der Barriere hängengeblieben, sondern muss durch den Doppelspalt hindurchgegangen sein. Aber von Interferenzerscheinungen findet sich keine Spur – keine bleibend dokumentierten und auch keine nur in einem Augenblick kurz aufscheinenden. Alles weist auf eine reine Teilchennatur dieses individuellen Elektrons hin, das gerade durch die Apparatur gegangen ist; alles weist insbesondere darauf hin, dass das Elektron, wie ein ordentliches Teilchen, entweder durch den einen oder aber durch den anderen Spalt gegangen ist, nicht jedoch durch beide zugleich. So bleibt es bei allen Elektronen des schwachen Elektronenstrahls, die der Reihe nach die Apparatur passieren und jenseits der Barriere ankommen. Allerdings schlagen sie nicht alle an derselben Stelle der strahlungsempfindlichen Platte ein, sondern an mehr oder minder verschiedenen Stellen. Schließlich geschieht im Laufe der Zeit das Erstaunliche: Die strahlungsempfindliche Platte zeigt – und je mehr Elektronen es werden, umso deutlicher – *dasselbe* Interferenzmuster an, das man sofort haben kann, wenn man einen starken Elektronenstrahl verwendet.

Die Erklärung dieses Resultats bereitet nun erhebliche gedankliche Schwierigkeiten. Hält man daran fest, dass die auf der strahlungsempfindlichen Platte registrierten Elektronen des schwachen Strahls tatsächlich die reinen Teilchen sind, als welche sie sich im Experiment präsentieren, so gilt, dass sie alle der Reihe nach entweder durch den einen oder aber den anderen Spalt gegangen sein müssen. Durch welchen Spalt jedoch ein durchschlüpfendes Elektron geht und wo es auf der strahlungsempfindlichen Platte einschlägt – das muss doch offenbar kausal unabhängig davon sein, ob der jeweils andere Spalt ebenfalls offen steht; denn es gibt keinen Anhaltspunkt für einen mit beiden Spalten kommunizierenden Regelungsmechanismus, der die durchschlüpfenden Elektronen mustergerecht durch den einen oder aber den anderen Spalt an ihre jeweiligen Einschlagsorte auf der strahlungsempfindlichen Platte dirigiert und der sich jeweils anders verhält, (a) wenn einer der beiden Spalte geschlossen ist und (b) wenn beide Spalte offen sind.

Das Durchgangs- und Einschlagsverhalten jedes Elektrons muss zudem bei Unterstellung von kausaler Lokalität – die u. a. auch den Ausschluss unmittelbarer *zeitlicher* Fernwirkungen beinhaltet – kausal unabhängig davon sein, was die vorausgehenden Elektronen des Strahls gemacht haben (denn es gibt keinen Anhaltspunkt für lokalkausale Mechanismen, die ein ausgesandtes Elektron Schrittchen für Schrittchen mit den ihm vorausgehenden Elektronen verbinden), und es muss natürlich *bei Ausschluss von zeitlich rückwärts gerichteter Kausalität* auch kausal unabhängig davon sein, was die nachfolgenden Elektronen des Strahls machen werden.

Daraus folgt, dass die Elektronen, die durch den Spalt A gegangen und da und dort auf der Platte gelandet sind, durch diesen Spalt auch gegangen und an denselben Stellen gelandet wären, wenn der Spalt B die ganze Zeit verstopft gewesen wäre, und vice versa (also wenn B in der vorausgehenden Aussage an die Stelle von A gesetzt wird und A an die Stelle von B).

Doch leider werden die obigen Aussagen durch die experimentellen Befunde nicht bestätigt. Denn wären sie richtig, so müsste sich doch das Interferenzmuster M auch so gewinnen lassen, dass man *erst* allein Spalt A offen lässt (ansonsten aber alles so wie beim Doppelspaltexperiment einrichtet) und das unter diesen Umständen sich auf der strahlungsempfindlichen Platte einstellende Muster M_A festhält; *dann* aber allein Spalt B – genauso lang wie zuvor Spalt A – offen lässt (ansonsten wiederum alles so wie beim Doppelspaltexperiment einrichtet) und das unter diesen Bedingungen sich einstellende Muster M_B festhält; *schließlich* M_A und M_B „manuell" überlagert. Aber es stellt sich heraus, dass die Überlagerung von M_A und M_B *nicht* M ist, sondern ein wesentlich anderes Muster. M ist eben ein *echtes* Interferenzmuster, und keine bloße Addition von Einschlagsmustern, die keine Interferenzmuster sind.

Ein Vergleich ist geeignet, das Erstaunliche dieses Resultats zu illustrieren. In einer Wand gibt es zwei gleichgroße Öffnungen, A und B, in gleicher Höhe und mit nicht allzu großem Abstand voneinander. Beide Öffnungen sind gerade eben groß genug, dass ein Fußball leicht hindurch passt. Nun stelle man sich vor, dass Tausende von Fußballern aus 10 m Entfernung ein Zielschießen auf die Öffnungen veranstalten, von einem Punkt aus, der den Öffnungen genau gegenüber liegt. Hinter der Wand ist im kurzen Abstand von ihr eine weitere Wand, auf der durch geeignete Mittel genau registriert wird, wo ein Ball, der durch eine der Öffnungen hindurch kommt, auftrifft. Das Zielschießen hat drei Durchgänge (die jeweils mit genau denselben Fußballern an verschiedenen Tagen zur selben Tageszeit stattfinden). Bei jedem dieser Durchgänge hat jeder der Fußballer zwei Schüsse, von denen er einen auf Öffnung A und einen auf Öffnung B richten soll (auf welche Öffnung zuerst geschossen wird, wird jeweils durch Los entschieden); der bei einem Schuss jeweils verwendete Fußball ist völlig gleich den zuvor verwendeten. Beim ersten Durchgang des Zielschießens wird nun aber, ohne dass die Fußballer dies merken können, der Weg von der Öffnung A zur Detektorwand blockiert, beim zweiten Durchgang hingegen der Weg von der Öffnung B zur Detektorwand. Erst beim dritten Durchgang sind beide Wege nicht blockiert. Jeder der Durchgänge hinterlässt auf der Detektorwand hinter der Wand mit den Öffnungen ein aus vielen Auftreffpunkten bestehendes Muster. Es wäre nun höchst merkwürdig, ja vollkommen rätselhaft, wenn das Auftreffmuster des dritten Durchgangs *signifikant* (nicht nur zufallsmäßig) von dem Muster abwiche, das man erhält, wenn man das Auftreffmuster des ersten und des zweiten Durchgangs übereinander legt.

Wie soll man sich nun hierzu stellen? Eine Möglichkeit ist es, anzunehmen, dass das gleichzeitige Offenstehen von A und B eben doch einen eigenen kausalen Einfluss auf das Verhalten der einzelnen Elektronen hat, die durch die Apparatur gehen, nämlich solcherart, dass sie dergestalt Elektron für Elektron durch A bzw. B hindurchsortiert werden, dass am Ende auf der strahlungsempfindlichen Platte das Interferenzmuster M sich gebildet hat. Aber da, wie gesagt, keinerlei Mechanismus erkennbar ist, durch den dies geschehen könnte – der Mechanismus müsste sowohl mit A als auch mit B in Verbindung stehen und über eine Art von Gedächtnis und Voraussicht verfügen –, so bleibt, wenn *irgendwie* von *Verursachung* ausgegangen werden soll, nur übrig, eine nicht weiter aufzuklärende Prädestination des Verhaltens der einzelnen Elektronen *ab ovo* anzunehmen, nämlich schon an ihrem Ausgangsort zu ihrem Ausgangszeitpunkt.

Das ist alles andere als attraktiv. Die (schon vorgezeichnete) Alternative hierzu erfordert es allerdings, in einen Apfel zu beißen, der vorderhand mindestens ebenso sauer erscheint, nämlich die Voraussetzung aufzugeben, dass die auf der strahlungsempfindlichen Platte registrierten Elektronen alle der Reihe nach entweder durch den einen oder aber den anderen Spalt gegangen sein müssen. Vielmehr nimmt man bei der nun erwogenen, alternativen Deutung des Zustandekommens des Interferenzmusters M an, jene Elektronen seien alle durch beide Spalten zugleich gegangen, mit anderen Worten: um reine Teilchen kann es sich bei ihnen nicht handeln (denn ein reines Teilchen kann nicht an zwei Orten zugleich sein), sondern sie müssen eine Art von *Welle* sein.

Man beachte, dass diese Hypothese beim obigen Fußballexperiment zur Erklärung des dort angesprochenen „höchst merkwürdigen" Resultats nicht in Frage käme; denn klarerweise (man hat es ja gesehen) ist jeder Fußball, der überhaupt durch eine der beiden Öffnungen hindurch gegangen ist, entweder durch Öffnung A oder durch Öffnung B gegangen, und *nicht* durch beide Öffnungen zugleich.

Dass sie eine Art von Welle sind, ist nun freilich bloß das, was man aufgrund anderer Ergebnisse ohnehin zu erwarten hat, und die Erklärung des Zustandekommens des Interferenzmusters M macht ja damit auch keine prinzipiellen Schwierigkeiten mehr.

Aus dem statistisch einheitlichen (nur zufällig vom Mittelwert abweichenden) Impulsbetrag der verwendeten Elektronen ergibt sich für sie als Elektronwellen eine einheitliche Wellenlänge (gemäß W1) und somit die Wellenlänge der verwendeten Elektronenstrahlung. Das Interferenzmuster M lässt sich dann (nach Verfahren, die aus der Optik bekannt sind) aus dem Abstand zwischen den Spalten A und B in der Barriere, dem Abstand der Barriere zur hinter ihr befindlichen (zu ihr parallel stehenden) Platte und dem Auftreffwinkel des Elektronenstrahls auf den Doppelspalt (am einfachsten bei 90°) vorausberechnen – und siehe da: wie es berechnet war, so tritt es ein. Umgekehrt kann man aus einem gegebenen Interferenzmuster auf die Wellenlänge der Strahlung, die es gezeichnet hat, zurückschließen und von da (gemäß W1) auf den statistisch einheitlichen Impulsbetrag der Elektronen, die jene Strahlung ausmachten – und siehe da: der unabhängig festgestellte Wert für diesen Impulsbetrag deckt sich mit dem erschlossenen.

Aber wenn nun die einzelnen Elektronen im Experiment De-Broglie-Wellen waren, dann war doch davon bei jedem einzelnen von ihnen nicht das Geringste feststellbar. Zudem: Jede der Elektronwellen muss sich ja beim Durchgang durch den Doppelspalt in zwei Wellen aufgespalten haben, die dann hinter der Barriere miteinander interferierten. Aber auch davon war nicht das Geringste feststellbar. Es gab bei keinem der einzelnen Elektronen einen Anhaltspunkt dafür, dass irgendetwas anderes vorliegen könnte als ein reines Teilchen auf seiner jeweiligen Bahn – einer Bahn, die mit dem Auftreffen des Teilchens an einer ganz bestimmten Stelle der strahlungsempfindlichen Platte zu ihrem abrupten Ende kam.

Doppelspaltexperimente sind, nachdem sie mit Elektronen gelungen waren, auch mit Neutronen angestellt worden (etwa von Zeilinger und Mitarbeitern 1991) sowie mit ganzen Atomen (etwa von Mlynek und Carnal, ebenfalls 1991). Die Ergebnisse sind analog den hier geschilderten, mit Elektronen erzielten. Analoges zeigt sich auch, wenn man mit Licht *Doppelspaltexperimente mit speziellem Dreh* durchführt. Wird die Intensität des Lichtstrahls weit genug reduziert, so treten auf der strahlungsempfindliche Platte nacheinander punktuelle Einschlagsereignisse auf, die man gar nicht anders deuten kann, als dass sie jeweils das Auftreffen eines teilchenartigen physischen Objekts, eines *Photons* eben, darstellen. Die Teilchennatur des Lichts scheint klar demonstriert. Doch im Laufe der Zeit baut sich auf der strahlungsempfindlichen Platte das Muster von hinter dem Doppelspalt interferierenden Licht*wellen* auf, ein Muster, das sich *nicht* durch Überlagern der an den einzelnen Spalten je für sich gewinnbaren *Beugungsmuster* erzeugen lässt.

Unter *Beugung* (oder *Diffraktion*) versteht man die Erscheinung, dass ein Strahl an einem scharf begrenzten Gegenstand keinen scharfen Schatten bildet, sondern sozusagen „um die Ecke geht". Der hier einschlägige Fall von Beugung ist die Beugung am Spalt, bei der die scharf begrenzten Gegenstände, die die Beugung hervorrufen, eben die Spaltkanten sind. Beugung lässt sich wie Interferenz auf einer strahlungsempfindlichen Platte dokumentieren, wobei Beugung am Spalt mit Interferenz verbunden ist und dementsprechend ein Interferenzmuster hinterlässt (freilich ein anderes als das durch Interferenz am Doppelspalt hervorgerufene). Gemäß der Wellenkonzeption einer Strahlung kommt deren Beugung dadurch zustande, dass eine scharfe Gegenstandsbegrenzung zum Ausgangspunkt einer neuen Welle wird, die sich dann auch in den Schattenbereich hinein ausbreitet. Wie die Interferenz lässt sich auch die Beugung durch die Teilchenkonzeption nicht gut erklären und gilt darum als Indikator der Wellennatur einer Strahlung.

Wiederum steht man vor einem Rätsel. Ist es im Rahmen der Teilchenkonzeption des Lichts schon schwierig zu erklären, wie jene Beugungsmuster zustande kommen, so ist beim doppelspaltproduzierten Interferenzmuster – welches etwas anderes als die Summe jener Beugungsmuster und nicht auf sie reduzierbar ist – die Schwierigkeit der Erklärung potenziert. Wie kann das Auftreten *dieses* Musters überhaupt mit der doch eben augenscheinlich demonstrierten Teilchennatur des Lichts vereinbar sein? Doch plausiblerweise nur so, dass eine vom Doppelspalt ausgehende Kausalität – die etwas anderes sein muss als die Summe der Kausalität$_A$ und der Kausalität$_B$, welche Kausalitäten jeweils durch den zugehörigen Spalt gesetzt sind, wenn er für sich allein offen steht – die ankommenden Photonen, wenn sie sie überhaupt durchlässt, *so* entweder durch den einen oder den anderen Spalt dirigiert, dass ihre Einschläge auf der strahlungsempfindlichen Platte mit der Zeit das charakteristische Interferenzmuster bilden. Aber für diese Kausalität gibt es keinen Anhaltspunkt, und der Mechanismus, der sie bewerkstelligt, ist unerfindlich. Vom offenen Doppelspalt gehen keine ersichtlichen Signale aus, die den ankommenden Photonen mitteilen, dass beide Spalten offenstehen und dass sie sich nun entsprechend zu verhalten hätten (noch haben die Photonen erkennbare Rezeptoren für derartige Signale). Eine Art von unsichtbarer Hand aber, welche die Photonen schon an ihrem Ursprungsort zum Hindurchgehen oder Absorbiertwerden bestimmt und welche die hindurchgehenden Photonen nacheinander so durch den einen oder aber den anderen Spalt orientiert, wie es für das schlussendliche Zustandekommen des Interferenzmusters erforderlich ist, scheint jeder vernünftigen Vorstellung von Kausalität Hohn zu sprechen. Will man sich auf dergleichen unbegreifliche Kausalität nicht einlassen, so bleibt offenbar nur, anzunehmen, dass die nacheinander durch den Doppelspalt gehenden Photonen *nicht* als Teilchen entweder durch den einen oder den anderen Spalt gehen, sondern *als Wellen* durch beide Spalten zugleich und sich dabei in zwei miteinander dann interferierende Wellen aufspalten. Damit wird das Interferenzmuster zwar erklärlich, aber wie beim Doppelspaltexperiment mit einzeln ankommenden Elektronen stellt sich die Frage, warum von diesen Vorgängen bei den einzelnen Phasen des Experiments – jeweils bei den einzelnen Photonen – nicht das Geringste zu merken war.

Beim Doppelspaltexperiment mit einzeln ankommenden Photonen scheint zudem (anders als beim Doppelspaltexperiment mit einzelnen Elektronen, Neutronen, etc.) eine gewisse Ironie der Naturerklärung auf. Photonen – Lichtteilchen – wurden postuliert, als man mit der zunächst als bewiesen geltenden reinen Wellennatur des Lichts nicht in der Lage war, gewisse Erscheinungen erklärlich zu machen (insbesondere den lichtelektrischen Effekt), und das Doppelspaltexperiment mit einzeln ankommenden Photonen liefert ja in jeder seiner einzelnen Phasen eine neue Rechtfertigung für jene Postulierung. *Aufs Ganze gesehen* legt dieses Experiment aber die merkwürdig anmutende Schlussfolgerung nahe, dass der Photonenbegriff, der doch gerade eingeführt wurde, um sich von der Wellenkonzeption des Lichts abzusetzen, am Ende doch noch vom Wellenbegriff eingeholt wird und man, in Analogie zu *Elektronwellen,* nun auch von *Photonwellen* sprechen müsse. Die *De-Broglieisierung der Photonen* (wenn man so sagen darf) ist somit eine durch das Doppelspaltexperiment mit einzeln ankommenden Photonen nahegelegte Konklusion. Damit führt beim Licht der Weg von der klassischen elektromagnetischen Welle zum Teilchen – dem Photon

– *weiter* zur zugehörigen De-Broglie-Welle (sodass hier der Planck/Einstein-Weg mit dem De-Broglie-Weg in eigentümlicher Weise verknüpft ist).

Sind λ und ν die Wellenlänge und die Frequenz der klassischen Lichtwelle w, so hat ein zu dieser Welle gehöriges Photon φ die Energie $(h \times \nu)$ und den Impulsbetrag (h/λ) – wie wir gesehen haben. Also: $E_\varphi = (h \times \nu)$ und $P_\varphi = (h/\lambda)$. Wendet man nun auf das (hiernach) *teilchenartige* Objekt φ die De-Broglie-Gleichungen W1 und W2 an, so erhält man für das (nun auch) *wellenartige* Objekt φ als Wellenlänge und Periode: $\lambda_\varphi = (h/P_\varphi)$ und $T_\varphi = (h/E_\varphi)$. Daraus folgt offensichtlich: $\lambda_\varphi = \lambda$ und $T_\varphi = (1/\nu)$, also $\nu_\varphi = \nu$. Die Wellenlängen von w und φ – der klassischen Lichtwelle und des zu ihr gehörigen Photons als De-Broglie-Welle – sind also identisch, und ebenso die Frequenzen von w und φ.

Zusammenfassend lässt sich sagen, dass die mit einzeln ankommenden Elektronen, Neutronen, Atomen und mit einzeln ankommenden Photonen angestellten Doppelspaltexperimente – die *Doppelspaltexperimente mit speziellem Dreh* (wie sie hier genannt wurden) – das Welle-Teilchen-Passungsproblem in seiner ganzen Schärfe enthüllen. Weder die Teilchen-Begrifflichkeit allein noch die Wellen-Begrifflichkeit allein ist zureichend, das experimentelle Resultat dieser Experimente befriedigend zu erklären. Beide Begrifflichkeiten *zusammen genommen* erweisen sich dafür als notwendig; ob sie *zusammen genommen* aber auch dafür hinreichend sind, ist fraglich. Denn die (soweit) etablierte Komplementarität von Welle und Teilchen hat darin eine entschieden negative Seite, dass sich Wellen-Begrifflichkeit und Teilchen-Begrifflichkeit nicht einfach harmonisch in ihrer Unverzichtbarkeit ergänzen, sondern sich auch gegenseitig im Wege stehen können, wenn dem Vorhaben gedient werden soll, ein in sich geschlossenes objektives Erklärungsbild auch nur eines kleinen Ausschnitts der Natur – etwa des Interferenzmusters eines schwachen Elektronenstrahls am Doppelspalt – zu gewinnen. Ein gewisser Fortschritt, wenn auch alles andere als ein Erfolg auf ganzer Linie, lässt sich bei diesem Vorhaben nun dadurch erzielen, dass der Begriff der *Wahrscheinlichkeit* als physikalischer Begriff ins Spiel gebracht wird. Vor allem der quantenphysikalischen Verwendung des Wahrscheinlichkeitsbegriffs ist das nächste Kapitel gewidmet.

5. Welle und Wahrscheinlichkeit

Aus einer gewissen Perspektive betrachtet erscheinen die Resultate von Doppelspaltexperimenten nicht so erstaunlich, wie sie im vorausgehenden Kapitel geschildert wurden, ja es entsteht der Verdacht ihrer unnötigen Verrätselung. Betrachten wir eine (belgische Euro-) Münze, die wir wiederholt werfen. Das eine Mal fällt sie „Kopf (oben)", das andere Mal „Zahl (oben)". Es kommt vor, dass sie mehrmals hintereinander „Kopf" fällt, oder mehrmals hintereinander „Zahl". Aber wenn wir die Münze sehr oft werfen, so stellen wir fest, dass die Münze in etwa genauso oft „Zahl" wie „Kopf" fällt. Daran ist nichts Erstaunliches; es entspricht vielmehr unseren Erwartungen.

Aber man kann es zu etwas Erstaunlichem machen, indem man wie folgt fragt: Wie wissen eigentlich die einzelnen Münzwürfe voneinander, dass sie so ausfallen müssen, dass auf lange Sicht gerade die Hälfte (50%) von ihnen in „Kopf" resultiert, die andere Hälfte dagegen in „Zahl"? Ein kausaler Mechanismus dafür ist nicht ersichtlich. Vielmehr ist offenbar jeder Münzwurf von allen vorausgehenden (und selbstverständlich auch von allen nachfolgenden) kausal unabhängig. Und trotzdem stellt sich, bei jedem Wurflauf, auf lange Sicht „wie von Geisterhand" – „spukhaft" – die Gleichzahligkeit der „Kopf"-resultierenden Würfe mit den „Zahl"-resultierenden ein, was doch eigentlich, möchte man meinen, *sehr verwunderlich* ist – *geradeso* wie das Interferenzmuster, das die einzelnen, nacheinander durch die Doppelspaltapparatur hindurchgehenden Elektronen auf lange Sicht auf die Detektorplatte zaubern! Auch jene Elektronen sind ja offenbar bei ihrem Weg durch die Apparatur von allen jeweils vor ihnen hindurchgegangenen Elektronen kausal unabhängig. Weder können sich die Elektronen in direkter Weise untereinander über den zu erzielenden Endeffekt kausal verständigt haben, noch ist die Annahme einer zentralen Lenkung, die eine indirekte kausale Verbindung zwischen den Elektronen stiften würde, im Mindesten plausibel (denn – wie wir gesehen haben – der Mechanismus einer solchen Lenkung ist nicht ersichtlich, man müsste sich deshalb auf eine ganz unbegreifliche Kausalität zurückziehen).

Warum also wundern wir uns über das mit einzelnen Elektronen auf lange Sicht herstellbare Interferenzmuster, nicht aber über die mit einzelnen Münzwürfe auf lange Sicht herstellbare „Kopf"-„Zahl"-Gleichzahligkeit? Vernünftigerweise, so scheint es, müssten wir uns entweder über beides wundern oder (*besser*) über keines von beiden. Nun ist es jedoch in der Tat so, dass das Elektroneninterferenzmuster gegenüber der „Kopf"-„Zahl"-Gleichzahligkeit an Staunenswertem einiges voraus hat. Aber erst *nach* den nun folgenden Überlegungen, die zunächst die strukturelle Analogie zwischen dem *Wahrscheinlichkeitsmanifestationsprozess*, der das Interferenzmuster konstituiert, und dem *ganz anderen* Wahrscheinlichkeitsmanifestationsprozess, der zur „Kopf"-„Zahl"-Gleichzahligkeit führt, herausstellen, wird der geeignete Ort sein zu sagen, *was* denn dieses Staunenswerte ist.

In der auf lange Sicht sich einstellenden „Kopf"-„Zahl"-Gleichzahligkeit der Münzwürfe manifestiert sich ein gewisser stabiler *Wahrscheinlichkeitszustand der Münze,* nämlich der, dass sie, wenn sie geworfen wird, ebenso stark dazu tendiert, „Kopf" zu fallen, wie sie dazu tendiert, „Zahl" zu fallen. Entsprechend manifestiert sich in dem auf lange Sicht sich einstellenden Elektroneninterferenzmuster ein gewisser stabiler *Wahrscheinlichkeitszustand des einzelnen Elektrons.* Dieser Wahrscheinlichkeitszustand ist um vieles komplexer als der eben genannte der Münze, aber er ist aus dem Interferenzmuster unmittelbar ablesbar: Die (in der photographischen Repräsentation des Interferenzmusters) hellen Streifen besagen eine starke Tendenz des Elektrons, auf die entsprechenden Stellen der Detektorplatte einzuschlagen, wenn es den Doppelspalt passiert, und eine umso stärkere Tendenz, je heller der jeweilige Streifen ist. Die dazwischen liegenden dunklen Streifen hingegen besagen eine gegen 0 gehende Tendenz des Elektrons, auf die entsprechenden Stellen der Detektorplatte einzuschlagen, wenn es den Doppelspalt passiert.

Wie das Interferenzmuster den besagten Wahrscheinlichkeitszustand des einzelnen Elektrons *anzeigt*, so *erklärt* umgekehrt der Wahrscheinlichkeitszustand das Interferenzmuster, und zwar augenscheinlich *ohne* die Annahme einer absonderlichen Kausalität und zudem augenscheinlich *ohne* jeden Gebrauch des Wellenbegriffs. Das Elektroneninterferenzmuster ist einfach der Ausdruck eines gewissen Wahrscheinlichkeitszustands des Elektrons *als reines Teilchen*, nämlich, dass es, wenn es den Doppelspalt passiert, die und die Tendenz hat, da oder dort auf der Detektorplatte zu landen.

Ebenso wenig, wie sich nun der Wahrscheinlichkeitszustand der Münze, der die „Kopf"-„Zahl"-Gleichzahligkeit der Münzwürfe erklärt, bei einem einzelnen Münzwurf *zeigt*, *zeigt* sich der Wahrscheinlichkeitszustand des Elektrons, der das Elektroneninterferenzmuster erklärt, bei einem einzelnen durch den Doppelspalt gehenden Elektron. Der jeweilige Wahrscheinlichkeitszustand, obwohl er dem einzelnen Elektron bzw. der Münze *individuell* zukommt (und *stabil*: zu jedem Zeitpunkt der Existenz des Trägers, oder jedenfalls zu jedem Zeitpunkt seiner Betrachtung), manifestiert sich erst bei der massenhaften gleichgestaltigen Wiederholung des je zugehörigen experimentellen Vorgangs (eben als das spezifische Elektroneninterferenzmuster bzw. als die „Kopf"-„Zahl"-Gleichzahligkeit); diese massenhafte Wiederholung macht den je zugehörigen *Wahrscheinlichkeitsmanifestationsprozess* aus.

Im Unterschied zur Münze lässt sich ein zuvor verwendetes Elektron beim entsprechenden Wahrscheinlichkeitsmanifestationsprozess nicht wieder verwenden. Der Unterschied ist aber unerheblich, da ja *ein* Elektron wie *jedes andere* Elektron ist: Alle Elektronen haben exakt dieselben intrinsischen Eigenschaften. Dementsprechend könnte man auch gut bei jedem Münzwurf eine neue Münze verwenden, wenn sich nur sicherstellen ließe, dass jede verwendete Münze exakt wie jede andere verwendete ist.

Es ist zudem nicht wichtig, dass sich ein Wahrscheinlichkeitsmanifestationsprozess über einen längeren Zeitraum hinzieht. Ein Wahrscheinlichkeitszustand lässt sich auch auf einen Schlag manifestieren. Statt eine Münze siebzigtausend Mal zu werfen kann man auch siebzigtausend intrinsisch identische Münzen auf einmal werfen (wenn man genügend Platz und eine adäquate Münzkanone hat); statt siebzigtausend Elektronen (oder wie viele Elektronen auch immer hinreichen mögen) eines nach dem anderen durch die Doppelspaltapparatur zu senden, kann man auch in einem Elektronenstoß siebzigtausend Elektronen auf einmal hindurch schicken. Das jeweilige Ergebnis ist dasselbe (sofern die bei experimenteller „Massenabfertigung" unvermeidlichen Wechselwirkungen zwischen einzelnen Beteiligten vernachlässigbar sind): es ist die Manifestation desselben (den Elektronen bzw. den Münzen jeweils einzeln zukommenden) Wahrscheinlichkeitszustands.

Warum aber zeigt sich eine individuelle Eigenschaft, nämlich ein gewisser Wahrscheinlichkeitszustand der Münze bzw. des Elektrons – also deren jeweilige *dispositionelle* Eigenschaft, *sich unter einer gewissen Bedingung so oder so mit der und der jeweiligen Wahrscheinlichkeit zu verhalten* – erst in der großen Menge? – Es ist die einzige Weise, in der der jeweilige Wahrscheinlichkeitszustand manifest werden kann. Denn ein Wahrscheinlichkeitszustand besteht in einer Pluralität von unter der relevanten Bedingung stärkeren und schwächeren Tendenzen des Zustandsträgers (beispielsweise der Münze oder des Elektrons), von welchen Tendenzen aber *am einzelnen Träger* jeweils nur eine einzige tatsächlich realisiert wird (und realisiert werden kann), während die übrigen *für den einzelnen Träger* reine Möglichkeiten bleiben.

Exakt und ganz allgemein gesagt: Ein (stabiler) *Wahrscheinlichkeitszustand von* x (von der Münze, dem Elektron, oder von etwas anderem) ist ein Tripel $\{C, \langle F_1; \ldots; F_n\rangle, \langle r_1; \ldots; r_n\rangle\}$, bestehend aus einer Bedingung (oder Input-Eigenschaft) C, einer Folge von $n \geq 2$ verschiedenen möglichen Resultaten (oder Output-Eigenschaften) $F_1, \ldots, F_n$ sowie einer Folge von n reellen Zahlen $r_1, \ldots, r_n$, wobei gilt:

(1.) $r_k = \text{pr}(F_k(x)/C(x))$, für alle k in 1, ..., n;
(2.) $\text{pr}(F_k(x)/C(x)) > 0$, für alle k in 1, ..., n;
(3.) $[\text{pr}(F_1(x)/C(x)) + \ldots + \text{pr}(F_n(x)/C(x))] = 1$;
(4.) $\text{pr}((F_i \& F_j)(x)/C(x)) = 0$, für alle i, j in 1, …, n mit $i \neq j$.

$\text{pr}(F_k(x)/C(x))$ ist hierbei die zeitlich stabile (in ihrem Zahlenwert jedenfalls über einen längeren Zeitraum konstante) Wahrscheinlichkeit, dass unter der Bedingung der Realisation von C an x die Eigenschaft F_k ebenfalls an x realisiert wird (gleichzeitig oder in einem mehr oder minder festen Zeitabstand nach der Realisation von C an x); $(F_i \& F_j)$ ist die Konjunktion der beiden Eigenschaften F_i und F_j, $\text{pr}((F_i \& F_j)(x)/C(x))$ dementsprechend die Wahrscheinlichkeit, dass unter der Bedingung der Realisation von C an x beide Eigenschaften zusammen an x realisiert werden. Die *Tendenzen von* x *bei seinem Wahrscheinlichkeitszustand* $\{C, \langle F_1; \ldots; F_n\rangle, \langle r_1; \ldots; r_n\rangle\}$ sind dann nichts anderes als die Eigenschaften $F_1, \ldots, F_n$ *zusammen* mit ihren jeweiligen (C(x)-bedingten) Wahrscheinlichkeitswerten $r_1, \ldots, r_n$.

Hier ein einfaches Anwendungsbeispiel: {Geworfenwerden,[10] <„Kopf“-fallen; „Zahl“-fallen>, <0,5; 0,5>} ist ein (stabiler) Wahrscheinlichkeitszustand der Münze x, denn jetzt und noch längere Zeit in Zukunft gilt: (1.) 0,5 = pr(x fällt „Kopf“/x wird geworfen) und 0,5 = pr(x fällt „Zahl“/x wird geworfen); (2.) pr(x fällt „Kopf“/x wird geworfen) > 0 und pr(x fällt „Zahl“/x wird geworfen) > 0; (3.) [pr(x fällt „Kopf“/x wird geworfen) + pr(x fällt „Zahl“/x wird geworfen)] = 1; (4.) *p*(x fällt „Kopf“ und „Zahl“/x wird geworfen) = 0. Die Tendenzen von x bei seinem Wahrscheinlichkeitszustand {Geworfenwerden, <„Kopf“-fallen; „Zahl“-fallen>, <0,5; 0,5>} sind die Eigenschaft, „Kopf“ zu fallen, mit dem Wahrscheinlichkeitswert 0,5 (bei Geworfenwerden) und die Eigenschaft, „Zahl“ zu fallen, ebenfalls mit dem Wahrscheinlichkeitswert 0,5 (bei Geworfenwerden).

---

[10] Gemeint ist hier: Geworfenwerden *von der ebenen Erdoberfläche aus.*

Und wie wird nun ein Wahrscheinlichkeitszustand von etwas in der oben umrissenen einzigen Weise, in der er manifest werden kann, *des Näheren* manifest? – In einer sehr großen Menge von homogenen Trägern, die sich alle im selben Wahrscheinlichkeitszustand befinden (die Manifestationsmenge kann auch durch die sehr häufige Wiederverwendung desselben Trägers konstituiert sein) und die alle derselben (womöglich recht komplexen) Bedingung unterliegen (nämlich der Input-Eigenschaft des Wahrscheinlichkeitszustands), werden sämtliche zu jenem Zustand gehörigen Tendenzen realisiert, und zwar zahlenmäßig exakt proportional zu der jeweiligen Stärke der Tendenz: eine starke Tendenz wird sich bei entsprechend vielen Trägern (bzw. bei entsprechend vielen „Auftritten" desselben Trägers) realisieren, eine schwächere Tendenz an entsprechend wenigeren.

Die Erstaunlichkeit der bei Doppelspaltexperimenten mit Elektronen auftretenden Resultate – insbesondere der Resultate, die bei Doppelspaltexperimenten *mit speziellem Dreh* zu verzeichnen sind, nämlich dem *Dreh,* immer nur ein Elektron durch die Apparatur gehen zu lassen – wird durch die obigen Erwägungen stark reduziert, aber doch nicht ganz zum Verschwinden gebracht. Denn fliegen Elektronen durch den Doppelspalt, so hat das Muster, das sich auf der Detektorplatte bildet, keine Ähnlichkeit mit dem Muster, das sich ergibt, wenn man feinen Sand durch einen Doppelspalt rieseln lässt, oder mit dem Muster, welches resultiert, wenn man viele Fußbälle durch zwei nahe beieinander liegende Öffnungen in einer Wand gegen eine andere Wand schießt (siehe dazu das vorausgehende Kapitel). Vielmehr bilden die Einschläge der Elektronen, wie gesagt, kumulativ ein *Interferenzmuster,* worin sich die *erstaunliche* Tatsache zeigt, dass der beim Doppelspaltexperiment sich am Ende manifestierende identische Wahrscheinlichkeitszustand jedes einzelnen der Elektronen auf dasselbe hinausläuft, wie wenn jedes einzelne von ihnen eine Art Welle mit stets derselben Wellenlänge wäre (die sich nach W1 aus seinem Impuls ergibt). Dieser (im Unterschied zum Wahrscheinlichkeitszustand der Münze) immer noch staunenswerte Wahrscheinlichkeitszustand, der Teilchen in Analogie zu Wellen setzt, ist gewissen Gegebenheiten der Natur gemäß, die ihre allgemeine Beschreibung in der Schrödinger'schen Wellengleichung unter ihrer wahrscheinlichkeitstheoretischen Interpretation gefunden haben und bis zu diesem Punkt, aber kaum weiter, von uns verstanden sind. Gegenüber dem Welle-Teilchen-Dualismus, der sich im vorausgehenden Kapitel in aller Schärfe präsentierte, ist jedoch mit dem Einsatz des Wahrscheinlichkeitsbegriffs insofern ein Fortschritt erreicht, als die eine Hälfte dieses Dualismus – das Wellenbild – in der wahrscheinlichkeitstheoretischen Interpretation nun nicht mehr als ein mehr oder minder *realistisches Bild* aufzufassen ist („das Elektron ist eine Welle, bzw. wird durch eine Welle modelliert, bzw. ist wellenartig"), sondern nur noch als ein *bloßes Analogiebild* („das Elektron verhält sich *probabilistisch, als ob* es wellenartig wäre"). Damit *verblasst* (sozusagen) die eine Hälfte des Welle-Teilchen-Dualismus, und das – nach wie vor *realistisch,* wenn auch entschieden *nichtklassisch* aufzufassende – Teilchenbild behält die Oberhand. Der Gedanke der *letztlich eindeutigen Objektivierbarkeit der Beobachtungen* – eine der vier großen Fundamentalsuppositionen der klassischen Physik – gewinnt wieder an Plausibilität, wenn auch die neue *objektiv-eindeutige physikalische Wirklichkeit,* die sich wie von fern abzuzeichnen scheint (auf die auch hier begegnenden Schwierigkeiten werden wir bald zu sprechen kommen), wegen ihrer probabilistischen Natur einen völlig anderen Charakter hat als die *deterministische* objektiv-eindeutige Wirklichkeit der klassischen Physik.

Die Einführung des Wahrscheinlichkeitsbegriffs in die Quantenphysik hat nicht weniger revolutionäre Konsequenzen als die Annahme von (realistisch aufgefassten) Materiewellen. Denn der Wahrscheinlichkeitsbegriff der Quantenphysik ist als ein *objektiver* und *nichtreduzierbarer* Wahrscheinlichkeitsbegriff intendiert. Dass ein in der Physik verwendeter Wahrscheinlichkeitsbegriff *objektiv* ist, bedeutet, dass er der physikalischen Naturbeschreibung angehört und nicht bloß verwendet wird, um die augenblickliche Erkenntnishaltung von Physikern zum Ausdruck zu bringen (nämlich den Grad des Fürwahrhaltens, den sie etwa einer gewissen Hypothese beimessen); dass er aber *nichtreduzierbar* ist, bedeutet, dass er in der Naturbeschreibung *nicht* zugunsten nichtprobabilistischer physikalischer Begriffe im Prinzip eliminierbar ist. Zwar fand schon vor der Heraufkunft der Quantenphysik ein objektiver Wahrscheinlichkeitsbegriff Eingang in die Physik, nämlich der Wahrscheinlichkeitsbegriff der Statistischen Mechanik, in deren Rahmen es möglich ist, die Thermodynamik auf die Massenpunktmechanik zurückzuführen (wie in Kap. 2 erwähnt); aber jener Wahrscheinlichkeitsbegriff war als ein *reduzierbarer*, d. h. als ein *im Prinzip* zugunsten nichtprobabilistischer physikalischer Begriffe *eliminierbarer*, Wahrscheinlichkeitsbegriff intendiert.

Wenn jener Wahrscheinlichkeitsbegriff auch als *im Prinzip eliminierbar* intendiert war, *erkenntnispraktisch* (und, wenn man so sagen darf, *erkenntnisanthropologisch*) ist der Wahrscheinlichkeitsbegriff der statistischen Mechanik *nicht* eliminierbar; denn *menschliche Physiker* können aufgrund ihrer beschränkten Erkenntnismöglichkeiten bei der Beschreibung von ungeordneten Vorgängen, an denen Abermilliarden von Teilchen beteiligt sind, nicht ohne seine Hilfe auskommen.

Um sich die Tragweite des Auftretens eines *nichtreduzierbaren* objektiven Wahrscheinlichkeitsbegriffs in der Physik klar zu machen, ist es hilfreich, sich zu fragen, was es denn für einen physikalischen Wahrscheinlichkeitszustand bedeutete, wenn der in ihn eingehende objektive Wahrscheinlichkeitsbegriff *reduzierbar*, also im Prinzip zugunsten nichtprobabilistischer physikalischer Begriffe eliminierbar wäre. Betrachten wir den einfachen Fall des oben angegebenen physikalischen Wahrscheinlichkeitszustands der Münze x: {Geworfenwerden, <„Kopf"-fallen; „Zahl"-fallen>, <0,5; 0,5>}. Wenn der Wahrscheinlichkeitsbegriff, der in diesen Wahrscheinlichkeitszustand – kurz: den Zustand P – eingeht, ein reduzierbarer wäre, so würde dies bedeuten, dass die Aussage „x befindet sich in P" keine Aussage ist, bei der endgültig stehengeblieben werden muss. Vielmehr könnte dann „x befindet sich in P" *im Prinzip* durch eine gewisse Menge nichtprobabilistischer physikalischer Aussagen, die x betreffen, äquivalent ersetzt werden – durch Aussagen, die *alle* ebenso wahr sind wie „x befindet sich in P". Die fragliche Menge von Aussagen hätte die folgende Gestalt:

{Wenn $C_1(x)$, dann fällt x „Kopf"; wenn $C_2(x)$, dann fällt x „Zahl"},

wobei gilt: Wenn x geworfen wird, dann $C_1(x)$ oder $C_2(x)$, und umgekehrt. Die Bedingung des Geworfenwerdens spaltet sich sozusagen in zwei Besonderungen von sich, C_1 und C_2, auf, von denen die eine *unbedingt hinreichend* für „Kopf"-fallen ist, die andere aber *unbedingt hinreichend* für „Zahl"-fallen.

Allgemein gilt für ein beliebiges physisches Objekt x: Wenn der objektive Wahrscheinlichkeitsbegriff, der mit dem physikalischen Wahrscheinlichkeitszustand $\{C, \langle F_1; \ldots; F_n\rangle, \langle r_1; \ldots; r_n\rangle\}$ von x angesprochen ist, *reduzierbar* ist, dann kann die (wahre) Aussage „x befindet sich in $\{C, \langle F_1; \ldots; F_n\rangle, \langle r_1; \ldots; r_n\rangle\}$" *im Prinzip* durch eine Menge (wahrer) nichtprobabilistischer physikalischer Aussagen äquivalent ersetzt werden; jene Menge hat die folgende Gestalt: {Wenn $C_1(x)$, dann $F_1(x)$; ...; wenn $C_i(x)$, dann $F_i(x)$; ...; wenn $C_n(x)$, dann $F_n(x)$}, wobei gilt: Wenn $C(x)$, dann $C_1(x)$ ... oder $C_i(x)$ ... oder $C_n(x)$, und umgekehrt. Es sei betont, dass die ersetzende Aussagenmenge die ursprüngliche Aussage, die x den fraglichen Wahrscheinlichkeitszustand zuschreibt, nicht etwa *falsifiziert*; nein, diese Aussage bleibt wahr, sie wird nur, sozusagen, „nichtprobabilistisch eingeholt". Ein *weiterer* Schritt ist es, auf nichtprobabilistischer Basis zu erklären, in welchem Sinne die ursprüngliche Aussage, die den *objektiven* Wahrscheinlichkeitszustand zuschreibt, *zu verstehen ist*, sodass sie wahr ist (wenn dies denn noch nicht hinreichend klar sein sollte).

Die prinzipielle Eliminierbarkeit jedes in der Physik verwendeten objektiven Wahrscheinlichkeitsbegriffs ist zweifelsohne eine in *theoretischer Hinsicht* wünschenswerte Sache (wenn auch vielleicht die Ausführung der Elimination, wenn überhaupt menschenmöglich, durch die Erzeugung von nur schwer zu bewältigender Komplexität alles andere als vorteilhaft *in erkenntnispraktischer Hinsicht* sein mag). Aber selbst im Falle des höchst einfachen physikalischen Wahrscheinlichkeitszustands P der Münze x ist klar, dass eine dazu passende (oben *der Form nach* beschriebene) Menge von *deterministischen Konditionalaussagen,* die die Aussage „x befindet sich in P" im Prinzip äquivalent ersetzen könnte, nicht leicht zu *spezifizieren* ist (bisher hat sie niemand spezifiziert); dessen war man sich auch in der klassischen Physik sehr wohl bewusst. Dennoch wurde in der klassischen Physik im Sinne ihrer 3. Fundamentalsupposition – der der *universellen Determiniertheit des physischen Geschehens* (siehe Kap. 2) – stets davon ausgegangen, dass jene Aussagenmenge *existiert,* auch dann, wenn kein Mensch sie jemals spezifiziert, ja überhaupt spezifizieren kann – und das nicht nur im betrachteten sehr einfachen Fall, sondern *überall,* wo von einem physikalischen Wahrscheinlichkeitszustand in der Naturbeschreibung die Rede ist. In der klassischen Physik nahm man eben – gemäß der Fundamentalsupposition der universellen Determiniertheit des physischen Geschehens – die Reduzierbarkeit *jedes* in ihr verwendeten objektiven Wahrscheinlichkeitsbegriffs an.

Die Quantenphysik hingegen hat diese Annahme aufgegeben; sie geht vielmehr davon aus, dass der in ihr zur Anwendung kommende objektive Wahrscheinlichkeitsbegriff *nicht* reduzierbar ist, und zwar deshalb nicht, weil gewisse Wahrscheinlichkeitszustände mikrophysischer Objekte – beispielsweise der Wahrscheinlichkeitszustand, der für die Entstehung des Elektroneninterferenzmusters am Doppelspalt verantwortlich ist – *nicht deterministisch auflösbar sind.* Damit ist gemeint, dass gemäß der Quantenphysik für manche mikrophysikalischen Wahrscheinlichkeitszustände *keine* zugehörigen (oben *der Form nach* beschriebenen) Mengen von deterministischen Konditionalaussagen existieren, die die korrekten Zuschreibungen dieser Wahrscheinlichkeitszustände im Prinzip äquivalent ersetzen könnten. Die korrekte Aussage, die einem mikrophysischen Objekt einen einschlägigen Wahrscheinlichkeitszustand zuschreibt, ist vielmehr eine Aussage, bei der endgültig stehengeblieben werden muss.

Hat man dies für *mikrophysikalische* Wahrscheinlichkeitszustände zugestanden, so wird man, sofern man nicht die Gültigkeit der Quantenphysik für den makrophysischen Bereich leugnen will, kaum umhin können, es auch für *makrophysikalische* Wahrscheinlichkeitszustände zuzugestehen. Tatsächlich wird es aber für makrophysikalische Wahrscheinlichkeitszustände (etwa den oben beschriebenen Wahrscheinlichkeitszustand P der Münze x) oftmals bestritten und eine Gültigkeit des Determinismus *jedenfalls für die physische Makrowelt* nach wie vor unterstellt. Aber ist das Knattern eines Geigerzählers nicht offensichtlich ebenso wenig determiniert wie der Zerfall der Atome, den er aufzeichnet?

Mit der Behauptung der Quantenphysik, dass die physische Wirklichkeit so ist, dass der in der Quantenphysik zur Anwendung kommende objektive Wahrscheinlichkeitsbegriff nicht reduzierbar sei, hat sich ein Physiker, der seinerseits in eigener Weise die klassische Physik revolutionierte, nicht abfinden können – Albert Einstein, dem die denkwürdigen Worte zugeschrieben werden: „Gott würfelt nicht."

Wortwörtlich hat er dies womöglich nie geäußert. In einem Brief an Max Born von 1926 steht aber: „Die Theorie [Borns wahrscheinlichkeitstheoretische Deutung der schrödingerschen Wellenmechanik] liefert viel, aber dem Geheimnis des Alten bringt sie uns kaum näher. Jedenfalls bin ich überzeugt, daß *der* nicht würfelt." (Zitiert nach Held 1999, S. 38.)

Damit meint Einstein, dass die physische Wirklichkeit (die Natur), *so wie sie an sich ist* (also so, wie Gott sie sieht, wenn er denn existiert), nach seiner (Einsteins) Überzeugung *gerade nicht* so ist, dass der in der Quantenphysik zur Anwendung kommende objektive Wahrscheinlichkeitsbegriff nicht reduzierbar sei. Wenn Einstein Recht hätte, so wäre es immerhin nicht von vorneherein sinnlos, nach einer nichtprobabilistischen, deterministischen Theorie zu suchen, die dem – wenn Einstein Recht hätte – objektiv gegebenen deterministischen Charakter der physischen Wirklichkeit gerecht würde. Freilich ist nicht garantiert, dass eine solche Theorie für uns

Menschen tatsächlich erreichbar wäre (wäre sie doch nichts anderes als die *Aufdeckung* des „Geheimnisses des Alten"). Wenn Einstein Recht hätte, aber eine deterministische Theorie der physischen Wirklichkeit uns Menschen *dennoch nicht* zugänglich wäre (sondern bestenfalls Gott oder vergleichbaren höheren Wesen), so käme der Quantenphysik freilich *dennoch* gewissermaßen der Status der Endgültigkeit zu – oder besser gesagt: einer *bedeutsam sinnmodifizierten* Quantenphysik. Denn ihr Status wäre dann im Grunde derselbe wie der, welcher der Statistischen Mechanik im Rahmen der klassischen Physik schon zugeschrieben wurde. Der probabilistische Charakter der Quantenphysik wäre eine dem Menschen (als Wissenschaftler) absolut notwendige „Erkenntniskrücke", aber ohne *letzte* objektive Berechtigung: Die probabilistischen Aussagen der Quantenphysik, obzwar mit objektivem Sinn versehen, dürften dann *nicht so verstanden werden*, dass der in ihnen verwendete Wahrscheinlichkeitsbegriff nicht reduzierbar ist.

Aber hat Einstein Recht? Man muss konstatieren, dass seine Haltung weniger durch sachliche Gründe als durch den unbedingten Willen motiviert ist, an der 3. Fundamentalsupposition der klassischen Physik – der Fundamentalsupposition der universellen Determiniertheit des physischen Geschehens – festzuhalten. Einsteins Haltung hat demnach quasi-religiöse Züge: Der Determinismus war für Einstein eine nicht zur Disposition stehende Glaubenswahrheit.

Die religiösen Anklänge im obigen Zitat sind daher sachlich signifikant und *keine* bloßen *façons de parler* (etwa um der bloßen Pittoreskheit des Ausdrucks willen). Freilich wird der Ausdruck „der Alte" von Einstein, der nicht an einen personalen Gott glaubte, nur metaphorisch gebraucht. Eigentlich meint Einstein *die intelligente Natur an sich* im Sinne des Pantheismus Spinozas, dem Einstein weltanschaulich sehr nahe stand. Es ist in diesem Zusammenhang der Beachtung wert, dass zu Spinozas Pantheismus der vollständige Determinismus als *theologische* – von Spinoza theologisch gerechtfertigte – Konsequenz gehört.

Während nicht ganz auszuschließen ist, dass Einsteins Glaube an eine deterministische Welt irgendwann einmal im weiteren Fortgang der menschlichen Erkenntnis doch noch seine physikalische Bestätigung findet, spricht einstweilen nichts dafür, dass es so kommen wird. Die Quantenphysik, *so wie sie ist,* sitzt fest im Sattel. Im vorletzten Kapitel hatten wir schon gesehen, dass die universelle Determiniertheit des physischen Geschehens (die 3. Fundamentalsupposition der klassischen Physik) durch die quantenphysikalische Destruktion der beliebig steigerbaren Wahrheitsnähe der Messungen (der 2. Fundamentalsupposition der klassischen Physik) *indirekt* in Mitleidenschaft gezogen wird, nämlich über die mit jener Destruktion eng verbundene Problematisierung der eindeutigen objektiven Bestimmtheit aller physikalischen Größen (der 1. Fundamentalsupposition der klassischen Physik). In der wahrscheinlichkeitstheoretischen Deutung der schrödingerschen Wellenmechanik wird nun aber zudem durch die Verwendung eines objektiven, nichtreduzierbaren Wahrscheinlichkeitsbegriffs die universelle Determiniertheit des physischen Geschehens in *direkter Weise* quantenphysikalisch destruiert. Empirisch untermauert werden diese theoretischen Konsequenzen durch die Tatsache, dass sich unzählige mikrophysische Vorgänge einer exakten Vorhersagbarkeit trotz größter Anstrengungen gänzlich entziehen. Allgemeine Bekanntheit hat ein *besonderes Beispiel* derartiger mikrophysischer Vorgänge erlangt: der Zerfall irgendeines einzelnen Radiumatoms. Von einer gegebenen Menge M von Radiumatomen weiß man, dass mit naturgesetzlicher Notwendigkeit nach Ablauf von 1600 Jahren die Hälfte zerfallen sein wird. Wann aber *dieses bestimmte* Radiumatom z aus M zerfallen sein wird, ist gänzlich unbekannt. Man weiß nur, dass die Wahrscheinlichkeit dafür, dass es innerhalb der nächsten 1600 Jahre zerfällt, gerade 0,5 ist.

Die Unvorhersagbarkeit dieses Zerfalls *beweist* nicht den Indeterminismus, sie legt ihn nur nahe. Unvorhersagbarkeit gab es ja auch in der klassischen Physik, die dennoch am Determinismus stets festhielt. Konnte man *dort* Unvorhersagbarkeiten auf die für uns

Menschen nicht zu bewältigende Unübersichtlichkeit eines eine Unzahl von Teilchen involvierenden Geschehens schieben, so mag *hier*, ließe sich annehmen, nur die unerhörte Winzigkeit der inneratomaren Vorgänge die Einsicht in deren objektive Determiniertheit verhindern. Mehrheitlich wird jedoch heute davon ausgegangen, dass wir es hier eben nicht nur mit einer – für uns unüberwindlichen – Erkenntnisschranke zu tun haben, sondern mit einem ontologischen Faktum: Die Wahrscheinlichkeit dafür, dass dieses Radiumatom innerhalb der nächsten 1600 Jahre zerfällt, ist 0,5 – dies gilt nicht nur als eine objektive, sondern auch als eine *nichtreduzierbare* Wahrscheinlichkeitsaussage.

Die Abkehr vom Determinismus in der Quantenphysik dürfte ihre philosophisch bedeutsamste Konsequenz sein, da diese Konsequenz uns Menschen in unserem Selbstverständnis als handelnde Subjekte unbedingt angeht. Der objektive und nichtreduzierbare Wahrscheinlichkeitsbegriff der Quantenphysik, dessen Auftreten eben jene Abkehr anzeigt, gehörte jedoch nicht von Anfang an zu ihrem begrifflichen Repertoire (siehe die vorangehenden Kapitel, in denen dieser Begriff keine Rolle spielte). Gehen wir also – über die oben schon erfolgten Überlegungen hinaus – der Frage nach, *wie* jener Wahrscheinlichkeitsbegriff in die Quantenphysik hinein kommt. Es ist keineswegs eine unmittelbar zu Tage liegende Weise. Um zu einem einigermaßen hinreichenden Verständnis zu gelangen, wird es notwendig sein, weit auszuholen – so weit, dass die *Schrödinger'sche Wellengleichung*, oder vielmehr eine (in vielen Fällen genügende) Vereinfachung von ihr, eingeholt wird. Trotz der gedanklichen Schwierigkeiten, die den im Umgang mit abstrakten Operationen ungeübten Lesern empfindlich sein werden, stellen die folgenden Erwägungen – diejenigen, die im *Anhang* zu diesem Kapitel stehen, dabei nicht zu vergessen – *den einfachsten Verstehenszugang* zur genannten Zentralgleichung der Quantenphysik dar (freilich nicht in ihrer vollen Allgemeinheit).

5.1 Wellenfunktionen

Den Ausgangspunkt bilden Überlegungen, die der klassischen Wellentheorie angehören. Wir betrachten eine *einfache* Welle w – folglich eine Welle mit konstanter Amplitude – im Laufe ihrer Ausbreitung entlang eines gewählten Richtungsstrahls. Die *zweistellige* Funktion $\Psi^{\circ}_{w}(l, t)$ gibt die *gerichtete Elongation* (die *mit dem Vorzeichen „+" oder „–" versehene Auslenkung*) der Welle w am Ort l zum Zeitpunkt t an, wobei l hier stets auf dem gewählten Richtungsstrahl liegt, der mit l_0 – dem Ursprungsort der Welle – beginnt, und t zudem stets nach, oder identisch mit, t_0 ist, dem Zeitpunkt des Schwingungsbeginns. Wie ist die Funktion $\Psi^{\circ}_{w}(l, t)$ durch andere für die Welle w charakteristische Größen bestimmt? Um diese *allgemeinere Frage* zu beantworten, beantworten wir zunächst die *speziellere Frage*, wie die *einstellige* Funktion $\Psi^{\circ}_{w}(l_0, t)$ durch andere für die Welle w charakteristische Größen bestimmt ist. ($\Psi^{\circ}_{w}(l_0, t)$ ist eine einstellige Funktion und eine Spezialisierung von $\Psi^{\circ}_{w}(l, t)$, da ja „l_0" keine Variable ist, sondern eine – den Ursprungsort der Welle bezeichnende – Konstante.) $\Psi^{\circ}_{w}(l_0, t)$ gibt an, was die gerichtete Elongation von w zu einem Zeitpunkt t bei oder nach Schwingungsbeginn *am Ursprungsort* von w ist, mit anderen Worten: was die gerichtete Elongation des Ursprungsoszillators von w zu t ($\geq t_0$) ist. Es zeigt sich, dass das Folgende gilt:

(1) $\Psi^{\circ}_{w}(l_0, t) = A \times \sin((2\pi/T) \times t)$.

A ist hierbei die Amplitude der Welle, mit anderen Worten: die Amplitude ihres Ursprungsoszillators (der Betrag seiner maximalen Elongation), *T* ihre/seine Periode (die Zeit, die der Ursprungsoszillator für einen vollen Hin-und-her-Gang benötigt), *t* der Betrag des Zeitabstands zwischen t und t_0 (wobei t_0, wie gesagt, der Zeitpunkt des Schwingungsbeginns ist).

Um den Lesefluss nicht zu stören, befindet sich die ausführliche Herleitung von (1) im *Anhang* zu diesem Kapitel. Wer mit dem Aussagegehalt von (1) nicht vertraut ist und zu einem tieferen Verständnis von (1) und der auf (1) aufbauenden Gleichungen gelangen will, sollte diese Herleitung studieren.

Die Welle w breitet sich von l_0 aus mit einer gewissen konstanten Geschwindigkeit der Größe *V* entlang dem betrachteten Richtungsstrahl aus. Das bedeutet, dass w an der Stelle l auf dem Richtungsstrahl (bzw. der dort befindliche Oszillator von w) zum Zeitpunkt t nach Schwingungsbeginn, sofern w diese Stelle zu t bereits erreicht hat (also sofern $t \geq l/V$), gerade die gerichtete Elongation hat, die w (bzw. der Ursprungsoszillator von w) vor l/V Sekunden an der Stelle l_0 hatte, wobei *l* der Abstand zwischen l und l_0 ist.

l steht für einen *Ort*, *l* dagegen für einen *räumlichen Abstand*: den Abstand zwischen l_0 und l. Entsprechend steht t für einen *Zeitpunkt*, *t* dagegen für einen *zeitlichen Abstand*: den Abstand zwischen t_0 und t. Wegen der umkehrbar eindeutigen Zuordnung zwischen t und *t*, l und *l*, im betrachteten Fall (mit fixem Richtungsstrahl, Ursprungsort l_0 und Ursprungszeitpunkt t_0) kann aber t in Gleichungen durch *t* und l durch *l* vertreten werden.

Wir können also die zweistellige Funktion $\Psi^{\circ}_{w}(\mathrm{l}, \mathrm{t})$ wie folgt bestimmen:

(2) $\Psi^{\circ}_{w}(\mathrm{l}, \mathrm{t}) = \Psi^{\circ}_{w}(\mathrm{l}_0, \mathrm{t} - l/V)$,[11] was für $t \geq l/V$ physikalisch signifikant ist, für $t < l/V$ hingegen (offensichtlich) nicht.

Aus (2) ergibt sich mit (1):

(3) $\Psi^{\circ}_{w}(\mathrm{l}, \mathrm{t}) = A \times \sin[(2\pi/T) \times (t - l/V)] = A \times \sin[2\pi(t/T - l/VT)]$, was für $t \geq l/V$ physikalisch signifikant ist, für $t < l/V$ hingegen nicht.

---

[11] (t – l/V) ist der Zeitpunkt, der (von t_0 aus, in Zeitrichtung) genau dem Zeitabstand ($t - l/V$) entspricht.

Nun ist aber *VT* gerade die Wellenlänge λ von w. Mithin ergibt sich aus (3):

(4) $\Psi^{\circ}_{w}(l, t) = A \times \sin[2\pi(t/T - l/\lambda)]$, was für $t \geq l/V$ [$= t \geq lT/\lambda$] physikalisch signifikant ist, für $t < l/V$ hingegen nicht.

Dies ist die *klassische Gleichung* zur Beschreibung der Ausbreitung einer Welle im einfachsten Fall. Es ist (insbesondere für das Folgende) der Beachtung wert, dass wenn es sich bei w um eine *Minimalwelle* handelt (zu diesem Konzept siehe Kap. 4), $\Psi^{\circ}_{w}(l, t)$ in einem engeren Bereich, als bislang angegeben wurde, physikalisch signifikant ist (d. h.: in einem engeren Bereich, als bislang angegeben wurde, *mehr* als bloß mathematisch bedeutsam ist):

(4*) $\Psi^{\circ}_{w}(l, t) = A \times \sin[2\pi(t/T - l/\lambda)]$, was für $l/V \leq t \leq (l/V) + T$ physikalisch signifikant ist, für $t < l/V$ und $t > (l/V) + T$ hingegen nicht.

Die Bedingung der physikalischen Signifikanz besagt hier, dass t nicht *vor* dem Zeitpunkt ist, zu dem w l erst erreicht (vor diesem Zeitpunkt, der durch l/V dargestellt wird, schwingt w nämlich noch nicht an l), und außerdem nicht nach dem Zeitpunkt ist, als (*die Minimalwelle*) w l schon wieder verlässt (nach jenem Zeitpunkt, der durch $(l/V) + T$ dargestellt wird, schwingt w nämlich nicht mehr an l).

Es gibt nun eine Funktion Ψ_{w}, die mit der Funktion Ψ°_{w} in bestimmter Weise zusammenhängt; aber bevor wir auf diesen Zusammenhang eingehen, bestimmen wir zunächst, unabhängig von Ψ°_{w}, die fragliche Funktion: Ψ_{w} ist eine Modifikation und Spezialisierung der Exponentialfunktion $\exp(x) = e^{x}$ (wo e die transzendente Zahl 2,718281828 ... ist); die Definition von Ψ_{w} (für die betrachtete Welle w und die betrachteten Orte l und Zeitpunkte t) lautet nämlich:

(5) $\Psi_w(l, t) = A \times \exp(i2\pi(l/\lambda - t/T))$, was für $t \geq lT/\lambda$ [$= t \geq l/V$] physikalisch signifikant ist, für $t < lT/\lambda$ hingegen nicht.

Die hier neu auftauchende Konstante „i" steht für *die imaginäre Einheit*: die Quadratwurzel aus –1.

Der physikalische Gehalt von Ψ_w ist freilich einstweilen alles andere als klar. Aber eine Verbindung zwischen Ψ_w und $\mathit{\Psi}^\circ_w$ stiftet die sog. (von dem Mathematiker Leonhard Euler im 18. Jahrhundert gefundene) *Euler'sche Formel*:

(6) e^{ix} = [$\exp(ix)$ =] $\cos x + i\sin x$.

Durch Einsetzung von „$2\pi(l/\lambda - t/T)$" in (6) (für „x") erhält man:

(7) $\exp(i2\pi(l/\lambda - t/T)) = \cos[2\pi(l/\lambda - t/T)] + i\sin[2\pi(l/\lambda - t/T)]$.

Folglich wegen (4) und (5):

(8) $[\Psi_w(l, t)/A] = \cos[2\pi(l/\lambda - t/T)] - i[\mathit{\Psi}^\circ_w(l, t)/A]$, was für $t \geq lT/\lambda$ physikalisch signifikant ist, für $t < lT/\lambda$ hingegen nicht.

Man beachte hierbei: $i\sin[2\pi(l/\lambda - t/T)] = i\sin[-2\pi(t/T - l/\lambda)] = -i\sin[2\pi(t/T - l/\lambda)] = -i[\mathit{\Psi}^\circ_w(l, t)/A]$.

Also nach Multiplikation mit A:

(9) $\Psi_w(l, t) = (A \times \cos[2\pi(l/\lambda - t/T]) - i\,\mathit{\Psi}^\circ_w(l, t)$, mit der gehabten Klausel der physikalischen Signifikanz.

Durch (9) erhält die Funktion Ψ_w eine physikalische Bedeutung, die sie – nämlich via $\mathit{\Psi}^\circ_w$ – mit der klassischen Wellentheorie verknüpft. Mathematisch gesehen sind die Funktionen Ψ_w und $\mathit{\Psi}^\circ_w$ sogar gewissermaßen äquivalent, da man sie ineinander umrechnen kann (siehe (9)): Ψ_w und $\mathit{\Psi}^\circ_w$ sind *Transformationen* voneinander. Der Unterschied ist nur, dass man mit Ψ°_{w} *von Grund auf* eine klare physikalische Vorstellung verbinden kann (zur Ausbildung dieser Vorstellung siehe die Erläuterungen vor Gleichung (2) und vor allem den *Anhang* zu diesem Kapitel, wo Gleichung (1) ihre Aufklärung erfährt), mit Ψ_{w} hingegen nicht. Wegen der mathematischen Umrechenbarkeit kann aber Ψ_{w} einfach als eine Kodierung, eine „Verschlüsselung" von Ψ°_{w} aufgefasst werden.

Von derartigen Kodierungen gibt es freilich unendlich viele. Wodurch ist Ψ_{w} hervorgehoben, warum sollten wir gerade dieser Funktion Beachtung schenken, ja sie sogar, wie es tatsächlich geschieht, bei der Arbeit (des Physikers) gegenüber Ψ°_{w} bevorzugen? Ein Grund ist ein rein mathematischer; er sei hier angegeben: Funktionen, die als Exponentialfunktionen mit komplexen Exponenten definiert sind – wie es Ψ_{w} ist – sind mathematisch weniger umständlich zu handhaben als Funktionen, die als Winkelfunktionen (oder trigonometrische Funktionen) definiert sind – wie es Ψ°_{w} ist.

Zum Verhältnis der hier betrachteten Exponentialfunktion und den ihr zugeordneten Winkelfunktionen sei noch gesagt: Definiert man in Analogie zu (4): $\Psi^{\circ\circ}_{w}(l, t) = A \times \cos[2\pi(t/T - l/\lambda)]$, mit der gehabten Klausel der physikalischen Signifikanz, und berücksichtigt, dass gilt: $\cos[2\pi(t/T - l/\lambda)] = \cos[-2\pi(l/\lambda - t/T)] = \cos[2\pi(l/\lambda - t/T)]$, dann kann man (9) auch wie folgt schreiben: $\Psi_{w}(l, t) = \Psi^{\circ\circ}_{w}(l, t) - i\Psi^{\circ}_{w}(l, t)$, mit der gehabten Klausel der physikalischen Signifikanz. Die Exponentialfunktion Ψ_{w} ist also in diesem Sinne durch die Winkelfunktionen $\Psi^{\circ\circ}_{w}$ und Ψ°_{w} definierbar.

Einiges sei auch noch zum allgemeinen mathematischen Charakter von Ψ_{w} gesagt: Wie aus (9) klar ersichtlich ist, handelt es sich bei Ψ_{w} um eine *echtkomplexe Funktion*, also um eine Funktion, die ihren Argumenten (hier l und t) auch *echtkomplexe* (mithin *nichtreelle*) *Zahlen* zuordnet; $A \times \cos[2\pi(l/\lambda - t/T)] - i\Psi^{\circ}_{w}(l, t)$ ist nämlich, wenn $\Psi^{\circ}_{w}(l, t)$ nicht gerade gleich 0 ist, eine echtkomplexe Zahl, wobei *echtkomplexe Zahlen* als Summen aus einer reellen Zahl einerseits und einer imaginären Zahl andererseits definiert sind und imaginäre Zahlen ihrerseits Multiplikationsprodukte einer von 0 verschiedenen reellen Zahl mit der imaginären Einheit i (= $\sqrt{-1}$) sind. Die *komplexen Zahlen* überhaupt sind dagegen definiert als Summen der Gestalt $a + ib$, wo a und b reelle Zahlen sind; hiernach zählen neben den echtkomplexen klarerweise auch alle reellen Zahlen zu den *komplexen Zahlen* (sei nämlich b gleich 0). Gilt $z = a + ib$, so bezeichnet man *a* als *reellen Teil von* z, *b* hingegen als *imaginären Teil von* z. Im vorliegenden Fall der gegebenenfalls echtkomplexen Zahl ($A \times \cos 2\pi[l/\lambda - t/T]$) – $i\Psi^{\circ}_{w}$(l, t) (des gegebenenfalls echtkomplexen Funktionswerts von Ψ_w für l und t) ist also *ihr reeller Teil* ihr reeller Summand ($A \times \cos 2\pi[l/\lambda - t/T]$); *ihr imaginärer Teil* (*so* die eingeführte Terminologie) ist hingegen *nicht* ihr imaginärer Summand $-i\Psi^{\circ}_{w}$(l, t), sondern nur dessen reeller Faktor: $-\Psi^{\circ}_{w}$(l, t).

Über bloß mathematische Erwägungen hinaus führt uns nun die Tatsache, dass von Ψ_w aus der Pfad geradewegs zu *einer* der *auf Teilchen bezogenen Wellenfunktionen* ψ der Quantenphysik – zu einer der *Psi*-Funktionen – und zu einem wichtigen Sonderfall der Schrödinger'schen Wellengleichung weitergeht.

Wir knüpfen an die obige Aussage (5) an, d. h. an: Ψ_w(l, t) = $A \times \exp(i2\pi(l/\lambda - t/T))$, was für $t \geq lT/\lambda$ physikalisch signifikant ist, für $t < lT/\lambda$ hingegen nicht. Bisher haben wir *nichts* getan, was den Rahmen der klassischen Physik verlässt; wir haben nur die klassische Beschreibung der Ausbreitung einer Welle entlang eines Richtungsstrahls etwas *verfremdet*. Aber betrachten wir nun statt der (klassischen) Welle w ein Teilchen x, das ab t_0 von l_0 aus geradlinig auf fixem Richtungsstrahl mit konstantem Impulsbetrag p und konstanter Energie E kräftefrei im Vakuum dahinfliegt.

Aus quantenphysikalischer, nichtklassischer Sicht lässt sich x als eine Welle auffassen, der nach den De-Broglie-Gleichungen W1 und W2 (siehe das vorausgehende Kapitel) eine Wellenlänge $\lambda = (h/p)$ und eine Periode $T = (h/E)$ zugeordnet ist. Zudem: War x im klassischen Bild durch einen *Massenpunkt* dargestellt, so entspricht *dem* im quantenphysikalischen Bild *mit höchstem Grad an Entsprechung*, dass x durch eine *Minimalwelle* (siehe dazu Kap. 4) modelliert wird (und nur mit entschieden geringerem Grad an Entsprechung, dass man x durch ein *Wellenpaket* repräsentiert, was aber an sich durchaus realistischer, der Wirklichkeit des Teilchens x, das ja eigentlich kein Massenpunkt ist, angemessener wäre).

Was unter der Amplitude A von x zu verstehen ist, lässt sich hingegen nicht so leicht sagen, wenn mit A etwas physikalisch Signifikantes gemeint sein soll und über x nichts weiter bekannt ist, als was schon gesagt wurde. Im vorliegenden Fall sei der Einfachheit halber die Konstante „A" schlicht durch „1" ersetzt.

Physikalisch signifikant kann dies trotzdem sein: dann nämlich, wenn die Zahl 1 die Normierung eines irgendwie gearteten physikalischen Maximums ist (0,5 entsprechend die Normierung der Hälfte jenes Maximums, etc.).

Wir erhalten aus der Gleichung (5), indem wir sie auf x anstelle von w beziehen, x dabei als eine Minimalwelle auffassen und die eben festgestellten Werte ($A = 1$, $\lambda = (h/p)$, $T = (h/E)$) in sie einsetzen (und von $\hbar = h/2\pi$ Gebrauch machen):

(10) $\Psi_x(l, t) = 1 \times \exp(i2\pi(p \times l/h - E \times t/h)) =$
$\exp([i2\pi/h](p \times l - E \times t)) = \exp([i/\hbar](p \times l - E \times t))$,
was für $l/V \leq t \leq (l/V) + T$ physikalisch signifikant ist, für
$t < l/V$ und $t > (l/V) + T$ hingegen nicht.

Da x als Minimalwelle aufgefasst wird, ist $\Psi_x(l, t)$ in einem engeren Bereich physikalisch signifikant, daher die komplexere diesbezügliche Fallunterscheidung (vgl. (4*)). In der Fallunterscheidung kann, wie zuvor schon, „l/V" durch „lT/λ" ersetzt; neu ist aber nun, dass „l/V" auch durch „$p \times l/E$" und „T" durch „h/E" ersetzt werden kann (eben weil $\lambda = (h/p)$ und $T = (h/E)$).

Bei (10) kann man es belassen, sofern die *Wellengeschwindigkeit* von x mit seiner *Teilchengeschwindigkeit* identisch ist, also gilt: $V = v$, wobei $V = \lambda/T = (h/p)/(h/E) = E/p$ und $v = p/m$; hiernach liegt $V = v$ genau dann vor, wenn gilt $E = mv^2$.[12] $E = mv^2$ ist z. B. bei Photonen gegeben, wie wir schon sahen (wobei v bei Photonen die Lichtgeschwindigkeit c ist). Ist also x ein Photon, dann ist (10) einschlägig. Wenn jedoch $E \neq mv^2$ gilt, dann kann x kein Photon sein und dann muss zwischen Teilchengeschwindigkeit v und Wellengeschwindigkeit V von x unterschieden werden. Die Wellendarstellung eines

[12] Das Thema wurde in einer Anmerkung in Kap. 4 schon einmal angesprochen.

Teilchens stößt hier sichtlich an ihre Grenzen. Zurückbleibt die (impulsabhängige) *Ortsunschärfe* eines Teilchens x bei festgehaltenem (scharfen) Zeitpunkt t in seiner (gewiss mit *seiner Teilchengeschwindigkeit* erfolgenden) Bewegung, und seine (energieabhängige) *Zeitunschärfe* bei festgehaltenem (scharfen) Ort l; durch diese Unschärfen sind wir ja ursprünglich allererst auf das Wellenbild des Teilchens geführt worden (siehe Kap. 4).

Im Folgenden wird nun die *Ortsunschärfe* allein interessieren. Die einschlägige Modifikation von (10) ist dann das Folgende:

(10*) $\Psi_x(l, t) = \exp([i2\pi/h](p \times l - E \times t))$, was für $vt - \lambda \leq l \leq vt$ physikalisch signifikant ist, für $l < vt - \lambda$ und $l > vt$ hingegen nicht.

Hier kann „λ" durch „h/p" ersetzt werden, und man beachte, dass in jedem Fall $l \geq 0$ (vorausgesetzermaßen), auch wenn $vt - \lambda < 0$ sein sollte.

Zur näheren Rechtfertigung von (10*) lässt sich sagen: In (10) ist die Klausel der physikalischen Signifikanz für t: $l/V \leq t \leq (l/V) + T$ (wir können uns auf den positiven Teil dieser Klausel beschränken) äquivalent mit (dem positiven Teil) der Klausel der physikalischen Signifikanz für l: $tV - \lambda \leq l \leq tV$. Beide Klauseln lassen sich auseinander herleiten; deshalb kommt es im Fall von (10) gar nicht darauf an, welche von beiden man verwendet. Bei (10*) ist die Situation eine andere. Ist $v \neq V$, so ist $l/v \leq t \leq (l/v) + T$ *nicht äquivalent* mit $tv - \lambda \leq l \leq tv$. Ist $v = 2V$ (was im Fall von $E = (1/2)mv^2$ gilt), so ist $l/v \leq t \leq (l/v) + T$ vielmehr äquivalent mit $tv - 2\lambda \leq l \leq tv$, und $tv - \lambda \leq l \leq tv$ äquivalent mit $l/v \leq t \leq (l/v) + (T/2)$. Man muss sich also entscheiden, welche Klausel der physikalischen Signifikanz man wählt – wobei deren positiver Teil genügt (weil der negative am positiven abgelesen werden kann). Und die zu wählende Klausel – ihr positiver Teil – ist, wenn es nun um *Ortsunschärfe* geht, $tv - \lambda \leq l \leq tv$, und nicht $tv - 2\lambda \leq l \leq tv$, weil die Ortsunschärfe eben durch λ [= h/p] gegeben wird, und nicht durch 2λ.

Bei aller Rede von physikalischer Signifikanz darf aber nicht vergessen werden, dass die in (10*) spezifizierte Funktion *mathematisch* mit der in (10) spezifizierten völlig identisch ist.

Die durch (10) oder (10*) spezifizierte Funktion Ψ_x genügt der Schrödinger'schen Wellengleichung, d. h. sie ist eine *Lösung* dieser

Gleichung, und zwar ist sie die (exemplarische) Lösung für ein mit konstantem Impuls und konstanter Energie geradlinig frei dahinfliegendes Teilchen (*als „Welle“*[13]). Für nicht unter Krafteinwirkung stehende (also nicht in einem Kraftfeld befindliche) Teilchen ist die einschlägige Form der Schrödinger'schen Wellengleichung nämlich diese:

$$i\hbar(\partial\psi/\partial t) = -(\hbar^2/2m)(\partial^2\psi/\partial l^2).$$

Diese Differentialgleichung hat den Charakter eines Gesetzes, das für alle Wellenfunktionen ψ, die die Bewegung (kräfte-) freier Teilchen (als „Wellen“) korrekt beschreiben – unter diesen eben auch die betrachtete Wellenfunktion Ψ_x –, *die schematische Gestalt* ihres von Ort und Zeit abhängigen Wandels angibt. Dass Ψ_x eine Lösung jener Gleichung ist, besagt dass man *etwas Richtiges* erhält, wenn man $\Psi_x(l, t)$ – also $\exp([i2\pi/h](p \times l - E \times t))$ – an die Stelle von ψ in die Gleichung einsetzt. Im *Anhang* dieses Kapitels ist im Einzelnen angegeben, wie sich *dieses Richtige* in der Tat ergibt. Es wird zudem in einem anderen Abschnitt jenes Anhangs (Abs. 3) ausgeführt, wie man auf etwas auf den ersten Blick so fremdartig Wirkendes wie die obige Differentialgleichung überhaupt kommen kann.

Von einer Darstellung der Schrödinger'schen Wellengleichung in ihrer vollen Allgemeinheit – die die Wellenfunktionen ψ für die Beschreibung des Verhaltens freier Elektronen (beispielsweise) ebenso charakterisiert wie die Wellenfunktionen für die Beschreibung ihres Verhaltens, wenn sie an einen Atomkern gebunden sind (dafür, in der Tat, war die Wellengleichung ursprünglich konzipiert) – muss hier aus Gründen übermäßiger Komplexität abgesehen werden. Das bedeutsam Neue an der Wellengleichung – nämlich die physikalische Fundamentalität der Teilchen (als „Wellen“) beschreibenden Wellenfunktionen ψ – wird auch in der durch Spezialisierung, der Beschränkung auf besondere Fälle, ermöglichten Vereinfachung zum Vorschein kommen.

---

[13] Als „Minimalwelle“, genauer gesagt.

Mit der physikalischen Bedeutung von Ψ_x – einer Lösung der Wellengleichung, einer speziellen Wellenfunktion – müssen wir uns nun noch näher befassen (wodurch auch etwas für die physikalische Erhellung der Wellengleichung selbst geleistet werden wird; das meiste wird man diesbezüglich aber aus Abs. 3 des *Anhangs* ersehen können). Ψ_x liefert, wie Ψ_w, gewöhnlich echtkomplexe Zahlen – Summen aus reellen und imaginären Zahlen – als Werte. Mit (6) erhalten wir nämlich aus (10) bzw. (10*):

(11) $\Psi_x(l, t) = \cos([2\pi/h](p \times l - E \times t)) + i\sin([2\pi/h](p \times l - E \times t))$.

Es ist aber bemerkenswert, dass Ψ_x zwar eine periodische echtkomplexe Funktion ist, doch dabei auch – sozusagen ausnahmsweise – reelle Werte liefert. Es besteht nämlich eine Verbindung zwischen Ψ_x und dem Quantenphysikalischen Grundgesetz (siehe Kap. 3), welche sich in den reellen Werten von Ψ_x niederschlägt (siehe dazu wiederum Abs. 3 im *Anhang* zu diesem Kapitel).

Doch worin besteht nun die physikalische Bedeutung von Ψ_x über das Maß hinaus, welches wir der bisher zurückgelegten Wegstrecke (beginnend oben mit Aussage (1)) schon entnehmen können? Als Wellenfunktion beschreibt Ψ_x die Bewegung des wellenartig aufgefassten Teilchens x; aber es ist vorläufig nicht gut ersichtlich, was die Werte, die diese Funktion liefert, mit der Bewegung von x zu tun haben könnten.

In der Tat wird eine physikalische Bedeutung *weniger* dem Wert $\Psi_x(l, t)$ selbst zugewiesen als vielmehr seinem sog. *absoluten Quadrat*, $|\Psi_x(l, t)|^2$. Aufgrund von (11) ergibt sich:

(12) $|\Psi_x(l, t)|^2 = \cos^2([2\pi/h](p \times l - E \times t)) + \sin^2([2\pi/h](p \times l - E \times t))$.

Ohne höhere mathematische Begrifflichkeiten kommen wir leider nicht aus, wenn wir uns einem Verständnis der Sache wenigsten annähern wollen. Unter dem *absoluten Quadrat* $|z|^2$ einer komplexen Zahl z versteht man das Produkt von z und ihrem *komplexen Konjugat* z*. Als komplexe Zahl gilt für z: z = (*a* +

ib), wo *a* und *b* reelle Zahlen sind, während *i* die imaginäre Einheit ist. Das komplexe Konjugat z* von z ist dann (*a* + (– *ib*)), oder mit anderen Worten: (*a* – *ib*). Man erhält also: $|z|^2 = zz^* = (a + ib)(a - ib) = (a^2 + b^2)$. Handelt es sich bei z um eine echtkomplexe Zahl, so ist $(a^2 + b^2)$ verschieden von a^2 (da der sog. imaginäre Teil *b* einer echtkomplexen Zahl verschieden von 0 ist). Handelt es sich bei z hingegen um eine reelle (also um eine komplexe, aber nicht echtkomplexe) Zahl, so gilt $(a^2 + b^2) = a^2$ (da der imaginäre Teil *b* einer reellen Zahl 0 ist). Mithin gilt für reelle Zahlen z schlicht: $|z|^2 = z^2$.

Wegen des trigonometrischen Gesetzes $[\cos^2\alpha + \sin^2\alpha] = 1$ erhalten wir also schließlich:

(13) $|\Psi_x(l, t)|^2 = 1$.

Diese Aussage ist auch eine Folge dessen, dass wir *A* – „die Amplitude von x" – gleich 1 *gesetzt* haben. Für $\Psi_w(l, t)$ – statt $\Psi_x(l, t)$ – erhalten wir hingegen (*ohne* die besagte Setzung): $|\Psi_w(l, t)|^2 = A^2$.[14] Das absolute Quadrat von $\Psi_w(l, t)$ ist also einfach – konstant für alle l und t – das Quadrat der Amplitude *der (klassischen) Welle* w, oder mit anderen Worten: $|\Psi_w(l, t)|^2$ ist *die Intensität von* w. Was aber ist die physikalische Deutung des absoluten Quadrats von $\Psi_x(l, t)$, also des absoluten Quadrats des Wertes dieser Wellenfunktion für *das (wellenartig aufgefasste) Teilchen* x am Ort l und Zeitpunkt t? Im Sinne der durch Max Born vorgenommenen wahrscheinlichkeitstheoretischen Deutung der Wellenmechanik ist $|\Psi_x(l, t)|^2$ ($= A^2 = 1$) die – konstante – *Wahrscheinlichkeitsdichte* dafür, dass sich das Teilchen x zum Zeitpunkt t am Ort l befindet (und $\Psi_x(l, t)$ ist dann, wenn man so will, die für l und t spezifische *Amplitude* dieser Wahrscheinlichkeitsdichte).

Die *Wahrscheinlichkeitsdichte* dafür, dass sich das Teilchen x zum Zeitpunkt t am Ort l befindet, ist *nicht* die *Wahrscheinlichkeit* für diesen Sachverhalt. Eine *Wahrscheinlichkeit* anzunehmen für den Sachverhalt, dass sich das Teilchen x zum Zeitpunkt t am Ort l befindet (auf dem Richtungsstrahl, auf dem es sich bewegt), ist ja auch

---

[14] $|\Psi_w(l, t)|^2 = |A \times \exp(i2\pi(l/\lambda - t/T))|^2 = |A|^2 \times |\exp(i2\pi(l/\lambda - t/T))|^2 = A^2 \times 1 = A^2$.

durchaus problematisch – außer im trivialen Fall, wenn jene Wahrscheinlichkeit 0 oder 1 ist. Denn nichttriviale Wahrscheinlichkeiten kann man nicht gut solchen *Punktsachverhalten* zuordnen; leicht kann es nämlich passieren, dass man es mit *zu vielen* von diesen zu tun bekommt, als dass die Summe ihrer nichttrivialen Wahrscheinlichkeiten noch wie erforderlich 1 sein könnte. Nichttriviale Wahrscheinlichkeiten kann man hingegen gut *Intervallsachverhalten* wie dem folgenden zuweisen: dass sich das Teilchen x zum Zeitpunkt t im Ortsintervall $[l_1, l_2]$ (auf dem vorausgesetzten fixen Richtungsstrahl) befindet. Um zu einer Zuordnung von Wahrscheinlichkeiten zu solchen Intervallsachverhalten zu kommen, bildet man zunächst für den Zeitpunkt t und alle *überhaupt für* x *zu* t *in Frage kommenden Orte* l, kurz: für alle Orte l in L(x, t), das *Integral* – die kontinuierliche Summe – der Wahrscheinlichkeitsdichten dafür, dass sich x zu t am Ort l befindet:

$$\int_{\mathrm{l\ in\ L(x,\ t)}} |\Psi_x(l,\ \mathrm{t})|^2 \mathrm{d}l.$$

Hierbei ist L(x, t) präzise die Menge der Ort l (auf dem Richtungsstrahl), für die Ψ_x(l, t) *physikalisch signifikant* ist, also gemäß (10*) die Menge der Orte l, für die gilt: $vt - \lambda \leq l \leq vt$. (Zur Erinnerung: *l* ist die l auf dem Richtungsstrahl eins-zu-eins entsprechende Streckenlänge ab l_0, *t* die t eins-zu-eins entsprechende Zeitlänge ab t_0.)

Ebenso bildet man das Integral der Wahrscheinlichkeitsdichten dafür, dass sich x zu t am Ort l befindet, für den Zeitpunkt t und alle für x *überhaupt in Frage kommenden Orte* l *zwischen* l_1 *und* (dem von l_0 weiter als l_1 entfernten Ort) l_2, kurz: für *die Orte* l *in* L(x, t) *mit* $l_1 \leq. l \leq. l_2$; man bildet m. a. W. das Integral

$$\int_{\mathrm{l\ in\ L(x)\ und\ l1\ \leq.\ l\ \leq.\ l2}} |\Psi_x(l,\ \mathrm{t})|^2 \mathrm{d}l.$$

Hierbei ist natürlich vorausgesetzt, dass auch die Orte l_1 und l_2 für x *überhaupt in Frage kommen*, also zu L(x, t) gehören.

Wegen des umkehrbahr eindeutigen Abbildungsverhältnisses zwischen Orten l auf dem Richtungsstrahl und ihren Abständen *l* vom Ursprungsort l_0 sind die Aussagen „$l_1 \leq. l \leq. l_2$" und „$l_1 \leq l \leq l_2$" äquivalent (wenn auch *nicht* synonym). Ebenso sind die Aussagen „l ist in L(x, t)" und „*l* ist in *L*(x, t)" äquivalent, wobei *L*(x, t) exakt die Abstände *l* (von l_0) umfasst, die für x zu t überhaupt in Frage kommen (nämlich die *l*, sodass gilt: $vt - \lambda \leq l \leq vt$).

Da die Voraussetzung erfüllt ist, dass die fraglichen Integrale endliche Lösungen haben (*welche* das sind, dazu siehe gleich im Folgenden), kann man setzen:

(14) $pr(B(x, t, [l_1, l_2])) = [\int_{l \text{ in } L(x, t) \text{ und } l1 \leq. l \leq. l2} |\Psi_x(l, t)|^2 dl] : [\int_{l \text{ in } L(x, t)} |\Psi_x(l, t)|^2 dl]$.

Mit anderen Worten: Die Wahrscheinlichkeit dafür, dass sich x zum Zeitpunkt t im Ortsintervall $[l_1, l_2]$ befindet – *d. h.*: $pr(B(x, t, [l_1, l_2]))$ – ist $\int_{l \text{ in } L(x, t) \text{ und } l1 \leq. l \leq. l2} |\Psi_x(l, t)|^2 dl$ *dividiert* durch $\int_{l \text{ in } L(x, t)} |\Psi_x(l, t)|^2 dl$. (Eine anschauliche Darstellung des Zusammenhangs zwischen Wahrscheinlichkeit und Wahrscheinlichkeitsdichte mittels des Integralbegriffs befindet sich im *Anhang* zu diesem Kapitel.)

Die Lösung des Integrals $\int_{l \text{ in } L(x, t) \text{ und } l1 \leq. l \leq. l2} |\Psi_x(l, t)|^2 dl$ ist nun wegen $|\Psi_x(l, t)|^2 = 1$ (siehe (13)) sehr einfach:

(15) $\int_{l \text{ in } L(x, t) \text{ und } l1 \leq. l \leq. l2} |\Psi_x(l, t)|^2 dl = \int_{l \text{ in } L(x, t) \text{ und } l1 \leq. l \leq. l2} dl = l_2 - l_1$.

Aus (14) ergibt sich mithin:

(16) $pr(B(x, t, [l_1, l_2])) = (l_2 - l_1)/\lambda$.

Hier wurde für „$\int_{l \text{ in } L(x, t)} |\Psi_x(l, t)|^2 dl$" „$\lambda$" gesetzt. Denn $\int_{l \text{ in } L(x, t)} |\Psi_x(l, t)|^2 dl = \int_{l \text{ in } L(x, t)} dl$ = die Länge des Intervalls L(x, t); die Länge von L(x, t) ist nun aber eben λ, denn L(x, t) ist ja bestimmt worden als $\{l: vt - \lambda \leq l \leq vt\}$.

In dieser (verhältnismäßig) einfachen Weise (z. B.) kommt also eine objektive und nichtreduzierbare Wahrscheinlichkeit in die Quantenphysik. Als Grund für deren Nichtreduzierbarkeit bietet sich die Nichteliminierbarkeit der Wellenfunktion Ψ_x an, die die Grundlage für die Definition des Wahrscheinlichkeitsbegriffs „pr(B(x, t, [l_1, l_2]))" bildet; in der Tat ist $\Psi_x(l, t)$ selbst schon ein probabilistischer Begriff (als *Amplitude der Wahrscheinlichkeitsdichte* dafür, dass x sich zu t an l befindet). Doch zeigt sich die wahre Unentbehrlichkeit von Ψ_x nun gerade nicht an dem betrachteten einfachen Beispiel, das – im Vergleich zur Leistungsfähigkeit der klassischen Physik in der Bewegungsbeschreibung – eher die negativen Seiten der quantenphysikalischen Neuerung enthüllt, nämlich den doch sehr erheblichen Verlust an physikalischer Information. $\Psi_x(l, t)$ ist ja nur ein schwacher Ersatz für die *Lokalisierungsfunktion* $\Lambda_x(l, t)$, die für alle (hier relevanten) Zeitpunkte t und Orte l wie folgt definiert ist: Befindet sich x zu t an l, dann $\Lambda_x(l, t) = 1$; befindet sich x zu t nicht an l, dann $\Lambda_x(l, t) = 0$. Hieraus ergibt sich sofort (wegen $|\Lambda_x(l, t)|^2 = \Lambda_x(l, t)$): Befindet sich x zu t an l, dann $|\Lambda_x(l, t)|^2 = 1$ und dann *zudem* (wenn x durch einen Massenpunkt dargestellt wird) für alle von l verschiedenen Orte l′: $|\Lambda_x(l', t)|^2 = 0$. Was jedoch $\Psi_x(l, t)$ angeht, so ergibt sich (siehe (13)): $|\Psi_x(l, t)|^2 = 1$, *gleichgültig* um welchen Ort l es sich handelt. Diese *völlige Unspezifität* lässt sich mildern durch eine Klausel der physikalischen Signifikanz für $\Psi_x(l, t)$, die sich so verstehen lässt, dass sie von vornherein gewisse Orte als die für x zu t allein in Frage kommenden auswählt, sodass $\Psi_x(l, t)$ nur bezogen auf diese Orte Berücksichtigung findet. Hier war {l: $vt - \lambda \leq l \leq vt$} die Menge dieser Orte, also die Menge L(x, t). Doch hat diese Maßnahme keine so große Tragweite, wie man auf den ersten Blick meinen könnte. Denn es stellt sich folgendes Dilemma: Entweder ist v dem Zahlenwert nach bekannt, oder nicht. Ist v dem Zahlenwert nach bekannt, dann ist – unter völliger Umgehung von Ψ_x und der daran hängenden Wahrscheinlichkeit – der Ort von x zum bekannten (weil frei gewählten) Zeitpunkt t bekannt (und von einer Ortsunschärfe von x kann keine Rede sein): die (dann) dem Zahlenwert nach bekannte Streckenlänge vt auf dem Richtungsstrahl ab l_0 legt den Ort von x zu t eindeutig fest. Ist hingegen v dem Zahlenwert nach nicht bekannt, dann weiß man auch nicht, welches Ortsintervall $\{\text{l}: vt - \lambda \leq l \leq vt\}$ ist; denn mit dem Zahlenwert von v muss ja nicht nur der Zahlenwert von vt unbekannt sein (wobei t bzw. t nach Voraussetzung bekannt ist), sondern auch der von λ (denn $\lambda = (h/p) = (h/vm)$, wobei m – die Masse von x – als bekannt vorausgesetzt sei). Ein Ausweg aus diesem Dilemma, das $\Psi_x(\text{l, t})$ in jedem Fall als informationell nutzlos erscheinen lässt, ist offenbar nur dann gegeben, wenn zwar der Zahlenwert von v nicht bekannt ist, aber sich innerhalb gewisser Grenzen bewegen, aus einem gewissen Intervall $[r_1, r_2]$ stammen muss (wobei die positiven reellen Zahlen r_1 und r_2 bekannt sind). Doch auch in diesem Fall gibt es offenbar keine Notwendigkeit, zur *Darstellung* der Situation von Ψ_x Gebrauch zu machen. Die Wahrheit von $|\Psi_x(\text{l, t})|^2 = 1$, *für alle Orte* l, und zwar gleichgültig welche Zahlenwerte für p, E und t in $\exp([i2\pi/h](p \times l - E \times t))$ eingesetzt werden, trivialisiert gewissermaßen die Rolle, die Ψ_x *hier* (im bislang betrachteten Beispiel) spielen kann. Man beachte in diesem Zusammenhang, dass sich die Wahrscheinlichkeitsdefinition (14) auch ganz ohne $\Psi_x(\text{l, t})$ formulieren lässt:

$$(14^*)\ \text{pr}(\text{B}(\text{x, t}, [\text{l}_1, \text{l}_2])) = [\textstyle\int_{\text{l in L(x, t) und l1} \leq \text{l} \leq \text{l2}} \text{d}l] : [\textstyle\int_{\text{l in L(x, t)}} \text{d}l].$$

Ob man nun $\Psi_x(\text{l, t})$ zur Formulierung der für x einschlägigen Wahrscheinlichkeitsaussagen des Ortes verwendet oder nicht, es bleibt festzuhalten, dass der Wahrscheinlichkeitsbegriff, der in (14) bzw. (14*) ins Spiel kommt, objektiv und unreduzierbar ist und dass der Grund dafür die Quantenphysik ist. Gemäß der klassischen Physik besteht kein objektiver (nicht in bloßer Unwissenheit begründeter) Anlass, in der Bewegungsbeschreibung eines Teilchens x unhintergehbar mit einer (echten) *Menge* – dem Intervall L(x, t) – von für x zu t überhaupt in Frage kommenden Orten zu arbeiten; gemäß der Quantenphysik ist das (korrekterweise) *anders*.

Die große Stunde der Wellenfunktionen für freie Teilchen – diese Wellenfunktionen sind dem allgemeinen Charakter nach alle genau wie Ψ_x – und der auf ihnen beruhenden Ortswahrscheinlichkeiten schlägt nun aber bei der Beschreibung der Interferenzerscheinungen bei Teilchen, etwa bei Elektronen am Doppelspalt. Diese Erscheinungen sind klassisch nicht gut erklärbar – quantenphysikalisch sind sie aber immerhin ausgezeichnet beschreibbar, auch *schon vor ihrem Auftreten*, was sie im Detail vorhersagbar macht. (Die antizipierende exakte Beschreibbarkeit gilt manchen schon als Indiz dafür, dass man jene Erscheinungen *gut verstanden* hat. Ich möchte nicht in Abrede stellen, dass durch die Erlangung jener Beschreibbarkeit ein großer Schritt vorwärts getan ist; aber zweifellos hängt, ob etwas schon gut verstanden ist oder noch nicht, wesentlich davon ab, wie viel man von einem guten Verständnis erwartet. Sollten wir nicht mehr erwarten als *Vorhersagbarkeit*?)

Seien Ψ_{1y} und Ψ_{2y} die simultanen (für genau dieselben Zeitpunkte definierten), aber ortsmäßig (weitgehend) disjunkten und zueinander alternativen Wellenfunktionen eines freien Elektrons y, nämlich für zwei verschiedene geradlinige alternative Pfade, die von verschiedenen, wenn auch eng nebeneinander liegenden Orten ausgehen, nämlich von Spalt 1 und 2 eines Doppelspalts, welche beiden Pfade sich aber in einem bestimmten Punkt S hinter der Barriere (hinter der Ebene, die den Doppelspalt enthält[15]) schneiden. Die *Überlagerung* $\Psi_{12y}(f(l_S, l'_S), t)$ jener beiden Wellenfunktionen am Ortspunkt $f(l_S, l'_S)$ ist einfach $\Psi_{1y}(l_S, t) + \Psi_{2y}(l'_S, t)$, wobei $f(l_S, l'_S)$ den *Überlagerungspunkt* bezeichnet: eben den Ortspunkt, wo die beiden Pfade sich schneiden, welcher Punkt eindeutig bestimmt ist durch den Abstand l_S (zwischen l_0 und l_S) auf dem von Spalt 1 ausgehenden Pfad *und* (zusätzlich) den Abstand l'_S (zwischen l'_0 und l'_S) auf dem von Spalt 2 ausgehenden Pfad. (Man beachte, dass l_S, l'_S und $f(l_S, l'_S)$ ein und derselbe Punkt, nämlich S ist, nur dass er einmal vom Spalt 1 aus definiert wird, dann vom Spalt 2 aus und schließlich von beiden Spalten aus zugleich.) Es ist nun bemerkenswert, dass $|\Psi_{12y}(f(l_S, l'_S), t)|^2$ – d. h.: $|\Psi_{1y}(l_S, t) + \Psi_{2y}(l'_S, t)|^2$ – weder gleich $|\Psi_{1y}(l_S, t)|^2$ noch gleich $|\Psi_{2y}(l'_S, t)|^2$ noch gleich $|\Psi_{1y}(l_S, t)|^2 + |\Psi_{2y}(l'_S, t)|^2$

[15] *Hinter* diese Ebene, d. h.: auf der Seite, auf der *nicht* die Elektronenquelle steht.

ist. Wenn wir davon ausgehen, dass $\Psi_{1y}(ls, t)$ im Sinne von (10*) als $\exp([i2\pi/h](p \times ls - E \times t))$ bestimmt ist und $\Psi_{2y}(l's, t)$ entsprechend als $\exp([i2\pi/h](p \times l's - E \times t))$, dann gilt: $|\Psi_{1y}(ls, t)|^2 = 1$ (vgl. oben (13)) und $|\Psi_{2y}(l's, t)|^2 = 1$, also $|\Psi_{1y}(ls, t)|^2 + |\Psi_{2y}(l's, t)|^2 = 2$; aber es gilt eben auch:

(17) $|\Psi_{1y}(ls, t) + \Psi_{2y}(l's, t)|^2 = 2 + 2\cos[2\pi(p/h)(ls - l's)]$,

oder mit anderen Worten:

(17*) $|\Psi_{1y}(ls, t) + \Psi_{2y}(l's, t)|^2 = 2 + 2\cos[2\pi(ls - l's)/\lambda]$,

wo λ wiederum die De-Broglie-Wellenlänge von y, also h/p ist.[16] Die für $|\Psi_{1y}(ls, t) + \Psi_{2y}(l's, t)|^2$, d. h. $|\Psi_{12y}(f(ls, l's), t)|^2$, *an sich in Frage kommenden Werte* haben ein *Maximum* (nämlich 4, dieses Maximum ist also doppelt so groß wie $|\Psi_{1y}(ls, t)|^2 + |\Psi_{2y}(l's, t)|^2$), wenn $(ls - l's)$ ein nichtnegatives oder negatives ganzzahliges Vielfaches von λ ist, also insbesondere dann, wenn $(ls - l's)$ 0 oder λ ist; denn $\cos(2\pi N) = 1$ (für $N = 0, \pm1, \pm2, \pm3 \ldots$).

Man beachte übrigens, dass für $(ls - l's)$ nicht beliebige Zahlenwerte eingesetzt werden können, sondern, da ls der Abstand von Spalt 1 zu S (diesem Punkt hinter der Barriere) ist und $l's$ der Abstand von Spalt 2 zu S, muss gelten, dass $|ls - l's|$ kleiner ist als der Abstand zwischen den beiden Spalten und dass $ls + l's$ größer ist als dieser Abstand (sonst existiert nämlich kein Schnittpunkt S hinter der Barriere).

Und die für $|\Psi_{12y}(f(ls, l's), t)|^2$ an sich in Frage kommenden Werte haben ein *Minimum* (nämlich 0), wenn $(ls - l's)/\lambda$ $(N'/2)$ ist, wobei N' eine ungerade positive oder negative ganze Zahl ist; denn $\cos(\pi N')$ ist -1 (für $N' = \pm1, \pm3, \pm5, \pm7, \ldots$). Die für $|\Psi_{12y}(f(ls, l's), t)|^2$ an sich in Frage kommenden Werte weisen also die folgende *Periodizität* von

[16] Für Interessierte: Die Rechnung, die (17) und (17*) zeigt, steht im *Anhang* zu diesem Kapitel, im 5. Abschnitt.

Maxima und Minima auf (wobei der erste Wert bei den nachfolgenden Wertepaaren stets $(l_s - l'_s)/\lambda$ ist):

.. $(-2, \underline{4})$ $(-3/2, \underline{0})$ $(-1, \underline{4})$ $(-1/2, \underline{0})$ $(0, \underline{4})$ $(1/2, \underline{0})$ $(1, \underline{4})$ $(3/2, \underline{0})$ $(2, \underline{4})$ ..

Bei entsprechend eingerichteter experimenteller Verwendung einer großen Zahl von Dubletten von y (y′, y′′, y′′′, …) werden sich diese Gegebenheiten in einem charakteristischen Muster – einem Interferenzmuster – niederschlagen. Denn die Überlegungen, die soeben unter Bezugnahme auf ein bestimmtes Paar von sich schneidenden Pfaden, die von Spalt 1 und 2 ausgehen, angestellt wurden, sind für *beliebige* solche Pfadpaare einschlägig, also auch für *diejenigen* Pfadpaare, deren jeweilige Schnittpunkte sich alle in einer Ebene befinden, nämlich auf einer parallel zur Doppelspaltebene positionierten Detektorplatte. Da gibt es dann Maximumpaare (oder 4-Paare) und Minimumpaare (oder 0-Paare) und Paare, deren tatsächlich zugehöriger (und nicht bloß für sie an sich in Frage kommender) $|\Psi_{12y}(f(l_s, l'_s), t)|^2$-Wert zwischen dem Maximum (4) und dem Minimum (0) liegt. Und die Punkte auf der Detektorplatte – jeder von diesen gehört als Schnittpunkt zu einem einzigen Pfadpaar – bilden, wenn sie je nach der Größe von $|\Psi_{12y}(f(l_s, l'_s), t)|^2$ $[= 2 + 2\cos[2\pi(l_s - l'_s)/\lambda]]$ heller oder dunkler eingefärbt werden (ganz hell bei 4, ganz dunkel bei 0), nichts anderes als ein Interferenzmuster – *in frappierender Näherung* gerade das Muster, welches sich nach und nach realisiert, wenn ein Elektron nach dem anderen den Doppelspalt passiert und auf der Detektorplatte einschlägt, und welches, wie wir sahen, die statistische Manifestation eines einheitlichen Wahrscheinlichkeitszustands aller dieser Elektronen ist.

Ohne weiteres ist ersichtlich, dass es eine Linie auf der Detektorplatte gibt, von der gilt, dass beide Spalte von jedem ihrer Punkte gleich weit entfernt sind (es ist die Projektion der Mittelachse zwischen beiden Spalten auf die Detektorplatte). Für alle Punkte S auf dieser Linie gilt also: $|\Psi_{12y}(S, t)|^2 = |\Psi_{12y}(f(l_s, l'_s), t)|^2 = 2 + 2\cos[2\pi(l_s - l'_s)/\lambda] = 2 + 2\cos[2\pi 0/\lambda] = 2 + 2\cos 0 = 4$. Die Linie ist also eine *Maximumlinie* und ist ganz hell einzufärben; ihre nächste Umgebung nach links und rechts wird immer noch hell sein, wenn auch schon weniger, sodass wir es mit einem hellen Streifen zu tun haben, der allmählich nach links und rechts ins Dunklere changiert. Auf diesem Streifen wird sich ein Maximum von Elektronen einfinden, wenn die Elektronenquelle so zum Doppelspalt steht, dass sie keinen der beiden Spalte „bevorzugt", Symmetrie zu beiden hält. Die nächsten Maximumlinien auf der Detektorplatte befinden sich in gleichem Abstand links und rechts von der eben beschriebenen Maximumlinie. Für alle Punkte S′ auf der einen dieser Maximumlinien gilt: $|\Psi_{12y}(S', t)|^2 = |\Psi_{12y}(f(l_{S'}, l'_{S'}), t)|^2 = 2 + 2\cos[2\pi(l_{S'} - l'_{S'})/\lambda] = 2 + 2\cos[2\pi\lambda/\lambda] = 2 + 2\cos 2\pi = 4$. Für alle Punkte S′′ auf der anderen dieser Maximumlinien gilt: $|\Psi_{12y}(S'', t)|^2 = |\Psi_{12y}(f(l_{S''}, l'_{S''}), t)|^2 = 2 + 2\cos[2\pi(l_{S''} - l'_{S''})/\lambda] = 2 + 2\cos[2\pi(-\lambda)/\lambda] = 2 + 2\cos(-2\pi) = 4$. Zwischen der zentralen Maximumlinie und der nächsten, linken Maximumlinie liegt eine *Minimumlinie,* und ebenso, symmetrisch zu dieser letzteren, eine Minimumlinie zwischen der zentralen Maximumlinie und der nächsten, nun aber rechten Maximumlinie. Diese beiden Minimumlinien wären ganz dunkel einzufärben. Und so weiter, und so fort.

Dass das mathematisch beschriebene Streifenmuster nicht genau (sondern nur in frappierender Näherung) dasjenige Streifenmuster wiedergibt, das beim Elektronendoppelspaltexperiment tatsächlich realisiert wird, erklärt sich daraus, dass die beiden Spalte in Wirklichkeit natürlich keine Punkte sind (als solche haben wir sie bisher behandelt), von denen man zu einem gewissen Punkt auf der Detektorplatte jeweils einen eindeutig bestimmten Pfad ziehen könnte, und natürlich sind Elektronen selbst keine (im eigentlichen Sinne) punktförmigen Objekte. Dessen ungeachtet kann man von der empirisch unzweifelhaften physikalischen Korrektheit des Modells sprechen, an dessen Formulierung die Wellenfunktionen Ψ_{1y}, Ψ_{2y} und Ψ_{12y} (für y und alle seine Dubletten) nun allerdings *wesentlich* (*uneliminierbar*) beteiligt sind.

Damit das Streifenmuster sich einstellt, *muss* (neben technischen Rahmenbedingungen), solange Elektronen durch die Apparatur gehen, eine gewisse Hauptbedingung erfüllt sein. Eine *zusammengesetzte* Wellenfunktion Ψ_{12y} hinsichtlich eines gewissen Paares (pf_1, pf_2) von sich hinter der Barriere schneidenden und von den beiden Spalten 1 und 2 ausgehenden Pfaden pf_1 und pf_2 – mit $\Psi_{12y}(S, t) = \Psi_{1y}(S, t) + \Psi_{2y}(S, t)$, wo S der Schnittpunkt von pf_1 und pf_2 ist – ist nämlich für y (bzw. seine Dubletten) dann und nur dann *einschlägig,* wenn *weder* der Pfad pf_1 für y determiniert oder ausgeschlossen ist (im Fall der Determiniertheit von pf_1 wäre vielmehr nur noch Ψ_{1y}

zuständig), *noch* der Pfad pf_2 (im Fall der Determiniertheit von pf_2 wäre vielmehr nur noch Ψ_{2y} einschlägig). Diese Bedingung ist in der Regel erfüllt, wenn – *wie* als ginge es um die Erzeugung von *Wellen*interferenz – beide Spalte zugleich offenstehen und beide Spalte hinreichend nah beieinander liegen.

Nur in der Regel ist die Bedingung der Pfadindetermininiertheit dann erfüllt – denn es mag auch durch die besondere Einstellung der Elektronenquelle feststehen, dass y beispielsweise durch den Spalt 1 geht, obwohl beide Spalte offen sind. Das Offenstehen des anderen Spalts wird dadurch nullifiziert: es ist, als ob er geschlossen wäre. Zum Fall, dass einer der Spalte geschlossen ist, siehe gleich im Folgenden. (Es mag nicht überflüssig sein zu bemerken, dass selbst dadurch, dass festliegt, dass y entweder pf_1 oder pf_2 nimmt, *nicht* impliziert ist, dass entweder festliegt, dass y pf_1 nimmt, oder festliegt, dass y pf_2 nimmt.)

Jene Bedingung ist hingegen *gar nicht erfüllbar* – ganz gleichgültig, welches Paar von Pfaden man betrachtet und welches Elektron –, wenn nur einer der beiden Spalte offen steht: Es ist ja dann für pf_1 *oder* für pf_2 *ausgeschlossen,* dass y diesen Pfad nimmt. Die zusammengesetzte Wellenfunktion kommt nicht zum Tragen, sie ist für das Elektron nicht *einschlägig,* wenngleich sie sich natürlich *rein mathematisch* jederzeit hinstellen lässt. Von vornherein ist übrigens klar, dass Ψ_{12y} nur an einem einzigen Ort *physikalisch signifikant* ist: S [= $l_S = l'_S = f(l_S, l'_S)$]. (Der Zeitpunkt t in $\Psi_{12y}(f(l_S, l'_S), t)$ ist hingegen gleichgültig, da t bei der Berechnung von $\Psi_{12y}(f(l_S, l'_S), t)$ aus der Rechnung herausfällt.)

Vollkommen entsprechend fallen die statistischen Daten bei Doppelspaltexperimenten aus: Interferenzmuster – die Indikatoren entsprechender Einschlagswahrscheinlichkeiten – wird man nur beobachten, wenn beide Spalte zugleich offen stehen, nicht aber, wenn erst der eine Spalt für mehrere Teilchen offen steht und dann der andere – und auch nicht dann, wenn Teilchen für Teilchen abwechselnd der eine oder aber der andere Spalt offen steht.

Zu einer vorab bestimmten Einschlagswahrscheinlichkeit – zu der Wahrscheinlichkeit, dass ein (kräfte-) freies Elektron y mit dem Impulsbetrag p in einer bestimmten (zweidimensionalen) Region auf der Detektorplatte einschlägt – kommt man durch Bildung des Integrals der Wahrscheinlichkeitsdichten des Einschlags von y an den zur fraglichen Region gehörigen Punkten S (und anschließender Normierung per Division durch ein Gesamtintegral). Die Wahrscheinlichkeitsdichte des Einschlags von y wird *im Interferenzfall* (nur bei Offenstehen beider hinreichend nahe beieinander liegender Spalte) für alle jene Punkte S jeweils durch $|\Psi_{1y}(l_s, t) + \Psi_{2y}(l'_s, t)|^2$ gegeben, oder mit anderen Worten: durch $2 + 2\cos[2\pi(l_s - l'_s)/\lambda]$, wobei l_s und l'_s die Längen der von S zum Spalt 1 bzw. 2 zurückführenden Pfadabschnitte sind und λ h/p ist. Es ist ohne viel Überlegen ersichtlich, dass für gewisse Regionen die Wahrscheinlichkeit, dass y (oder seine Dubletten) in diese Region einschlagen, so gut wie 0 ist, nämlich für Regionen, die sich eng an die periodisch wiederkehrenden Minimumlinien anschließen. (Zu den Minimumlinien siehe oben die vorletzte Anmerkung.) Die vorab berechneten Wahrscheinlichkeiten werden durch die experimentelle Statistik glanzvoll bestätigt. Dies ist nun also eine Glorie der Wellenfunktionen und der auf ihnen beruhenden Wahrscheinlichkeiten (nicht die einzige). Aber ist damit – bei allem Glanze mathematisch elegant organisierter empirischer Adäquatheit – das *Phänomen der Elektroneninterferenz* zureichend erklärt? Das darf immer noch zweifelhaft sein.

5.2 Das Problem der Wirklichkeitsteilung

In der klassischen Physik machte man über ein Teilchen x, ob beobachtet oder unbeobachtet, ohne Bedenken Ortsbehauptungen der Gestalt „x befindet sich zu t an l" (und zwar in einem ganz ungebrochenen Sinn, der gut durch die im vorausgehenden Abschnitt betrachtete Lokalisierungsfunktion $\Lambda_x(l, t)$ veranschaulicht wird). Das hat sich grundlegend geändert. Die Verwendung der Ausdrucksweise „x befindet sich zu t an l" ist auch für Quantenphysiker unumgänglich (etwa dann, wenn beschrieben werden soll, wie eine Vorrichtung zur Ortsmessung funktioniert: wie sie misst, *ob sich* x *zu* t *an* l *befindet*). Die gleichsam offizielle Haltung der Quantenphysiker, was *Ortsbehauptungen* angeht, ist aber diese: Die *Behauptung* „x befindet sich zu t an l", wird sinnvoll nur dann gemacht, *wenn das Teilchen* x *schon eine Beobachtungszeit hat,* eine Zeit, in der es beobachtet worden ist, und besagt dann soviel wie „x ist in seiner Beobachtungszeit als *zu* t *an* l *befindlich* (direkt oder indirekt) gemessen worden".

Gemäß der *eigentlichen* oder, besser gesagt, *klassischen* Bedeutung von „x befindet sich zu t an l" ist demgegenüber die Tatsache, dass x schon eine Beobachtungszeit hat, keine Präsupposition der Behauptung, dass sich x zu t an l befindet; und mag die Wahrheit von „x ist in seiner Beobachtungszeit als zu t an l befindlich gemessen worden" auch *per se hinreichend* für die Wahrheit der Behauptung „x befindet sich zu t an l" sein (nämlich dann, wenn „gemessen worden" als „korrekt gemessen worden" verstanden wird), *per se notwendig* für die Wahrheit der Behauptung „x befindet sich zu t an l" ist die Wahrheit von „x ist in seiner Beobachtungszeit als zu t an l befindlich gemessen worden" *nach klassischem Verständnis* jedenfalls nicht.

Die Ortsmessungen an x, die Behauptungen der Gestalt „x befindet sich zu t an l" (:= „x ist in seiner Beobachtungszeit als zu t an l befindlich gemessen worden") begründen, unterliegen, wie wir gesehen haben, unvermeidlicher Unschärfe (siehe Kap. 3), sodass die Quantenphysik von der klassischen Physik hinsichtlich der Ortsbeschreibungen *beobachteter Teilchen* (also von Teilchen, die schon eine Beobachtungszeit haben, eine Zeit, in der sie beobachtet worden sind) – was die grundlegende theoretische *Einordnung, Bewertung* solcher Ortsbeschreibungen angeht – signifikant abweicht.

Wie aber nun, *wenn ein Teilchen unbeobachtet ist, noch keine Beobachtungszeit hat* – kann man dann in der Quantenphysik, gemäß der oben erwähnten gleichsam offiziellen Haltung der Quantenphysiker, etwa gar überhaupt keine (behauptende) Aussage über sein

Verhältnis zu einem Ort l zu einem Zeitpunkt t machen? Doch, man kann eine solche machen; aber es ist eine ganz andersartige Aussage als in der klassischen Physik. Wenn wir wiederum von dem Teilchen x sprechen, das kräftefrei geradlinig dahinfliegt, und davon ausgehen, dass x noch keine Beobachtungszeit hat, so lässt sich immerhin über x, t und l eine Wahrscheinlichkeitsaussage machen, nämlich eine Wahrscheinlichkeitsaussage der folgenden Gestalt:

(18) pr(B(x, t, [l_1 l_2])) = $(l_2 - l_1)/l^*$

(vgl. oben (16)), *wobei* nun eben [l_1 l_2] ein Intervall sei, *das den Ort* l *enthält* und dabei zugleich ein Subintervall bildet des Intervalls L(x, t), also des Intervalls derjenigen Orte, die für x zu t überhaupt in Frage kommen, dessen Länge mit „l^*" bezeichnet sei.

Im vorausgehenden Abschnitt war L(x, t) {l: $vt - \lambda \leq l \leq vt$}, und l^* dementsprechend λ. Doch soll hier nun nicht ausgeschlossen sein, dass L(x, t) umfassender ist als {l: $vt - \lambda \leq l \leq vt$}. Dass L(x, t) umfassender als {l: $vt - \lambda \leq l \leq vt$} ist, liegt insbesondere dann nahe, wenn v dem Zahlenwert nach unbekannt ist, L(x, t) aber bekannt sein soll (sodass man von vornherein genau weiß, welche Orte l für x zu t überhaupt in Frage kommen).

Für $(l_2 - l_1) = l^*$ hat man hiermit: pr(B(x, t, [l_1 l_2])) = 1, für $(l_2 - l_1)$ = $(l^*/2)$ hingegen pr(B(x, t, [l_1 l_2])) = 1/2, für $(l_2 - l_1) = (l^*/3)$ dann pr(B(x, t, [l_1 l_2])) = 1/3, usw. *Spezifischeres* als derartige echte Wahrscheinlichkeitsbehauptungen (Wahrscheinlichkeitsbehauptungen mit von 0 und 1 verschiedenen Wahrscheinlichkeitswerten) sind in der Quantenphysik über den Aufenthalt eines Teilchens x zu t am Ort l, solange das Teilchen unbeobachtet ist, *nicht zu haben*, sodass die Quantenphysik von der klassischen Physik auch hinsichtlich der Ortsbeschreibung *unbeobachteter Teilchen* signifikant abweicht.

Dabei kann getreu der Bedeutungsgleichsetzung einer (quantenphysikalisch) sinnvollen Ortsaussage „x befindet sich zu t an l" (also mit erfüllter Präsupposition: x hat schon eine Beobachtungszeit) mit der korrespondierenden

Messaussage „es ist in der Beobachtungszeit von x gemessen, dass x sich zu t an l befindet“ *die Wahrscheinlichkeit, dass* x *sich zu* t *an* l *befindet*, aufgefasst werden als *die Wahrscheinlichkeit, in der [kommenden] Beobachtungszeit von* x *zu messen, dass* x *sich zu* t *an* l *befindet*. Zwingend ist das jedoch nicht, weil ein Satz *A* im Kontext von *die Wahrscheinlichkeit, dass A*, nicht unbedingt dasselbe zu bedeuten braucht, wie wenn *A* als *behauptende Aussage* für sich allein steht.

Und *was zu haben ist*, hat zudem einen durchaus kontraintuitiven, ja paradoxen Charakter (sodass die Einführung des Wahrscheinlichkeitsbegriffs in die Quantenphysik, während sie, was die Schwierigkeiten des Welle-Teilchen-Dualismus angeht, die Lage entspannt, auch neue gedankliche Schwierigkeiten mit sich bringt). Zerlegen wir nämlich die (endliche) Strecke $[l_A, l_E]$ (= L(x, t)) in zwei exakt gleichgroße Hälften $[l_A, l_M]$ und $[l_M, l_E]$, so erhalten wir im Sinne von (18): $pr(B(x, t, [l_A, l_M])) = (l_M - l_A)/l^* = 0{,}5 = (l_E - l_M)/l^* = pr(B(x, t, [l_M, l_E]))$. Also: Die Wahrscheinlichkeit, dass sich x zu t in $[l_A, l_M]$ befindet, ist genauso groß wie die Wahrscheinlichkeit, dass sich x zu t in $[l_M, l_E]$ befindet.

Der Eindruck des Paradoxen lässt sich verstärken. Zerlegen wir die Strecke $[l_A, l_E]$ in, beispielsweise, einhundert gleichgroße Teile, so erhalten wir für jedes dieser Streckenintervalle die gleiche Aufenthaltswahrscheinlichkeit von x zum Zeitpunkt t. Wie soll man derartige Resultate anders deuten, als dass aus quantenphysikalischer Sicht das Teilchen x, *solange es unbeobachtet ist*, gewissermaßen *überall und nirgends* auf der Strecke von l_A nach l_E ist? Die von uns gemachte Annahme, dass x in der Richtung von l_A nach l_E eine geradlinig gleichförmige Bahn zieht, ist in ihrer quantenphysikalischen „Bearbeitung“ nicht mehr recht wiederzuerkennen.

Die Situation ist sofort eine andere, wenn x nicht unbeobachtet ist, sondern vielmehr eine Beobachtungszeit hat, in der durch Messung festgestellt worden ist, dass sich x zu t_1 an l_1 befindet, und durch eine weitere Messung, dass sich x zum späteren Zeitpunkt t_2 am weiter entfernten Ort l_2 befindet. Damit steht wegen der vorausgesetzten Gleichförmigkeit und Geradlinigkeit der Bewegung von x (als indirekt gemessen) fest, wo sich x zu t befindet, nämlich an der Stelle auf dem Richtungsstrahl, der $t(l_2 - l_1)/(t_2 - t_1)$ m von l_0 entfernt ist.

Hinzu kommt, dass der Indefinitheitsgrad von Ortsaussagen für x, solange es unbeobachtet ist, in einem kaum zu überbietenden Kontrast steht zum Definitheitsgrad von Ortsaussagen für x, wenn es beobachtet ist: Die Behauptung „x befindet sich zu t_1 an l_1" (d. h.: „x ist in seiner Beobachtungszeit als zu t_1 an l_1 befindlich gemessen worden") kontrastiert denkbar scharf mit der, solange x unbeobachtet ist, allein möglichen Behauptung „pr(B(x, t_1, [... l_1 ...])) = r" – wobei man natürlich die Wahl hat, das Ortsintervall [... l_1 ...], das l_1 enthält, groß zu machen oder klein; in beiden Fällen jedoch bleibt es, solange x unbeobachtet ist, *im selben Grade* indefinit, ob sich x zu t_1 an l_1 befindet oder nicht.

Mit der Vergrößerung von [... l_1 ...] wächst der Zahlenwert r der Wahrscheinlichkeit pr(B(x, t_1, [... l_1 ...])), mit der Verkleinerung von [... l_1 ...] hingegen sinkt er. Was man jedoch in Sachen *Steigerung der Definitheit* bräuchte, wäre ein großer Wahrscheinlichkeitswert r bei kleinem Intervall [... l_1 ...].

Ausgehend von dem einfachen Beispiel, das wir auf den vorausgehenden Seiten betrachtet haben (ein einzelnes Teilchen in seiner kräftefreien Bewegung), lässt sich *generalisierend* sagen: Es *erscheint* in der quantenphysikalischen Perspektive so, als ob die physische Wirklichkeit – z. B. jetzt, in diesem Augenblick – in zwei *ontologisch* sehr unterschiedliche Teile zerfiele: der *beobachtete Teil* und der *unbeobachtete.*

Im einen Teil der physischen Wirklichkeit – in ihrem unbeobachteten Teil: dem Teil von ihr, „wo durchweg noch niemand hingesehen hat" – ist vieles an sich *unbestimmt*: an (objektiven, unreduzierbaren) *bloßen Wahrscheinlichkeiten* (d. h.: von 1 und 0 verschiedenen, zwischen diesen Extremwerten liegenden *Propensitäten*) führt vielfach kein Weg vorbei. Es ist dies eben derjenige Teil, der von den Wellenfunktionen regiert wird und von den durch sie induzierten Wahrscheinlichkeiten – derjenige Teil, wo sie *zuständig* sind.

Im anderen Teil der physischen Wirklichkeit dagegen – in ihrem beobachteten Teil: dem Teil, „wo durchweg schon jemand einmal hingesehen hat“ – ist offenbar nichts im eben angesprochenen Sinn unbestimmt: an *bloßen Propensitäten* (*per se* objektiv und unreduzierbar) liegt dort nichts auf. Es ist dies gerade derjenige Teil, der von Messverfahren (im weitesten Sinn, wozu auch die Wahrnehmungsverfahren unserer unbewaffneten Sinne zählen) regiert wird.

Leicht ist es möglich, dass sich hier gravierende Missverständnisse (im Sinne eines Zuwenig- oder Zuvielhineinlesens) einschleichen. Der beschriebene Kontrast sei daher noch näher erläutert. Er ist *anscheinend* gegeben; darin liegt mindestens ein leiser Zweifel: *vielleicht* – es ist nicht mit Sicherheit auszuschließen – ist er nicht wirklich gegeben. Er ist aber *als ein ontologischer Kontrast anscheinend* gegeben, also als ein Kontrast in der physischen Wirklichkeit selbst, nicht bloß in unserer mentalen Auffassung von ihr. (*Vielleicht* ist er aber eben als ontologischer Kontrast nicht wirklich gegeben, sondern ist in Wirklichkeit nur gegeben als ein Kontrast in unserer mentalen Auffassung.) Näherhin handelt es sich bei dem beschriebenen Kontrast um einen Kontrast zwischen einem (in manchen Punkten) *unbestimmten Teil der physischen Wirklichkeit* und einem (in allen Punkten) *bestimmten Teil*, und zwar in Abhängigkeit von dem Merkmal *unbeobachtet* bzw. *beobachtet*. Dies suggeriert, dass *Beobachtung* (im weitesten Sinne) den bestimmten Teil der physischen Wirklichkeit – durch Bestimmung eines Teils des unbestimmten Teils – irgendwie *kausal hervorbringt*; durch Beobachten, so scheint es, wird in der und der Hinsicht Bestimmtheit geschaffen (die sich, im Übrigen, durch nachfolgendes Nichtbeobachten nicht wieder zurücknehmen lässt). Ob es sich wirklich so verhält, ist jedoch fraglich. Noch fraglicher ist die weitergehende Annahme, dass das Sein des bestimmten Teils der physischen Wirklichkeit – im Sinne des *esse est percipi* des idealistischen Philosophen George Berkeley – *darin besteht, wahrgenommen zu werden*. In jedem Fall ist festzuhalten, dass es sicherlich *nicht* so ist, dass wir durch Beobachtung den unbestimmten Teil der physischen Wirklichkeit so bestimmen können, *wie wir wollen* (wir können es natürlich nicht).

Der oben beschriebene, in der quantenphysikalischen Perspektive *augenscheinlich* vorhandene *Bruch* in der physischen Welt ist für die klassische Physik etwas völlig Fremdes. In der klassischen Physik erscheint die physische Wirklichkeit vielmehr wie aus einem Guss – und in ihrer ontologischen Natur vom augenblicklichen Beobachtungsstatus *unabhängig*. Das *Problem der Wirklichkeitsteilung (relativ zum Beobachtungsstatus),* wie ich es nennen möchte (man spricht gewöhnlich, es spezieller fassend, vom *Messproblem),* stellt ein der Quantenphysik eigentümliches *philosophisches* Problem dar. Das Problem wurde im Grunde schon früh gesehen (und zwar *als Problem*), nämlich von Erwin Schrödinger, dem ersten Proponenten der ψ-Funktionen in der Quantenphysik. In einem Brief an Einstein aus dem Jahre 1935 ventilierte Schrödinger offenbar zum ersten Mal ein Gedankenexperiment, das unter dem Namen *Schrödingers Katze* später berühmt geworden ist (publiziert wurde es im selben Jahr, 1935). Das Gedankenexperiment sollte den paradoxen und darum die menschliche Vernunft beunruhigenden Charakter der in der quantenphysikalischen Perspektive anscheinend gegebenen *Teilung der (physischen) Wirklichkeit* in aller Schärfe deutlich machen. In der nun gleich folgenden Darstellung von *Schrödingers Katze* geht es freilich nicht um historische Authentizität, sondern allein um den in systematischer Hinsicht bedeutsamen Aussagegehalt:

In einem abgeschlossenen Behälter ist eine Katze zusammen mit einer Tötungsvorrichtung eingesperrt. Diese Vorrichtung ist *zuverlässig*: wenn sie in Aktion tritt, stirbt die Katze (und bleibt irreversibel tot). Zudem ist sichergestellt, dass die Katze auf Tage hin am Leben bleibt, wenn die Vorrichtung *nicht* in Aktion tritt. Ob sie aber in Aktion tritt oder nicht, hängt *zuverlässig* (über einen geeigneten Mechanismus) davon ab, ob ein gewisses mikrophysisches Objekt H zum Zeitpunkt t_1 zerfallen ist oder nicht. Wenn H zu t_1 zerfallen ist, dann geht die Tötungsvorrichtung sofort in sehr rapide Aktion (und die Katze stirbt so gut wie augenblicklich); wenn hingegen H zu t_1 *nicht* zerfallen ist, dann tritt die Tötungsvorrichtung *nicht* in Aktion (und die Katze stirbt *nicht*). Offensichtlich stellt dieses Arrangement nichts anderes dar, als eine etwas aufwendige (nämlich mit dramatischem Effekt arbeitende) Messvorrichtung dafür, ob H zu t_1 zerfallen ist oder aber nicht. Sie ist einfach zu bedienen: Will man *messen,* dann macht man, „wenn alles vorbei ist" (also nach t_1), den Behälter einfach auf und schaut nach; ist die Katze tot, dann ist H als zu t_1 zerfallen gemessen worden (und zwar *korrekt gemessen* worden, gemäß der obigen Beschreibung dessen, wie die Messvorrichtung funktioniert); ist die Katze lebendig, dann ist H als zu t_1 nicht zerfallen gemessen worden (und zwar korrekt). Und eins von beiden muss die Katze ja sein, wenn man nachschaut: tot oder lebendig.

Auf die Katze kommt es im Übrigen sachlich nicht an. Dass sie im schrödingerschen Gedankenexperiment präsent ist, verdankt sich allein dem davon erwarteten Unterstreichungseffekt. Jede (auch nur gedankliche) Grausamkeit wird vermieden, wenn die Katze im Gedankenexperiment beispielsweise durch einen Zeiger (samt zugehörigem Mechanismus) mit zwei deutlich unterschiedenen möglichen Stellungen ersetzt wird. Es ist aber hervorzuheben, dass bei dieser erwogenen Ersetzung der Katze – und bei allen anderen Ersetzungen von ihr, die man erwägen mag – durchaus etwas gewahrt bleiben muss, wenn der Aussagehalt von *Schrödingers Katze* nicht verloren gehen soll: Das Anzeigeobjekt (die Katze, der Zeiger, etc.) – oder besser gesagt: die zwei alternativen einschlägigen Anzeigezustände (*tot* und *lebendig, links* und *rechts,* etc.) – muss *makrophysischer* Natur sein, oder genauer gesagt: etwas, das sich direkt wahrnehmen (ablesen) lässt. Siehe dazu weiter unten.

Wo ist nun das Paradox? Um auf den Weg zu ihm zu kommen, müssen wir uns fragen, was mit dem Zustand der Katze und des mikrophysischen Objekts H ist, *bevor* jemand den Behälter aufmacht, also solange sie *unbeobachtet* sind. Gehen wir davon aus, dass die Quantenphysik für das *unbeobachtete* (noch keine Beobachtungszeit habende) Objekt H das Ergebnis liefert, dass die (objektive, irreduzible) Wahrscheinlichkeit dafür, dass H zu t_1 zerfallen ist, 0,5 ist, und daher die Wahrscheinlichkeit dafür, dass H zu t_1 *nicht* zerfallen ist, ebenfalls 0,5 ist; die Wahrscheinlichkeitswerte mögen auf einer bestimmten Wellenfunktion ψ beruhen (die nicht näher beschrieben zu werden gebraucht). Wegen der beschriebenen Verbindung zwischen den Zuständen von H und der Katze ergibt sich daraus aber, dass, solange die Katze *unbeobachtet* ist, die Wahrscheinlichkeit dafür, dass die Katze zu einem gewählten Zeitpunkt t^* nach t_1 tot ist, genauso groß ist wie die Wahrscheinlichkeit dafür, dass sie zu t^* (nach t_1) lebendig ist, nämlich 0,5.

Das Paradox zeigt sich, wenn wir die eben gemachten Wahrscheinlichkeitsaussagen mit dem Beobachtungsbefund vergleichen, der eintreten wird, wenn man den Behälter nach t_1 und kurz vor t^* aufmacht und nachsieht. Der Wahrscheinlichkeitswert 0,5 hat sich dann mit einem Schlag verflüchtigt, und an seine Stelle sind die „trivialen" Wahrscheinlichkeitswerte 0 und 1 getreten, die eine definitive (nichtprobabilistische) Tatsache indizieren: Man wird nämlich entweder konstatieren, dass die Katze mit der Wahrscheinlichkeit 1 tot zu t^* ist und mit der Wahrscheinlichkeit 0 lebendig, oder aber, dass sie mit der Wahrscheinlichkeit 1 lebendig zu t^* ist und mit der Wahrscheinlichkeit 0 tot. Im ersteren Fall wird man dann folgerichtig konstatieren, dass H mit der Wahrscheinlichkeit 1 zu t_1 zerfallen und mit der Wahrscheinlichkeit 0 zu t_1 nicht zerfallen ist (d. h.: H ist dann als *zu* t_1 *zerfallen* gemessen worden); im letzteren Fall dagegen, dass H mit der Wahrscheinlichkeit 1 zu t_1 nicht zerfallen und mit der Wahrscheinlichkeit 0 zu t zerfallen ist (d. h.: H ist dann als *zu* t_1 *nicht zerfallen* gemessen worden). Die oben beschriebene *Teilung der Wirklichkeit* (nach den Teilungsgesichtspunkten *unbeobachtet* und *beobachtet*) ist also – im Nacheinander – manifest geworden. Das Paradoxe an dieser Teilung tritt nun aber *deshalb* im Gedankenexperiment von *Schrödingers Katze* mit besonderer Schärfe hervor, weil wir *vorderhand* – aus quantenphysikalischer Perspektive – eventuell bereit wären, jene Teilung für mikrophysische Zustände, wie die von H, zu akzeptieren, sie aber *vorderhand* – aus der Perspektive des gesunden Menschenverstandes – keineswegs auch für die makrophysischen Zustände der Katze hinnehmen wollen. Wir glauben nämlich vorderhand (und zwar sehr fest), dass die Katze *unbedingt – gleichgültig, ob beobachtet oder unbeobachtet* – entweder tot zu t^* oder lebendig ist, oder etwas komplizierter ausgedrückt: dass sie entweder mit der Wahrscheinlichkeit 1 tot zu t^* und mit der Wahrscheinlichkeit 0 lebendig, oder aber mit der Wahrscheinlichkeit 1 lebendig zu t^* und mit der Wahrscheinlichkeit 0 tot ist. Mit *dieser Auffassung* jedoch geraten wir in offenbaren Widerspruch zur Quantenphysik; denn wegen der Verfasstheit des oben beschriebenen Messarrangements folgt aus jener Auffassung – die in ihrer allgemeinen Form als *Alltagsrealismus* bezeichnet wird –, dass H *unbedingt – gleichgültig, ob beobachtet oder unbeobachtet* – entweder mit der Wahrscheinlichkeit 1 zu t_1 zerfallen und mit der Wahrscheinlichkeit 0 nicht zerfallen ist, oder aber mit der Wahrscheinlichkeit 1 zu t_1 nicht zerfallen und mit der Wahrscheinlichkeit 0 zerfallen ist; dass H also *gerade nicht,* solange es unbeobachtet ist, mit der Wahrscheinlichkeit 0,5 zu t_1 zerfallen und mit *derselben Wahrscheinlichkeit* zu t_1 nicht zerfallen ist. Halten wir aber, *umgekehrt,* an dieser letzteren Aussage fest, so müssen wir – wegen der Verfasstheit des Messarrangements – unseren bisherigen festen Glauben (im Sinne des Alltagsrealismus) aufgeben, dass die Katze *unbedingt – gleichgültig, ob beobachtet oder unbeobachtet* – entweder tot zu t^* oder lebendig ist. Solange sie *unbeobachtet* ist, müssen wir dann vielmehr von ihr annehmen, dass sie mit der Wahrscheinlichkeit 0,5 tot zu t^* ist und mit derselben Wahrscheinlichkeit zu t^* lebendig. – Es sieht mithin so aus, als ob wir uns entscheiden müssten, nämlich zwischen Quantenphysik einerseits und Alltagsrealismus andererseits. Dabei hätten wir doch viel lieber *beides.*

Der Kern von *Schrödingers Katze* – die zentrale Idee dieses Gedankenexperiments, welches das Problem der Wirklichkeitsteilung auf die Spitze treibt – besteht darin, eine Situation vorzustellen, in der zum einen die augenscheinlich quantenphysikalisch geforderte Teilung der physischen Wirklichkeit in zwei *ontologisch* verschiedene Hälften präsentiert wird, in der es aber zum anderen (durch die Besonderheiten der vorgestellten Situation) aus lebensweltlicher Perspektive unmöglich ist, diese Teilung aufrechtzuerhalten. Dabei kommen in jenem Gedankenexperiment tatsächlich zwei Paare von Teilungsgesichtspunkten zur Geltung: nicht nur das Paar *beobachtet/unbeobachtet,* sondern auch das Paar *mikrophysisch/makrophysisch.* Diese zwei Paare von Teilungsgesichtspunkten werden in *Schrödingers Katze* miteinander verschränkt. Gemäß der Quantenphysik, so scheint es, hat die unbeobachtete physische Welt einen anderen ontologischen Charakter als die beobachtete: Kurz gesagt, der unbeobachtete Teil der physischen Welt hat den ontologischen Charakter U(nbestimmt), und der beobachtete Teil den ontologischen Charakter B(estimmt).

Man wird davon ausgehen, dass der eine ontologische Charakter genau dann vorliegt, wenn der andere nicht vorliegt. Das ist gewährleistet, wenn U für *in manchen Punkten unbestimmt* steht und B für *in allen Punkten bestimmt*. Hiernach liegt U in der Tat genau dann vor, wenn B nicht vorliegt, und B genau dann, wenn U nicht vorliegt.

Durch die Besonderheiten der in *Schrödingers Katze* vorgestellten Situation verhält es sich nun so, dass ein Ausschnitt der *mikrophysischen Welt* – nämlich das Objekt H und dessen Zustände *Zu*-t_1-*zerfallen* und *Zu*-t_1-*nicht*-zerfallen – zu der Zeit τ den Charakter U bzw. B genau dann hat, wenn ein Ausschnitt der *makrophysischen Welt* – nämlich die Katze und deren Zustände *Tot-zu*-t* und *Lebendig-zu*-t* – diesen selben Charakter U bzw. B zu τ hat. Das führt jedoch, so wie die Dinge einstweilen stehen, zu einem Widerspruch, da wir einstweilen davon ausgehen (im Sinne der Quantenphysik), dass der genannte Ausschnitt der mikrophysischen Welt – kurz: T_{mikro} – *einmal* den Charakter U hat (nämlich solange er unbeobachtet ist), *und* zugleich davon ausgehen (im Sinne des Alltagsrealismus), dass der genannte Ausschnitt der makrophysischen Welt – kurz: T_{makro} – *immer* den Charakter B hat (gleichgültig, ob beobachtet oder nicht), also *niemals* den Charakter U.

Ansätze zur Lösung des *Problems der Wirklichkeitsteilung* gibt es viele. Alle von diesen Ansätzen müssen sich an *Schrödingers Katze* bewähren. Es zeigt sich, dass keiner der Ansätze voll und ganz befriedigen kann, was das Problem der Wirklichkeitsteilung – insbesondere das Messproblem – zum gegenwärtig meistdiskutierten philosophischen Problem der Quantenphysik macht. Die folgenden fünf Lösungsansätze sind die wichtigsten (auf sie folgt ein eigener Vorschlag):

1. Der Einstein-Ansatz

Dieser Ansatz will dem Widerspruch dadurch entgehen, dass schlicht geleugnet wird, T_{mikro} habe jemals den ontologischen Charakter U. In Wahrheit habe T_{mikro} stets denselben ontologischen Charakter, den T_{makro} stets hat, nämlich den Charakter B. Allgemein geht der Einstein-Ansatz davon aus, dass die beobachtungsrelative Wirklichkeitsteilung in Wahrheit gar nicht vorhanden sei, sondern nur eine durch die Inadäquatheit unserer Auffassung der mikrophysischen Wirklichkeit konstituierte Illusion darstelle. Im Gegenteil habe die *gesamte* physische Wirklichkeit, ob beobachtet oder nicht, immer den ontologischen Charakter B. Gemäß dem Einstein-Ansatz stellen Wahrscheinlichkeitsaussagen über das unbeobachtete mikrophysische Objekt H, sofern dabei andere Wahrscheinlichkeitswerte als 0 oder 1 ins Spiel kommen, keine die unbeobachtete Wirklichkeit adäquat beschreibenden Aussagen dar, sondern verdanken sich (wie die gesamte Quantenphysik, so wie sie ist) nur unserer einstweiligen (womöglich aber doch unabänderlichen) Unwissenheit hinsichtlich der wahren – nämlich ganz und gar deterministischen – physikalischen Verhältnisse.

Einsteins fester Glaube an die vollständige ontologische Bestimmtheit der physischen Wirklichkeit in Personalunion mit dem Determinismus hat freilich nur wenige überzeugen können, zumal sich auch auf längere Sicht keine neuen Fakten gefunden haben, welche die Korrektheit dieses Glaubens hätten substantiieren können.

2. Der Kopenhagener Ansatz

Dieser Ansatz will dem Widerspruch dadurch entgehen, dass bestritten wird, die Aussagen „T_{mikro} hat den ontologischen Charakter U bzw. B“ und „T_{makro} hat den ontologischen Charakter B bzw. U“ seien (wissenschaftlich) sinnvoll, solange T_{mikro} bzw. T_{makro} unbeobachtet ist (noch keine Beobachtungszeit hat). Ein ontologischer Charakter lasse sich T_{mikro} und T_{makro} sinnvoll nur dann zuschreiben, wenn sie *beobachtet* sind (schon eine Beobachtungszeit haben), und dieser Charakter sei dann stets der der Bestimmtheit: B. Das Problem der Wirklichkeitsteilung wird hier also dadurch gelöst, dass es sich nicht als (wissenschaftlich) sinnvolles Problem formulieren lässt; denn für seine Formulierung ist *wesentlich*, dass dem *unbeobachteten* T_{mikro} der Charakter U zugeschrieben wird, solange es unbeobachtet ist. In diesem Sinne dürfen gemäß dem Kopenhagener Ansatz (der an der *Kopenhagener Deutung* der Quantenphysik ausgerichtet ist) die Wahrscheinlichkeitsaussagen bzgl. des mikrophysischen Objektes H, wenn es unbeobachtet ist, nicht als Aussagen über eine unbeobachtete Realität verstanden werden (während sie nach dem Einstein-Ansatz *sehr wohl* so verstanden werden dürfen, aber als Aussagen über jene unbeobachtete Realität, welche *deskriptiv inadäquat* sind, und zwar in durchaus ähnlicher Weise deskriptiv inadäquat, wie es *Durchschnittsaussagen* – z. B. „die durchschnittliche Kinderzahl einer deutschen Frau im Jahre 2003 ist 1,34" – angesichts der ihnen zugrunde liegenden Realität sind). Die Aussage, die Wahrscheinlichkeit dafür, dass H zu t_1 zerfällt, sei 0,5, besage vielmehr *recht besehen* nur dies: die Wahrscheinlichkeit, dass H als zu t_1 zerfallen *in seiner Beobachtungszeit gemessen wird*, ist 0,5 – *wobei* nun wiederum der begriffliche Gehalt der gemeinten Wahrscheinlichkeit vollkommen erschöpft sein soll durch die relativen Häufigkeiten von Messergebnissen bei wiederholter, sehr häufiger Ausführung des Experiments. Hiernach besagt die zuletzt angeführte Wahrscheinlichkeitsaussage *nur dies*: in 50% der sehr vielen Ausführungsfälle wird das H-Objekt (d. h.: das jeweilige mikrophysische Objekt, das die Rolle von H spielt) als zum t_1-Zeitpunkt (d. h.: zum jeweiligen Zeitpunkt, der die Rolle von t_1 spielt) zerfallen gemessen.

Es ist nur konsequent, wenn beim Kopenhagener Ansatz *beiden* Ausschnitten der physischen Wirklichkeit – T_{mikro} *und* T_{makro} – abgesprochen wird, dass man über sie (wissenschaftlich) sinnvolle Aussagen machen kann, solange sie unbeobachtet sind. Jedoch hat der *Positivismus* gegenüber dem Alltagsrealismus in Bezug auf das *unbeobachtete Makrophysische* noch nie auf Dauer und im nennenswerten Umfang überzeugen können. *Andererseits* würde eine Einschränkung der Sinnlosigkeitsthese auf Aussagen über das *unbeobachtete Mikrophysische* dem Kopenhagener Ansatz einen kaum von der Hand zu weisenden Charakter des Willkürlichen und *ad hoc* Zurechtgemachten verleihen.

3. Der Standardansatz

Sowohl der Einstein-Ansatz als auch der Kopenhagener Ansatz zur Lösung des Problems der Wirklichkeitsteilung lässt einen Anspruch der Quantenphysik, eine adäquate Beschreibung auch der *unbeobachteten* Natur zu sein, *nicht gelten*. Hingegen sind gemäß dem gegenwärtigen (auf John von Neumann zurückgehenden) Standardansatz zur Lösung jenes Problems die quantenphysikalischen Wahrscheinlichkeitsaussagen bzgl. des mikrophysischen Objekts H, wenn es unbeobachtet ist: dass es mit der Wahrscheinlichkeit 0,5 zu t_1 zerfallen ist und mit derselben Wahrscheinlichkeit zu t_1 *nicht* zerfallen ist, (wissenschaftlich) *sinnvolle Aussagen über eine unbeobachtete Realität* und zudem *deskriptiv adäquate* derartige Aussagen. Der Standardansatz unterscheidet sich also grundlegend sowohl vom Einstein-Ansatz als auch vom Kopenhagener Ansatz (welcher früher einmal *der Standardansatz* war). Gemäß dem Standardansatz wird demnach akzeptiert (als wahre und mithin sinnvolle Aussage), dass T_{mikro} den ontologischen Charakter U hat, solange es unbeobachtet ist. Die übliche Ausdrucksweise ist hier, dass T_{mikro}, solange es unbeobachtet ist, „verschmiert" sei, eine *Superposition* (Überlagerung) zweier Zustände darstelle, nämlich der Zustände *Zu*-t_1-*zerfallen* und *Zu*-t_1-*nicht-zerfallen* an H. Was dann bestritten wird, um dem Widerspruch zu entgehen, zu dem *Schrödingers Katze* führt, ist, dass T_{makro} im Gegensatz zu T_{mikro} stets den ontologischen Charakter B habe. Vielmehr habe T_{makro}, *solange es unbeobachtet ist*, ebenfalls den ontologischen Charakter U; auch T_{makro} sei, solange es unbeobachtet ist, „verschmiert", eine Superposition zweier Zustände, nämlich der Zustände *Tot-zu*-t* und *Lebendig-zu*-t* an der Katze. Mit einem gewissen Hang zum Sensationellen wird der angenommene, gemäß dem vorausgesetzten Arrangement *korrelierte* Superpositionscharakter von T_{mikro} und T_{makro} in ihrer Unbeobachtetheit manchmal wie folgt zum Ausdruck gebracht: H sei, solange es unbeobachtet ist, *sowohl* zu t_1 zerfallen *als auch* nicht zerfallen; die Katze sei, *korrelativ dazu*, solange sie unbeobachtet ist, *sowohl* tot zu t* *als auch* lebendig zu t*. Mit größerem Recht, vielleicht, könnte man sagen, H sei, solange es unbeobachtet ist, *weder* zu t_1 zerfallen *noch* nicht zu t_1 zerfallen; die Katze sei, *korrelativ dazu*, solange sie unbeobachtet ist, *weder* tot zu t* *noch* lebendig zu t*. Ob man aber die sachlich eigentlich allein angemessenen, oben schon angegebenen 0,5-zu-0,5-Wahrscheinlichkeitsaussagen verwendet oder die eben referierten, nur metaphorisch brauchbaren (sind sie doch, wörtlich genommen, allesamt *logisch falsch*) – es bleibt bei der erstaunlichen (ja, angesichts des Kontrasts zwischen Vorher und Nachher sozusagen Schwindel erregenden) Tatsache, dass man die Katze, wenn man den Behälter kurz vor t* aufmacht und nachsieht, auf einmal *entweder* als tot zu t* *oder* als lebendig zu t* vorfinden wird, und mithin H im ersten Fall als zu t_1 zerfallen eindeutig festgestellt ist, im zweiten Fall dagegen als zu t_1 nicht zerfallen. Zur Erklärung dieser schlagartigen Wandlung der ontologischen Lage hat der Standardansatz zur Lösung des Problems der Wirklichkeitsteilung im Endeffekt nur ein Schlagwort anzubieten: *der* [*beobachtungsbedingte*] *Kollaps der* [die von 1 und 0 verschiedenen Wahrscheinlichkeiten generierenden] *Wellenfunktion* [ψ].

Wie sachlich inadäquat diese Ausdrucksweise ist – als redete man von einem gewissen *herbeigeführten* Ereignis –, wird deutlich, wenn man sich überlegt, *wann* denn im betrachteten Fall „der Kollaps der Wellenfunktion" durch den Akt des Beobachtens verursacht sein müsste. Doch zu *Anfang der Beobachtungszeit,* welcher Anfang in unmittelbarer Nähe des *Zeitpunkts des Beobachteten,* also des Zeitpunkts t* ist – welcher Zeitpunkt nun aber *nach* t_1 ist, *recht lange* nach t_1, wenn wir wollen. Es ist unplausibel, dass der Akt des Beobachtens bewirkt hat, dass die Katze tot zu t* bzw. lebendig zu t* ist; es ist *erst recht* unplausibel – angesichts der dabei unvermeidlich anzusetzenden zeitlich rückwärts gerichteten Kausalität –, dass der Akt des Beobachtens bewirkt hat, dass H zu t_1 zerfallen ist bzw. zu t_1 nicht zerfallen ist. Das eine oder das andere müsste der Akt des Beobachtens aber doch zu Anfang der Beobachtungszeit bewirkt haben, wenn er denn „den Kollaps der Wellenfunktion" zu Anfang der Beobachtungszeit *herbeigeführt* hätte.

Wie den beiden vorherigen Ansätzen gelingt es auch dem Standardansatz *in seiner Weise*, dem Widerspruch, zu dem *Schrödingers Katze* führt, zu entgehen – freilich nun auf Kosten des Alltagsrealismus, der in sensationeller Weise in seiner Gültigkeit beschränkt wird. Der Standardansatz *löst* jedoch keineswegs das Problem der Wirklichkeitsteilung (auch nicht in einem sozusagen *eskapistischen Sinn*, wie es die beiden vorausgehenden Ansätze tun); er unterstreicht es vielmehr *dick*. Die Rede vom „*Kollaps* der Wellenfunktion", wenn auch *sachlich* irreführend – die nüchterne Bezeichnung „*Reduktion* der Wellenfunktion" ist sachlich vorzuziehen –, dramatisiert doch immerhin schlagend die Größe des ontologischen Kontrasts, der das Thema jenes Problems ist, sowie die Plötzlichkeit seiner Manifestation im Wechsel des Beobachtungsstatus. Zudem entzieht sich die *Reduktion der Wellenfunktion* – ihr „Kollaps" – ganz und gar der quantenphysikalischen Beschreibung.

Das bedeutet: Die Reduktion von ψ lässt sich aufgrund von ψ nicht vorhersagen, auch nicht probabilistisch, während ja das, was nach der Reduktion zu Tage liegt (das Beobachtungsresultat), aufgrund von ψ probabilistisch (mit der und der Wahrscheinlichkeit) vorhersagbar ist. Gelegentlich wird dieser Sachverhalt wie folgt beschrieben: Die Wellenfunktion ψ entwickle sich *deterministisch*, während ihre Reduktion ein *vollkommen indeterministischer* Vorgang sei. Das darf nicht zu der falschen Auffassung verleiten, eine Wellenfunktion sei im selben Sinne deterministisch wie eine klassische Bewegungsfunktion, die in Abhängigkeit von den Zeitpunkten eines gewissen Zeitintervalls für ein Teilchen x dessen determinierten Ortspunkt zu jedem dieser Zeitpunkte liefert. Vielmehr betrifft der *Determinismus der Wellenfunktion* wesenhaft nur Wahrscheinlichkeitswerte: Eine Wellenfunktion liefert, via Werte der Wahrscheinlichkeitsdichte, determinierte Wahrscheinlichkeitswerte (und meistenteils andere als 0 und 1) – das ist alles.

Und wie es scheint, entzieht sich die Reduktion der Wellenfunktion *überhaupt jeder* rein physikalischen Beschreibung. Dadurch hat der Standardansatz, zu dem die Reduktion der Wellenfunktion wesentlich dazugehört, in nicht geringem Ausmaß zu einer Entphysikalisierung (Mystifizierung, meinen manche) des Problems der Wirklichkeitsteilung beigetragen – bis zu dem Punkt, dass *die Bestimmtheit* der beobachteten physischen Wirklichkeit – sie selbst in ihrer Bestimmtheit – als durch das menschliche Bewusstsein hervorgebracht angesehen wurde (so insbesondere von dem Physiker Eugene Wigner in einer Arbeit von 1962).

4. Der Everett-Ansatz

Der Everett-Ansatz – auch bekannt als *Viele-Welten-Ansatz* – versucht, gegenüber den Fragwürdigkeiten des Standardansatzes Abhilfe zu schaffen. Er hat jedoch mit dem Standardansatz eine grundsätzliche Weichenstellung gemeinsam in Reaktion auf *Schrödingers Katze* – auf diese antinomisch zugespitzte Fassung des Problems der Wirklichkeitsteilung –, nämlich die Zuschreibung des ontologischen Charakters U *sowohl* an T_{mikro} *als auch* an T_{makro} *bei Unbeobachtetheit* (während der Einstein-Ansatz beiden Bereichen auch bei Unbeobachtetheit den Charakter B zuschreibt, der Kopenhagener Ansatz dagegen, solange sie unbeobachtet sind, es nicht für sinnvoll erachtet, ihnen B *oder* U zuzuschreiben) sowie das *Ernstnehmen* der zugehörigen Wahrscheinlichkeitsaussagen als adäquate Beschreibungen einer unbeobachteten Realität.

Der Viele-Welten-Ansatz wurde zuerst 1957 von Hugh Everett III vorgetragen. Nach diesem Ansatz ist die augenscheinliche sich wandelnde ontologische U-B-Teilung (in quantenphysikalischer Perspektive) der physischen Wirklichkeit *das,* was dem Beobachter allein merklich ist von den Ergebnissen einer fortschreitenden Verzweigung der Wirklichkeit (mit Unbestimmtheit in gewissen Hinsichten) in *viele Wirklichkeiten* (ohne Unbestimmtheit in jenen Hinsichten) durch Akte der Beobachtung. Wenn einer von *uns* (stellvertretend für uns alle) den Behälter öffnet und zu τ' dies vorfindet: die

Katze ist tot zu t*,[17] dann hat sich die zuvor gegebene 0,5-0,5-Wirklichkeit W – nämlich einerseits mit der 0,5-Wahrscheinlichkeit *Katze tot zu* t* *und* H *zu* t_1 *zerfallen* und andererseits mit der 0,5-Wahrscheinlichkeit *Katze lebendig zu* t* *und* H *zu* t_1 *nicht zerfallen* – in *zwei* verschiedene diesbezügliche 1-Wirklichkeiten aufgespalten: zum einen in die Wirklichkeit W_1 mit der 1-Wahrscheinlichkeit *Katze tot zu* t* *und* H *zu* t_1 *zerfallen und Katze zu* τ′ *als tot zu* t* *(korrekt) beobachtet und* H *zu* τ′ *als zu* t_1 *zerfallen (korrekt) gemessen*, und zum anderen in die Wirklichkeit W_2 mit der 1-Wahrscheinlichkeit *Katze lebendig zu* t* *und* H *zu* t_1 *nicht zerfallen und Katze zu* τ′ *als lebendig zu* t* *beobachtet und* H *zu* τ′ *als zu* t_1 *nicht zerfallen gemessen*. Die Wirklichkeiten W_1 und W_2 – von denen freilich *nur eine*, die *unsre*, die Wirklichkeit *der für uns relevanten Beobachter* ist (nämlich W_1) und insofern allein als *die (für uns relevante) Wirklichkeit* gilt – werden nun aber ihrerseits ihre eigenen Unbestimmtheiten haben, die durch weitere beobachtungsbedingte Verzweigungen (etwa in die Wirklichkeiten W_{11} und W_{12}, bzw. W_{21} und W_{22}) in *aufgeteilte Bestimmtheiten* übergehen.

Gegenüber dem Standardansatz hat der Everett-Ansatz den Vorteil, dass er wenigstens *gewissermaßen* eine Erklärung für die beobachtungsbedingte schlagartige Wandlung des ontologischen Charakters von (beispielsweise) T_{mikro} bietet – also dafür, dass das U von T_{mikro}, sobald es unter Beobachtung steht, umschlägt in B. Der Everett-Ansatz beseitigt zudem den Eindruck der Willkürlichkeit – der absoluten Zufälligkeit – der inhaltlichen Ausformung der Bestimmtheit von T_{mikro}. Warum gerade *diese* Ausformung, kann man fragen, wenn doch die Alternative dazu mit der gleichen Wahrscheinlichkeit (0,5) die Unbestimmtheit von T_{mikro}, solange es unbeobachtet war (keine Beobachtungszeit hatte), mitausmachte? Gemäß dem Everett-Ansatz lässt sich antworten: „Die Frage erübrigt sich. Denn die fragliche Alternative ist *ebenfalls* realisiert: in einer Wirklichkeit,

---

[17] τ′ ist in unmittelbarer Nähe zu t*; τ′ (der Zeitpunkt des Beobachtens) und t* (der Zeitpunkt des Beobachteten) dürfen aber nicht ohne weiteres miteinander identifiziert werden.

die nicht weniger real ist als die *unsre,* also als diejenige Wirklichkeit, der *wir* [= die für uns relevanten Beobachter] angehören."

Gegen den Everett-Ansatz spricht aber, dass die angebotene Erklärung des beobachtungsbedingten Umschlagens des ontologischen Charakters eben doch nur eine *Erklärung gewissermaßen* ist. Denn es bleibt ungeklärt, warum Akte des Beobachtens per se zu einer Verzweigung der Wirklichkeit führen (nicht weniger ungeklärt, als weshalb gemäß dem Standardansatz Akte des Beobachtens per se einen „Kollaps der Wellenfunktion" bedingen), ganz abgesehen davon, dass die Annahme einer derartigen Verzweigung den Anstrich des vollkommen Phantastischen hat – und keinerlei empirische Empfehlungen auf ihrer Seite (sind doch die abgezweigten Wirklichkeiten nach der Verzweigung ohne jeden kausalen Kontakt zu *unserer* Wirklichkeit, von der sie sich abgezweigt haben).

Dass eine Theorie „ontologisch üppig" ist (was vom Everett-Ansatz ja gewiss gilt), ist für sich genommen noch kein Grund, der gegen ihre Wahrheit spricht. Die Regel der ontologischen Sparsamkeit – bekannt als „Ockhams Rasiermesser" – besagt ja nur, dass die Menge der Entitäten nicht über *das notwendige Maß* hinaus vermehrt werden darf, und lässt dabei völlig offen, was *das notwendige Maß* ist. Im Falle des Everett-Ansatzes kann man aber wohl sagen: er scheint *das notwendige Maß* (wenn dies *das wahrheitsnotwendige Maß* sein soll) tatsächlich zu überschreiten.

5. Der Dekohärenz-Ansatz

Gemäß dem Dekohärenz-Ansatz ist die Unterscheidung *unbeobachtet/beobachtet* beim Problem der Wirklichkeitsteilung und bei Schrödingers Katze *irrelevant* (und, weil von ihr trotzdem Gebrauch gemacht wird, *irreführend*). Die einzige Unterscheidung, auf die es ankommt, sei vielmehr die Unterscheidung zwischen *mikrophysisch* und *makrophysisch.* Der relevante Ausschnitt der makrophysischen Wirklichkeit T_{makro} – hier: die Katze und ihre Makrozustände – besteht aus Abermilliarden von Teilchen, die mit den Teilchen der Umgebung fortwährend individuell interagieren. Aufgrund dessen lässt sich mit T_{makro} keine Wellenfunktion verbinden, die für T_{makro}

länger als eine von 0 ununterscheidbare Dauer *zuständig* wäre. Das bedeutet jedoch, dass T_{makro} mit zeitlicher Dauer nur der ontologische Charakter B zugeschrieben werden kann, da der ontologische Charakter U an das Vorliegen einer Wellenfunktion geknüpft ist.

Wellenfunktionen sind normalerweise nicht unbegrenzt lang für ein physisches Objekt *zuständig*, sondern folgen gegebenenfalls einander (zuständigkeitshalber) am selben Objekt. Die Dauer der Zuständigkeit einer Wellenfunktion für ihren Träger bemisst sich danach, wie lange ihr Träger in seiner zeitlichen Entwicklung *isoliert*, d. h. *ungestört* bleibt; nach einer Störung (etwa der Begegnung mit einem anderen Teilchen) ist, sofern die weitere zeitlich Entwicklung wieder ungestört verläuft, eine neue Wellenfunktion für den fraglichen Träger zuständig. Aber für einen makrophysischen Giganten, wie es eine Katze oder der Zeiger eines Messgeräts ist, muss die Dauer der Zuständigkeit jeder Wellenfunktion mit diesem Träger (ψ_{Gigant}, ψ'_{Gigant}, ψ''_{Gigant}, etc.) wegen des fortwährenden Gestörtseins ihres Trägers (durch das fortwährende Gestörtsein von Abermilliarden der Teilchen, aus denen er besteht) unausbleiblich 0 sein oder jedenfalls von 0 ununterscheidbar.

Genauer gesagt handelt es sich bei den Zuständen, die T_{makro} im Laufe der Zeit erkennbar annimmt, ausschließlich um eine *Mischung definiter (nichtprobabilistischer) Zustände*. Was bedeutet das? Für das Folgende ist es zunächst erforderlich, sich unter T_{makro} nicht die tote oder lebendige Katze, sondern einen makroskopischen Zeiger (samt Mechanismus) mit zwei möglichen Stellungen – ⫰ oder ⫯ – vorzustellen: erforderlich deshalb, weil der Zeiger, auch wenn er einmal auf ⫰ steht, wieder verwendbar ist, die Katze, wenn sie einmal *tot* ist, aber nicht. Jene erwähnte Mischung kann dann beispielsweise so aussehen, dass T_{makro} in 50% der experimentellen Durchgänge am Ende den Zustand ⫰ annimmt und in 50% den Zustand ⫯. Zu keiner Zeit aber kann T_{makro} ein *Superpositionszustand* zugeschrieben werden, etwa dieser: mit der Wahrscheinlichkeit 0,5 ⫰ zu t* und mit der Wahrscheinlichkeit 0,5 ⫯ zu t*. Ein Zustand von der eben genannten Art, ein Superpositionszustand, kann nur dem *isolierten* T_{mikro} – dem mikrophysischen Objekt H und, bei der jetzt betrachteten *mehrfachen* Ausführung des Experiments, seinen isolierten Dubletten H′, H′′, H′′′, etc. – zugeschrieben werden (und zwar *solange* T_{mikro} isoliert ist), nämlich beispielsweise der folgende Zustand: mit der Wahrscheinlichkeit 0,5 zu t_1 [t_1', t_1'', etc.] zerfallen und mit der Wahrscheinlichkeit 0,5 zu t_1 nicht zerfallen.

Es ist bedeutsam, dass die statistische Zusammensetzung von Mischungen von *definiten Zuständen* (B-Zuständen, nichtprobabilistischen Zuständen) der einzige empirische Hinweis auf das Vorkommen von *indefiniten Zuständen* – Superpositionszuständen (U-Zuständen, probabilistischen Zuständen) – ist. Das legt die Frage nahe: Gibt es die Superpositionszustände – die indefiniten Zustände – womöglich überhaupt nicht (da sie doch nur *theoretisch erschlossen* sind)? Gegen eine Bejahung dieser zweifelnden Frage sprechen jedoch die Erscheinungen bei Doppelspaltexperimenten mit Elektronen. Auch da hat man es empirisch nur mit einer Mischung von definiten Zuständen zu tun, nämlich mit den Einschlägen des Elektrons y und seiner nachfolgenden Dubletten y′, y′′, usw. auf der Detektorplatte, deren Verteilung auf der Fläche schließlich als Interferenzmuster erscheint. Doch ohne die Annahme von Superpositionszuständen für die den Doppelspalt passierenden Elektronen erscheint dieses Interferenzmuster – d. h.: *diese* statistische Zusammensetzung der nun einschlägigen Mischung definiter Zustände – nicht gut begreiflich (seltsame Kommunikationswege zwischen den einzelnen Elektronen – nach dem Muster „Du bist dort eingeschlagen. Jetzt muss ich hier einschlagen" – wird man ja nicht annehmen wollen). Freilich werden die Superpositionszustände jener Elektronen – und andere Superpositionszustände – oft irreführend sensationell charakterisiert. Beispielsweise wird manchmal gesagt, dass beim Doppelspaltexperiment, das zum Interferenzmuster führt, jedes hindurch kommende Elektron *durch beide Spalte zugleich geht.* Richtig ist die nüchterne Wahrscheinlichkeitsaussage, dass jedes den Doppelspalt zu t_e passierende Elektron bei geeigneter Positionierung der Elektronenquelle mit der Wahrscheinlichkeit 0,5 zu t_e durch den Spalt 1 und mit derselben Wahrscheinlichkeit zu t_e durch den Spalt 2 geht, *ohne dass* diese probabilistische Aussage durch eine nichtprobabilistische (deterministische) ersetzt werden könnte.

Wenn nun aber der relevante Teil der mikrophysischen Wirklichkeit, T_{mikro}, mit T_{makro} in Kontakt kommt – wie es bei jedem Messvorgang unvermeidlich ist, *gleichgültig*, ob ein Beobachter dabei ist oder nicht –, so führt das unvermeidlich dazu, dass T_{mikro}, weil es in T_{makro} verwickelt wird, in kürzester Zeit (also dem Anschein nach *sprunghaft, schlagartig*) ebenfalls den ontologischen Charakter B annimmt. Dieser Vorgang – der rasche Zerfall des Superpositionszustands, in dem sich ein System (hier T_{mikro}) zuvor befand – wird als *Dekohärenz* bezeichnet. Dekohärenz ist, wenn man so will, der „Kollaps der Wellenfunktion" – mit dem Unterschied zum Standardansatz, dass der „Kollaps" nun nicht per se mit Beobachtung zu tun hat, aber per se rein physikalisch verständlich ist. Gleichwohl hat T_{mikro} laut dem Dekohärenz-Ansatz den Charakter U, solange es von seiner Umgebung, und mithin von T_{makro}, *isoliert* bleibt, also solange *seine Dekohärenz* nicht eintritt (es nicht *dekohärent* wird, was T_{makro} hingegen schon immer ist; die Dekohärenz von T_{makro} – so stellen sich die Dinge uns dar – ist sozusagen zu jedem Zeitpunkt soeben vollendet).

Es ist ersichtlich, dass der Dekohärenz-Ansatz, *unter völliger Umgehung des Beobachtungsbegriffs,* sowohl dem Alltagsrealismus als auch der Quantenphysik (teilweise) Recht geben will: Der Alltagsrealismus ist bei der Verleihung des ontologischen Charakters B an ein beliebiges makrophysisches System im Recht, und darüber hinaus auch bei der Verleihung desselben Charakters B an ein mikrophysisches System, wenn es von einem gegebenen makrophysischen System *nicht isoliert* ist. Die Quantenphysik hingegen ist bei der Verleihung des ontologischen Charakters U an ein (hinreichend einfaches) mikrophysisches System im Recht, solange es von jedem makrophysischen System *isoliert* ist (wobei die Aussagen der Quantenphysik unter geeigneten Bedingungen statistische Konsequenzen für ein makrophysisches System in dem Fall haben, dass es von dem mikrophysischen System nicht mehr isoliert ist).

Zwei erläuternde Bemerkungen hierzu:

(1) Die eben gemachten Aufteilungsaussagen dürfen nicht so verstanden werden, dass die Quantenphysik gemäß dem Dekohärenz-Ansatz als in der makrophysischen Welt falsifiziert gilt; vielmehr gilt sie *auch gemäß dem Dekohärenz-Ansatz* für die makrophysische Welt genauso wie für die mikrophysische (also für die gesamte physische Welt), sie hat aber in der makrophysischen Welt in einem gewissen Sinne keine *Anwendung*: Man kann makrophy-

sischen Systemen wegen ihrer fortwährenden Gestörtheit durch ihre Umgebung und durch die innere Bewegtheit ihrer unzähligen Komponenten keine Wellenfunktionen zuordnen.

(2) Da *isoliert* immer mit *unbeobachtet* verbunden ist und *beobachtet* immer mit *nicht isoliert,* ist erklärlich, warum man glauben konnte, der Beobachtungsbegriff spiele beim Problem der Wirklichkeitsteilung eine entscheidende Rolle.

Vielen Theoretikern erscheint der Dekohärenz-Ansatz als der relativ beste Ansatz zur Lösung des Problems der Wirklichkeitsteilung, *Schrödingers Katze* inklusive. Aber man darf nicht verkennen, dass auch dieser Ansatz seinen Preis hat. Der Preis bemisst sich durch den Grad an Plausibilität *derjenigen Annahme* aus *Schrödingers Katze,* die der Dekohärenz-Ansatz (jenem Plausibilitätsgrad entgegen) leugnet, um dem Widerspruch zu entgehen, zu dem *Schrödingers Katze* führt. Es ist die Annahme, dass das mikrophysische Objekt H und die makrophysische Katze unter der Bedingung des Nichtbeobachtetseins in solcher Weise zustandskorreliert sind (durch einen geeigneten Mechanismus), dass der ontologische Charakter U zu der Zeit τ genau dann hinsichtlich der Katze und ihren Zuständen *Tot-zu-*t^* und *Lebendig-zu-*t^* vorliegt, wenn er zu τ hinsichtlich H und dessen Zuständen *Zu-*t_1*-zerfallen* und *Zu-*t_1*-nicht-zerfallen* vorliegt. Diese Annahme sieht der Dekohärenz-Ansatz als falsch an: Die Katze und die genannten Zustände von ihr haben gemäß diesem Ansatz stets den Charakter B (für das Gegenteil fehle jeder Anhaltspunkt) – während H und die genannten Zustände von ihm immerhin zeitweise den Charakter U haben (wie, laut Voraussetzung, die Quantenphysik sagt). Generell geht der Dekohärenz-Ansatz davon aus, dass *Unbestimmtheitskopplungen* zwischen makrophysischer Welt und mikrophysischer Welt nicht vorkommen – einfach deshalb nicht, weil alle makrophysischen Objekte mit ihren Eigenschaften aufgrund von Dekohärenz *stets* den Charakter B haben (während wenigstens manche mikrophysische Objekte und deren Eigenschaften wenigstens zeitweise den Charakter U haben).

Allerdings kann man durchaus fragen, ob unter besonderen Bedingungen Makrophysisches mit dem Charakter U nicht doch vorkommt, und zwar – als ein Werk der Technik oder von Natur aus – *eingebunden* in Makro-Mikro-Unbestimmtheitskopplungen. Für den Dekohärenz-Ansatz wäre dies fatal; Erwin Schrödinger aber hat dergleichen jedenfalls nicht ausgeschlossen (sonst hätte er das Katzenparadoxon wohl kaum formuliert).

Nach dieser Darstellung von fünf Lösungsansätzen für das *Problem der Wirklichkeitsteilung* (und *Schrödingers Katze*) dürfte es hilfreich sein, sich bei diesem Problem an den Gemeinplatz zu erinnern, *dass die physische Welt anders aussieht, als sie an sich ist,* obwohl zugleich eben *das Aussehen* der physischen Welt (also wie sie sich uns in der Erfahrung – der unmittelbaren oder der messtechnisch vermittelten – präsentiert) unser einziger, nicht unserer theoretischen Willkür und Phantasie unterliegender Zugang dazu ist, wie jene Welt *an sich ist.* Das ist ein Gemeinplatz – aber einer, der auch ohne die Berücksichtigung der Quantenphysik erkenntnistheoretisch nicht ganz leicht zu durchleuchten ist. Im Rahmen der klassischen Physik nahm man an, dass Beobachtung und Messung – die sich ipso facto der physischen Welt, *so wie sie aussieht,* widmen – der physischen Welt, *so wie sie an sich ist,* ins Unendliche angenähert werden können (und sei es auf verschlungenen Pfaden). Doch mit der Heraufkunft der Quantenphysik musste die 2. Fundamentalsupposition der klassischen Physik – *die der beliebigen Steigerbarkeit der Wahrheitsnähe der Messungen* – aufgegeben werden. Zudem: Im Rahmen der Quantenphysik weist die physische Welt, *so wie sie aussieht,* in einem solchen Ausmaß und in einer derart der Ausbildung von Vorstellungen abholden Weise nur mehr durch statistische Daten auf die physische Welt, *so wie sie an sich ist,* hin, dass man an die 4. Fundamentalsupposition der klassischen Physik – *die der letztlich eindeutigen Objektivierbarkeit der Beobachtungen* – nicht mehr recht glauben mag (*anders* als seinerzeit bei der Statistischen Mechanik).

Die Differenz zwischen der physischen Welt, *wie sie aussieht,* und der physischen Welt, *wie sie an sich ist,* ist also in der quantenphysikalischen Perspektive größer, sehr viel größer geworden; um das erkenntnistheoretische Problem der Überbrückung dieser Differenz steht es entsprechend. Aber es zwingt nichts dazu, die besagte Differenz – so, wie sie inhaltlich konkret vorfindlich ist – *ontologisch* zu deuten, nämlich als Differenz zwischen einem in allen Punkten ontologisch bestimmten beobachteten Teil der physischen Welt und einem in manchen Punkten ontologisch unbestimmten unbeobachteten Teil der physischen Welt.

Zunächst sind zwei Formen der ontologischen Unbestimmtheit zu unterscheiden: Da ist *erstens* diejenige Unbestimmtheit, deren Auftreten (indirekt der 3. und) direkt der 1. Fundamentalsupposition der klassischen Physik widerspricht, nämlich *der universell eindeutigen objektiven Bestimmtheit der physikalischen Größen.* Diese Form der ontologischen Unbestimmtheit, von der vor allem im 3. Kapitel die Rede war, ist in der physischen Welt *überall* und *immer* zu finden, wenngleich sie in deren makroskopischem Teil nicht merklich ist (aus Gründen, die im 3. Kapitel dargelegt wurden). Und da ist *zweitens* diejenige Unbestimmtheit, deren Auftreten (indirekt der 1. und) direkt der 3. Fundamentalsupposition der klassischen Physik widerspricht, nämlich *der Determiniertheit alles physischen Geschehens.* Diese letztere Form der ontologischen Unbestimmtheit, von der in diesem Kapitel nun vor allem die Rede ist, verkörpert sich in (objektiven und irreduziblen) probabilistischen Zuständen physischer Objekten. Es ist – entgegen Albert Einstein – kaum daran zu zweifeln, dass diese Form der (objektiven, ontologischen) Unbestimmtheit bei mikroskopischen physischen Objekten auftritt, und entgegen dem Dekohärenz-Ansatz ist ihr Auftreten wohl auch bei makroskopischen physischen Objekten *nicht ausgeschlossen.* Nach allem, was hier zum Problem der Wirklichkeitsteilung gesagt worden ist, ist es verständlich, warum *probabilistische Unbestimmtheit* – die ontologische Unbestimmtheit der 2. Art – mit Unbeobachtetsein bzw. Mikroskopischsein assoziiert wird, und warum die zugehörige ontologische Bestimmtheit assoziiert wird mit Beobachtetsein bzw. Makroskopischsein; aber es ist auch ersichtlich, dass diese Assoziationen eher äußerlich, zufällig sind. Das Problem der Wirklichkeitsteilung – entlang der Trennlinien *beobachtet/unbeobachtet* und *makroskopisch/mikroskopisch* – ist letztlich kein tiefes.

Beide Formen der ontologischen Unbestimmtheit, mit denen die Quantenphysik den erkennenden Menschen konfrontiert, hängen zusammen. Die Aussage, dass der Ort von x zu t_1 (unhintergehbar) nur bis auf h/p bestimmt ist, und die Aussage, dass sich x zu t_1 mit der Wahrscheinlichkeit 1 im Intervall $L(x, t_1)$ mit der Mindestlänge h/p befindet, aber in jedem kürzeren Subintervall von $L(x, t_1)$ nur mit einer proportional kleineren (irreduziblen, objektiven) Wahrscheinlichkeit – diese beiden Aussagen beschreiben offenbar in verschiedener Weise *dasselbe*.

Es ist ein wenig überraschend, dass bei den gängigen Versuchen, das Problem der Wirklichkeitsteilung zu lösen, die Kategorie des *bloß Möglichen*, in Gegenüberstellung zur Kategorie des *Wirklichen*, nicht die Rolle spielt, die ihr eigentlich zukommen müsste. Alles Wirkliche ist unausbleiblich möglich, aber es ist nicht der Fall, dass alles Mögliche auch wirklich ist.

Die Quantenphysik macht nun *in erster Linie* Möglichkeitsaussagen und erst *in zweiter Linie* Wirklichkeitsaussagen (nämlich insofern das physisch Wirkliche per se zum physisch Möglichen gehört). Die *Möglichkeitsaussagen* der Quantenphysik sind dabei quantitativ und unreduzierbar, weil die für die Quantenphysik charakteristischen *probabilistischen Aussagen* nichts anderes als unreduzierbare (nicht durch nichtprobabilistische Aussagen ersetzbare) quantitative *Möglichkeitsaussagen* darstellen. Diese *possibilistisch*-probabilistischen Sätze sagen den Grad der Wirklichkeitsnähe („Wirklichkeitsintensität") physischer Möglichkeiten aus. Quantitativ und unreduzierbar von physischen *Möglichkeiten* zu reden bedeutet nun aber nichts anderes als von mehreren *möglichen* physischen Welten zugleich und von ihrer quantitativ bestimmten Nähe zur wirklichen physischen Welt zu reden – *ohne dass* doch dabei mitausgesagt wäre, *welche* dieser möglichen physischen Welten die wirkliche ist.

Die skizzierte *possibilistische Interpretation* (oder *Propensitätsinterpretation*) von Wahrscheinlichkeitsaussagen muss sorgfältig unterschieden werden von deren *statistischen Interpretation*, wonach Wahrscheinlichkeitsaussagen letztlich Aussagen über *faktische* relative Häufigkeiten (auf lange Sicht) sind. (Oben, im Rahmen der Darstellung des Kopenhagener Ansatzes, wurde diese letztere Interpretation kurz zur Sprache gebracht.) Für die Wahrscheinlichkeitsaussagen der Quantenphysik über *Individuen* der Mikrowelt erscheint die possibilistische Interpretation angemessener als die statistische (die stets sehr große Gesamtheiten von Gleichartigen supponiert). Gleichwohl ist der wichtige Punkt festzuhalten, dass jede Wahrscheinlichkeitsaussage – gleichgültig, wie sie interpretiert wird – nur insoweit einen empirischen (der Beobachtung zugänglichen) Gehalt hat, wie sie *statistisch* (also *faktisch*) nachprüfbar ist.

Indefinite Zustände von Objekten der physischen Welt (der *wirklichen* physischen Welt) – U-Zustände, Superpositionszustände – sind demzufolge zwar keine Objektzustände, wie wir sie in der Physik gewohnt waren (die klassische Physik hatte keinen Platz für sie), aber sie sind dies *nicht* deshalb, weil sie an einem Teil der physischen Welt die merkwürdige ontologische Eigenschaft der Verschmiertheit, Verschwommenheit, des Sowohl-als-auchs, des Weder-nochs verkörperten, sondern es handelt sich bei diesen Zuständen nun eben schlicht um (objektive, unreduzierbare) *possibilistisch-probabilistische Zustände*. Ihre ontologische Indefinitheit besteht in ihrem possibilistisch-probabilistischen Charakter. Als *Möglichkeitszustände* betreffen sie mehrere mögliche, jeweils zur Gänze in sich ontologisch bestimmte physische Welten *auf einmal*, ohne eine wirkliche unter diesen zu markieren. Dem Standardansatz, dem Viele-Welten-Ansatz und dem Dekohärenz-Ansatz ist dann dahingehend zuzustimmen, dass es indefinite Zustände in der Wirklichkeit gibt. Es sind dies aber keine Unbestimmtheiten im merkwürdigen Sinn des Sowohl-als-auchs oder Weder-nochs, sondern was schlicht vorliegt ist dies: Physische Objekte *haben* (objektive, unreduzierbare) *possibilistisch-probabilistische Zustände*.

Wie kommt es aber dann, dass solche Möglichkeitszustände durch nichtpossibilistische, nichtprobabilistische Zustände (durch *definite Zustände*) im Laufe der Zeit ersetzt werden? Zu dieser Frage ist zunächst zu sagen, dass dies keineswegs bei allen innegehabten probabilistischen Möglichkeitszuständen so ist.

Beispiel: Der folgende zu τ innegehabte probabilistische Möglichkeitszustand von x: dass sich x zu t_1 mit der Wahrscheinlichkeit 0,5 im Intervall *I* befindet. Dabei sei *I* ein um die Hälfte kürzeres Subintervall von L(x, t_1), das seinerseits die Länge h/p habe. (*I* hat danach die Länge $h/2p$.)

Freilich werden indefinite Zustände häufig genug durch definite ersetzt. Wie geht das zu? Wie kommt es etwa, dass beim physischen Objekt H an die Stelle des von ihm zunächst innegehabten Möglichkeitszustands *mit Wahrscheinlichkeit* 0,5 *zu* t_1 *zerfallen* und des gleichzeitig innegehabten Möglichkeitszustands *mit Wahrscheinlichkeit* 0,5 *zu* t_1 *nicht zerfallen* ausgerechnet, sagen wir nun, der Wirklichkeitszustand *mit Wahrscheinlichkeit* 1 *zu* t_1 *nicht zerfallen* (= *zu* t_1 *nicht zerfallen* = *mit Wahrscheinlichkeit* 0 *zu* t_1 *zerfallen*) tritt? Auch das ist ein Aspekt des Problems der Wirklichkeitsteilung, mit dem sich die verschiedenen Ansätze zu seiner Lösung je in ihrer Weise herumschlagen (wenn sie ihm nicht ausweichen, wie der Einstein-Ansatz und der Kopenhagener Ansatz). Gegenüber „Kollaps der Wellenfunktion", Weltenverzweigung und Dekohärenz ist aber festzuhalten: Möglichkeitszustände werden *zufällig* durch Wirklichkeitszustände ersetzt – und vielleicht auch in einem gewissen Ausmaß *in kausaler Weise*: Denkbar wären jedenfalls im Reiche des Lebendigen auch *nichtphysische Ursachen* für das Fragliche, etwa nichtphysische Subjekte, die für ihre jeweiligen Organismen Entscheidungen fällen, oder die nichtphysischen Zustände solcher Subjekte (warum nicht auch der Lebenswille einer Katzenseele?). Der *Zufall* (und die eben angesprochene *nichtphysische Kausalität*, falls es sie gibt) ist dabei durchaus nicht regellos, sondern respektiert Wahrscheinlichkeiten – diejenigen, die der Quantenphysik zu entnehmen sind. Aber eine *vollständige (rein) physikalische Erklärung* des *Vorgangs der Verwirklichung* ist – solange die Quantenphysik nicht, wider Erwarten, durch eine deterministische Theorie ersetzt wird – *unmöglich.*

Jedenfalls wird aber die der Verwirklichung nachfolgende, somit ausschließlich auf die vorliegende physische *Wirklichkeit* bezogene Statistik die vorausgehenden possibilistisch-probabilistischen Gegebenheiten in gewissem Grade widerspiegeln (und dadurch die auf diese Gegebenheiten bezogenen quantenphysikalischen Aussagen *bestätigen*).

Es ist einem freilich unbenommen, mit Albert Einstein von der Wiederkehr des Determinismus zu träumen. Ganz unvernünftig ist das nicht – denn nicht alle Träume werden nicht wahr.

Am aufschlussreichsten lässt sich das hier Vorgeschlagene mit dem Viele-Welten-Ansatz vergleichen. Gemäß dem Viele-Welten-Ansatz spaltet sich eine ontologisch unbestimmte physische Wirklichkeit W, zu der *wir* gehören, im Laufe der Zeit im Einklang mit den probabilistischen Aussagen der Quantenphysik immer weiter in alternative ontologisch bestimmtere – aber stets noch insgesamt gesehen unbestimmt bleibende – physische Wirklichkeiten auf (zu welchen Wirklichkeiten stets auch W gehört, denn eines ihrer Spaltprodukte – sagen wir nun, W_2 – ist W selbst: in W_2 fährt W fort). Gemäß dem *Möglichkeits-Wirklichkeits-Ansatz* hingegen gibt es keine Pluralität von physischen Wirklichkeiten („Wirklichkeiten" hier im Sinne von *realen Wirklichkeiten, nicht* etwa im Sinne von *möglichen Wirklichkeiten*!), die mehr oder minder ontologisch unbestimmt sind, sondern nur *eine einzige,* in manchem allerdings ontologisch unbestimmt bleibende physische Wirklichkeit, die sich im Laufe der Zeit bildet (zufällig oder aufgrund von nichtphysischer Kausalität), indem sie sich, im Einklang mit den probabilistischen Aussagen der Quantenphysik, sozusagen ihren Weg entlang den Verzweigungen der vielen *zur Gänze ontologisch bestimmten,* aber *bloß möglichen* physischen Welten *bahnt.*[18] *Warum* sie dabei an einer Verzweigung den einen, aber nicht den anderen Weg nimmt, lässt sich, wie gesagt, (rein) physikalisch nicht völlig aufklären. Damit wird man leben müssen, solange die Quantenphysik lebt.

Ließe sich das Fragliche dereinst einmal physikalisch völlig aufklären, so würde dies bedeuten, dass der Weg, den die physische Wirklichkeit nehmen wird, aufgrund der Vergangenheit – auch wenn diese bleibende Unbestimmtheiten enthält – und der Gesetze der Physik eindeutig festliegt, zukünftige bleibende Unbestimmtheiten *inklusive*. Also würde es nichts anderes bedeuten als die Geltung eines modifizierten Determinismus in der physischen Welt. Es käme zu einer weitgehenden Wiedereinsetzung der 3. Fundamentalsupposition der klassischen Physik in ihre alten Rechte.

Anhang zum 5. Kapitel:

1. Die Herleitung der klassischen Formel für die Schwingung einer Welle an ihrem Ursprung

Wie kommt man auf die Gleichung (1) $\Psi^{o}_{w}(l_0, t) = A \times \sin((2\pi/T) \times t)$? Die Schwingung des Ursprungsoszillators von w lässt sich als eine Kreisbewegung eines Punktes O auffassen (d.h.: sie lässt sich auf eine solche Kreisbewegung umkehrbar eindeutig abbilden). Der Schwingungskreis (wir stellen uns vor, dass er uns gegenüber ist) wird durch zwei aufeinander senkrecht stehende Kreisdurchmesser in vier Felder eingeteilt: der waagrechte Durchmesser ist die 0-Linie der Schwingung, der auf ihm senkrecht stehende Durchmesser ihre Maxima-Linie. Die Schwingung selbst wird nun dadurch dargestellt, dass O zum Schwingungsbeginn t_0 von dem Punkt aus, wo die 0-Linie die Kreislinie auf der rechten Seite schneidet (P_1), auf der Kreislinie gegen den Uhrzeigersinn zu laufen beginnt. Die Elongation der Schwingung zu einem beliebigen Zeitpunkt t (nach t_0 oder identisch mit t_0) wird dann dargestellt durch

[18] Das Bild hinkt ein wenig, da es suggerieren mag, dass die physische Wirklichkeit, *soweit* sie sich schon ihren Weg gebahnt haben, *soweit* auch schon lückenlos ontologisch bestimmt ist. Das ist jedoch nicht der Fall: Bei manchen ontologischen Unbestimmtheiten bleibt es (wie gesagt).

die Länge des Lotes auf die 0-Linie von dort, wo sich O zu t auf der Kreislinie befindet. Befindet sich O zu t oberhalb oder auf der 0-Linie, erhält die Elongation das Vorzeichen „+“; befindet sich hingegen O zu t unterhalb der 0-Linie, so erhält die Elongation das Vorzeichen „–“. Offenbar ist die Elongation maximal an den beiden Punkten (P_2 und P_4), wo die Maxima-Linie der Schwingung die Kreislinie schneidet: sie wird dort dargestellt durch die Länge des Kreisradius (die mithin auch die Amplitude *A* der Schwingung verkörpert); minimal hingegen ist sie an den beiden Punkten, wo die 0-Linie die Kreislinie schneidet (P_1 und P_2): dort ist sie 0. Im Laufe eines vollen Kreisumlaufs von O (eines vollen Hin-und-her-Gangs des Ursprungsoszillators von w) wächst die Elongation zunächst von 0 aus an, erreicht ihr positives Maximum, vermindert sich dann wieder auf 0, wächst dann mit negativem Vorzeichen wieder an, erreicht ihr negatives Maximum (mit demselben absoluten Betrag wie das positive Maximum) und vermindert sich wieder auf 0 – und so weiter in genau der eben beschriebenen Weise, solange die Schwingung anhält.

Gleichung (1) lässt sich aus dieser Darstellung (Modellierung) der Schwingung des Ursprungsoszillators von w wie folgt ablesen: Wir betrachten einen beliebigen Zeitpunkt t im ersten Viertel des ersten Schwingungsdurchgangs. Zu diesem Zeitpunkt bilden im ersten Feld des Schwingungskreises drei Strecken ein rechtwinkliges Dreieck: **1.** das Lot (mit der Länge $\Psi^{o}_{w}(l_0, t)$), das von O aus (auf der Kreislinie gelegen) auf die 0-Linie gefällt wird, **2.** die Verbindungsstrecke (mit der Länge *A* des Kreisradius) zwischen O und dem Kreismittelpunkt M, **3.** die Strecke S, die durch das eben genannte Lot auf der 0-Linie zum Kreismittelpunkt hin abgeschnitten wird, wobei φ(t) die Größe des Winkels ist, den die OM-Verbindungsstrecke mit der Strecke S bildet. Dieser Winkel liegt, bei $90° \geq \varphi(t) \geq 0°$, im betrachteten Dreieck dem rechten Winkel gegenüber:

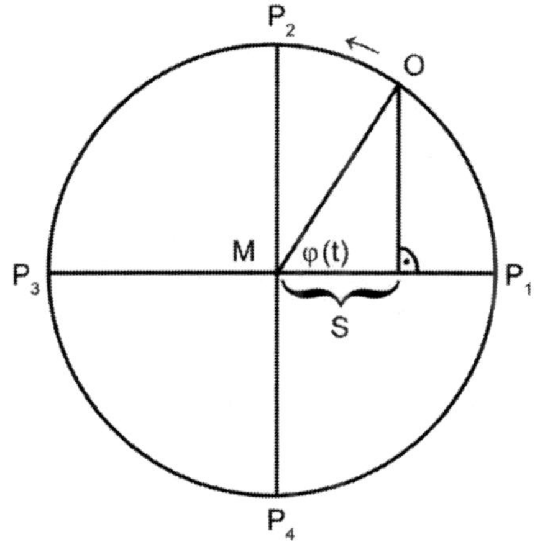

[Abbildung 1]

Es gilt mithin: $\sin\varphi(t)$ = (Länge der) Gegenkathete / (Länge der) Hypotenuse = $\Psi^{\circ}_{w}(l_0, t)/A$, und folglich: $\Psi^{\circ}_{w}(l_0, t) = A \times \sin\varphi(t)$. Der Betrag der Winkelgeschwindigkeit von O (bezogen auf den Kreismittelpunkt) ist nun aber $360°/T$ (wobei T die Periode der Schwingung ist – dargestellt durch die Länge der Zeit, die O braucht, um den Schwingungskreis einmal zu durchlaufen), oder eben $2\pi/T$, wenn wir die Größe von Winkeln im *Bogenmaß* angeben. Wenn t die Länge der Zeit ist, die von t_0 bis t verflossen ist, so ist dann $(2\pi/T) \times t$ die Größe des Winkels, den O in t durchlaufen hat, und offensichtlich ist $(2\pi/T) \times t$ nichts anderes als $\varphi(t)$ (da O zum Zeitpunkt t_0 an P_1 war). Mithin erhalten wir: $\Psi^{\circ}_{w}(l_0, t) = A \times \sin((2\pi/T) \times t)$.

Sei nun t′ ein beliebiger Zeitpunkt im zweiten Viertel des ersten Schwingungsdurchgangs. Mithin: $90° < \varphi(t') \leq 180°$. Analog zu den Verhältnissen bei t haben wir: $\varphi(t') = (2\pi/T) \times t'$ (wo t' sich zu t′ wie t zu t verhält). Zudem gilt, wie man sich (analog zum Obigen) leicht überlegt, $\Psi^{\circ}_{w}(l_0, t') = A \times \sin(180° - \varphi(t'))$. Aber gemäß den Gesetzen der Trigonometrie gilt auch: $\sin(180° - \varphi(t')) = \sin\varphi(t')$. Mithin schließlich wiederum: $\Psi^{\circ}_{w}(l_0, t') = A \times \sin((2\pi/T) \times t')$.

Sei nun t′′ ein beliebiger Zeitpunkt im dritten Viertel des ersten Schwingungsdurchgangs. Mithin: $180° < \varphi(t'') \leq 270°$. Für t′′ haben wir abermals: $\varphi(t'') = (2\pi/T) \times t''$. Zudem gilt, wie man sich leicht überlegt, $\Psi^{\circ}_{w}(l_0, t'') = -(A \times \sin(\varphi(t'') - 180°))$. Folglich: $\Psi^{\circ}_{w}(l_0, t'') = A \times -\sin(\varphi(t'') - 180°)$. Aber gemäß den Gesetzen der Trigonometrie gilt auch: $-\sin(\varphi(t'') - 180°) = \sin(-(\varphi(t'') - 180°)) = \sin(180° - \varphi(t'')) = \sin\varphi(t'')$. Also gilt auch hier wiederum: $\Psi^{\circ}_{w}(l_0, t'') = A \times \sin((2\pi/T) \times t'')$.

Sei nun endlich t′′′ ein beliebiger Zeitpunkt im vierten Viertel des ersten Schwingungsdurchgangs. Mithin: $270° < \varphi(t''') < 360°$. Für t′′′ haben wir wiederum: $\varphi(t''') = (2\pi/T) \times t'''$. Zudem gilt, wie man sich leicht überlegt, $\Psi^{\circ}_{w}(l_0, t''') = -(A \times \sin(360° - \varphi(t''')))$. Folglich: $\Psi^{\circ}_{w}(l_0, t''') = A \times -\sin(360° - \varphi(t'''))$. Aber gemäß den Gesetzen der Trigonometrie gilt auch: $-\sin(360° - \varphi(t''')) = \sin(-(360° - \varphi(t'''))) = \sin(\varphi(t''') - 360°) = \sin\varphi(t''')$. Also wiederum: $\Psi^{\circ}_{w}(l_0, t''') = A \times \sin((2\pi/T) \times t''')$.

Die obigen Überlegungen haben sich alle auf den ersten Schwingungsdurchgang bezogen. Aber auch wenn es sich um den N-ten Schwingungsdurchgang mit $N > 1$ handelt, ergibt sich für einen beliebigen Zeitpunkt t während dieses Schwingungsdurchgangs: $\Psi_{w}(l_0, t) = A \times \sin((2\pi/T) \times t)$. Es gilt dann ja: $(N \times 360°) > \varphi(t) \geq ((N - 1) \times 360°)$, und ersichtlicherweise muss (nach den zum ersten Schwingungsdurchgang gewonnenen Erkenntnissen) gelten: $\Psi^{\circ}_{w}(l_0, t) = A \times \sin(\varphi(t) - (N - 1) \times 360°)$. Aber gemäß den Gesetzen der Trigonometrie gilt auch: $\sin(\varphi(t) - (N - 1) \times 360°) = \sin\varphi(t)$, und nach wie vor haben wir: $\varphi(t) = (2\pi/T) \times t$. Mithin: $\Psi^{\circ}_{w}(l_0, t) = A \times \sin((2\pi/T) \times t)$.

2. Wie die Funktion $\Psi_x(l, t)$ der Schrödinger-Gleichung genügt

$\Psi_x(l, t)$ ist eine Lösung der für den betrachteten einfachen Fall – den Fall eines mit konstantem Impuls und konstanter Energie geradlinig kräftefrei dahinfliegenden Teilchens x – einschlägigen Form der Schrödinger'schen Wellengleichung:

$$i\hbar(\partial\psi/\partial t) = -(\hbar^2/2m)(\partial^2\psi/\partial l^2).$$

Denn, wie gleich deutlich werden wird, gilt wegen $\Psi_x(l, t) = \exp([i2\pi/h](p \times l - E \times t))$ (siehe (10) bzw. (10*) in Kap. 5) das Folgende:

$$\text{(I) } i\hbar(\partial\Psi_x(l, t)/\partial t) = -(\hbar^2/2m)(\partial^2\Psi_x(l, t)/\partial l^2).$$

Die erste partielle Ableitung von $\Psi_x(l, t)$ *nach der Zeit:* $\partial\Psi_x(l, t)/\partial t$ – also $\partial\exp([i2\pi/h](p \times l - E \times t))/\partial t$ – ergibt

$$-(i2\pi E/h)\exp([i2\pi/h](p \times l - E \times t)).$$ [19]

Die zweite partielle Ableitung von $\Psi_x(l, t)$ *nach dem Ort:* $\partial^2\Psi_x(l, t)/\partial l^2$ – also $\partial^2\exp([i2\pi/h](p \times l - E \times t))/\partial l^2$ – ergibt

$$-([2\pi p]^2/h^2)\exp([i2\pi/h](p \times l - E \times t)).$$ [20]

---

[19] Für diejenigen Leser, die daran interessiert sind, *wie* sich das ergibt: Wegen $\partial\exp(u)/\partial u = \exp'(u) = \exp(u)$ und der *Kettenregel* – $\partial f(g(y))/\partial y = \partial g(y)/\partial y \times f'(g(y))$ – gilt: $\partial\exp([i2\pi/h](p \times l - E \times t))/\partial t = \partial[i2\pi/h](p \times l - E \times t)/\partial t \times \exp([i2\pi/h](p \times l - E \times t))$. ($\varphi'$ ist hier, wie üblich, die erste Ableitung der Funktion φ.) Nun $\partial[i2\pi/h](p \times l - E \times t)/\partial t = -(i2\pi E/h)$ [wegen $\partial(c - ay)/\partial y = -a$; man beachte hier: E und p sind als konstant vorausgesetzt, und „l" fungiert bei einer partiellen Ableitung nach t wie eine Konstante]. Folglich: $\partial\exp([i2\pi/h](p \times l - E \times t))/\partial t = -(i2\pi E/h)\exp([i2\pi/h](p \times l - E \times t))$, *was zu zeigen war.*

[20] Für diejenigen Leser, die daran interessiert sind, *wie* sich das ergibt: $\partial\exp([i2\pi/h](p \times l - E \times t))/\partial l$ ist wegen $\exp'(u) = \exp(u)$ und der Kettenregel: $\partial[i2\pi/h](p \times l - E \times t)/\partial l \times \exp([i2\pi/h](p \times l - E \times t))$, d. h.: $(i2\pi p/h) \times \exp([i2\pi/h](p \times l - E \times t))$ [wegen $\partial(ay - c)/\partial y = a$]. $\partial^2\exp([i2\pi/h](p \times l - E \times t))/\partial l^2$ ist also dann [wegen $\partial^2 f(y)/\partial y^2 = (\partial/\partial y)(\partial f(y)/\partial y) = \partial f'(y)/\partial y$]: $\partial[[i2\pi p/h] \times \exp([i2\pi/h](p \times l - E \times t))]/\partial l$. Wegen der *Produktregel* – $\partial(f(y) \times g(y))/\partial y = f'(y)g(y) + g'(y)f(y)$ – ist Letzteres gleich $\partial[i2\pi p/h]/\partial l \times \exp([i2\pi/h](p \times l - E \times t)) + \partial\exp([i2\pi/h](p \times l - E \times t))/\partial l \times [i2\pi p/h]$. Das erste Summenglied wird nun gleich 0, da $i2\pi p/h$ eine Kon-

Demnach gilt (I) genau dann, wenn gilt:

(II) $\{i\hbar \times -(i2\pi E/h)\exp([i2\pi/h](p \times l - E \times t))\} =$
$\{-(\hbar^2/2m) \times -([2\pi p]^2/h^2)\exp([i2\pi/h](p \times l - E \times t))\}$,

d. h. genau dann, wenn gilt:

(III) $i\hbar \times -(i2\pi E/h) = -(\hbar^2/2m) \times -([2\pi p]^2/h^2)$.

Die Vereinfachung der linken Seite von (III) erbringt nun: E (man beachte dabei: $\hbar = h/2\pi$, und $i = \sqrt{-1}$); die Vereinfachung der rechten Seite erbringt: $(1/2m)p^2$. (III) besagt also nichts anderes als: $E = (1/2m)p^2$ – und *das* gilt für ein kräftefreies Teilchen wie x (da für x als kräftefreies Teilchen gilt: $E = E_{KIN} = (1/2)mv^2$, $p = mv$). Folglich gilt (III), und also (II) (wegen der Äquivalenz der Gleichungen (III) und (II)), und also schließlich (I) (wegen der Äquivalenz der Gleichungen (II) und (I)).

Hiermit ist gezeigt, dass die Funktion $\Psi_x(l, t)$ eine Lösung (der für den betrachteten Fall einschlägigen Form) der Schrödinger'schen Wellengleichung $i\hbar(\partial\psi/\partial t) = -(\hbar^2/2m)(\partial^2\psi/\partial l^2)$ darstellt, denn (I), was soeben hergeleitet wurde, ist ja ein Einsetzungsfall (oder eine „Instanz") von $i\hbar(\partial\psi/\partial t) = -(\hbar^2/2m)(\partial^2\psi/\partial l^2)$. Umgekehrt ist diese allgemeine Gleichung die offensichtliche Generalisierung von (I), sodass also jene Gleichung durch die gegebene (von ihr *unabhängige*) Herleitung von (I) eine gewisse Erhellung ihres Inhalts erfährt.

3. Die Abkunft der Schrödinger-Gleichung

Ich beschränke mich auf die oben schon verwendete Gestalt der Schrödinger-Gleichung im Fall (kräfte-) freier Teilchen (Teilchen ohne potentielle Energie):

$$i\hbar(\partial\psi/\partial t) = -(\hbar^2/2m)(\partial^2\psi/\partial l^2).$$

---

stante ist und $\partial c/\partial y = 0$ (man beachte hier, dass p als *konstant* vorausgesetzt wurde); das zweite Summenglied jedoch ist gleich $(i2\pi p/h) \times \exp([i2\pi/h](p \times l - E \times t)) \times (i2\pi p/h)$, und also haben wir: $-([2\pi p]^2/h^2) \times \exp([i2\pi/h](p \times l - E \times t))$. Folglich: $\partial^2\exp([i2\pi/h](p \times l - E \times t))/\partial l^2 = -([2\pi p]^2/h^2)\exp([i2\pi/h](p \times l - E \times t))$, *was zu zeigen war*. (Die Produktregel braucht eigentlich nicht bemüht zu werden: man käme auch mit dem spezielleren Gesetz $\partial cf(y)/\partial y = c(\partial f(y)/\partial y)$ aus.)

Gemäß einer „Herleitung“, die man gelegentlich sieht, geht diese Formel hervor aus der klassischen Formel für den Zusammenhang von Energie und Impuls eines freien Teilchens,

$$E = E_{\text{KIN}} = (1/2m)p^2,$$ [21]

indem „*E*“ durch „$i\hbar(\partial/\partial t)$“ und „*p*“ durch „$i\hbar(\partial/\partial l)$“ ersetzt wird,

$$i\hbar(\partial/\partial t) = (1/2m)[i\hbar(\partial/\partial l)]^2 = -(\hbar^2/2m)(\partial^2/\partial l^2),$$

und dann auf beiden Seiten mit der Funktion ψ multipliziert wird:

$$i\hbar(\partial/\partial t)\psi = -(\hbar^2/2m)(\partial^2/\partial l^2)\psi,$$

was, indem der linke und der rechte Differentiationsoperator jeweils auf ψ angewandt wird, nichts anderes besagt als

$$i\hbar(\partial\psi/\partial t) = -(\hbar^2/2m)(\partial^2\psi/\partial l^2).$$

Mathematisch ungewöhnlich, aber nicht rätselhaft ist an dieser Vorgehensweise, dass bloße Operatoren – nämlich $\partial/\partial t$ [lies: „die erste partielle Ableitung nach der Zeit ...“], $\partial/\partial l$ [lies: „die erste partielle Ableitung nach dem Ort ...“] und $\partial^2/\partial l^2$ (lies: „die zweite partielle Ableitung nach dem Ort ...“] – wie numerische Quantitäten behandelt werden. Rätselhaft ist aber, welcher *physikalische Sinn* hinter der Ersetzung von Energie und Impuls durch partielle Differentiationsoperatoren (bestückt mit dem Faktor $i\hbar$) stecken soll.

Eine partielle Antwort auf die Frage nach dem physikalischen Sinn der (betrachteten Form der) Schrödinger-Gleichung wird jedoch durch die Ausführungen im vorausgehenden Abschnitt des *Anhangs* und im Kapitel 5 selbst geleistet. Ich biete nun zudem eine Herleitung (im eigentlichen Sinn) der obigen Differentialgleichung, die *ψ-Funktionen* betrifft, aus einer anderen Differentialgleichung, die *ζ-Funktionen* (wie ich sie nenne) betrifft. Durch diese Ableitung wird größeres Licht auf die Schrödinger'sche Wellengleichung für freie Teilchen geworfen als durch ihre übliche „Ableitung“ (siehe oben). Die Funktion $\zeta_x(l, t)$ ist für ein freies Teilchen x mit konstantem Impuls und konstanter Energie (vom Ursprung des Bezugsrahmens aus geradlinig dahinfliegend) wie folgt definiert:

---

[21] Dies gilt wegen $E_{\text{KIN}} = (1/2)mv^2$, $p = mv$.

$\zeta_x(l, t) = (p \times l - E \times t)/h$, wobei dies für $l/t = v$ (v ist konstant) physikalisch signifikant ist, für $l/t \neq v$ hingegen nicht.

Oder:

$\zeta_x(l, t) = (ml^2/2th)$, wobei dies für $l/t = v$ physikalisch signifikant ist, für $l/t \neq v$ hingegen nicht.

Wegen $p = mv$ und $E = (1/2)mv^2$ liefert die zweite Definition in den Fällen der physikalischen Signifikanz (also mit $v = l/t$) dieselben Zahlenwerte wie die erste. (Völlige Allgemeinheit in der Bestimmung der *ζ-Funktionen* würde die Betrachtung der Impulswirkung als Wegintegral des Impulses und der Energiewirkung als Zeitintegral der Energie erfordern.) Man liest „$\zeta_x(l, t) = r$" als „r ist die Wirkungszahl von x an l zu t". Offensichtlich gilt nun: $\partial\zeta_x(l, t)/\partial t = - E/h$, und $\partial\zeta_x(l, t)/\partial l = p/h$, und mithin: $E = -h[\partial\zeta_x(l, t)/\partial t]$ und $p = h[\partial\zeta_x(l, t)/\partial l]$ (und $\partial^2\zeta_x(l, t)/\partial l^2 = 0$). [Zur Probe kann man die 2. Definition von $\zeta_x(l, t)$ verwenden; es gilt dann: $\partial\zeta_x(l, t)/\partial t = \partial(ml^2/2th)/\partial t = (ml^2/2h)[\partial t^{-1}/\partial t] = (ml^2/2h)[-t^{-2}] = - (ml^2/2t^2)/h$, was bei physikalischer Signifikanz, also bei $l/t = v$, gleich dem Folgenden ist: $- E/h$; $\partial\zeta_x(l, t)/\partial l = \partial(ml^2/2th)/\partial l = (m/2th)[\partial l^2/\partial l] = (m/2th)[2l] = (ml/t)/h$, was bei physikalischer Signifikanz gleich dem Folgenden ist: p/h.]

Die klassische Gleichung über den Zusammenhang zwischen Energie und Impuls (siehe oben) eines freien Teilchens, lässt sich dann offensichtlich in der Anwendung auf x (von dem wir voraussetzten, dass es ein freies Teilchen ist) völlig äquivalent auch wie folgt schreiben:

$$- h(\partial\zeta_x(l, t)/\partial t) = (h^2/2m)(\partial\zeta_x(l, t)/\partial l)^2.$$

Und das gilt nicht nur für das freie Teilchen x, sondern für alle freien Teilchen. Wir erhalten also:

$$- h(\partial\zeta/\partial t) = (h^2/2m)(\partial\zeta/\partial l)^2.$$

Aus dieser gänzlich im Rahmen der klassischen Physik verbleibenden Differentialgleichung lässt sich nun ohne jede weitere physikalische Annahme die Schrödinger-Gleichung für freie Teilchen, $i\hbar(\partial\psi/\partial t) = - (\hbar^2/2m)(\partial^2\psi/\partial l^2)$, folgern (und es zeigt sich sogar, dass die letztere Gleichung mit der ersteren äquivalent ist: in dem Sinne, dass sich jede der beiden Gleichungen aus der anderen folgern lässt), sofern wir nur die folgende Definition verwenden:

$\psi = \exp(i2\pi\zeta)$.[22]

Eine Funktion *so* zu definieren steht uns aber völlig frei: Es handelt sich ja dabei um nichts weiter als die Festlegung der Bedeutung eines Zeichens. Um die Schrödinger-Gleichung zu erhalten, braucht mithin der klassische physikalische Rahmen nicht verlassen zu werden.

Hier ist die fragliche Herleitung (für Leser, die sie interessiert; die vorausgehende Lektüre der Fußnoten 19 und 20 in Abs. 2 mag hilfreich sein): Wegen der Definition $\psi = \exp(i2\pi\zeta)$ gilt: (a) $(\partial\psi/\partial t) = [i2\pi(\partial\zeta/\partial t)]\psi$ und (b) $(\partial^2\psi/\partial l^2) = [i2\pi(\partial\zeta/\partial l)]^2\psi$.[23] Folglich: (a′) $i\hbar(\partial\psi/\partial t) = i\hbar[i2\pi(\partial\zeta/\partial t)]\psi = -h(\partial\zeta/\partial t)\psi$, und zudem (b′) $-(\hbar^2/2m)(\partial^2\psi/\partial l^2) = -(\hbar^2/2m)[i2\pi(\partial\zeta/\partial l)]^2\psi = (h^2/2m)(\partial\zeta/\partial l)^2\psi$. Folglich gilt nun also $i\hbar(\partial\psi/\partial t) = -(\hbar^2/2m)(\partial^2\psi/\partial l^2)$ genau dann, wenn $-h(\partial\zeta/\partial t)\psi = (h^2/2m)(\partial\zeta/\partial l)^2\psi$ gilt, mit anderen Worten: $i\hbar(\partial\psi/\partial t) = -(\hbar^2/2m)(\partial^2\psi/\partial l^2)$ gilt genau dann, wenn $-h(\partial\zeta/\partial t) = (h^2/2m)(\partial\zeta/\partial l)^2$ gilt. Letzteres *gilt* aber, wie wir schon gesehen haben. Demnach: $i\hbar(\partial\psi/\partial t) = -(\hbar^2/2m)(\partial^2\psi/\partial l^2)$, *was herzuleiten war.*

Wodurch jedoch ist die obige Definition – $\psi = \exp(i2\pi\zeta)$ – *physikalisch motiviert,* und nicht bloß eine mathematische Spielerei? – *In der klassischen Physik* ist jene Definition *allerdings* eine bloße mathematische Spielerei; und ebenso sind $i\hbar(\partial\psi/\partial t) = -(\hbar^2/2m)(\partial^2\psi/\partial l^2)$ und $-h(\partial\zeta/\partial t) = (h^2/2m)(\partial\zeta/\partial l)^2$, die aufgrund jener Definition im klassischen Rahmen auseinander folgerbar sind (wie wir gesehen haben) und die beide im klassischen Rahmen reduzierbar sind auf das simple Energiegesetz für freie Teilchen [$E = (1/2m)p^2$], *in der klassischen Physik*

[22] ψ lässt sich auch ohne Verwendung der illustren Zahlen *e, i* und π definieren, nämlich so: $\psi = (-1)^{(2\zeta)}$. Denn es gilt (wegen der Euler'schen Formel): $\exp(i2\pi\zeta) = [\exp(i\pi)]^{(2\zeta)} = (-1)^{(2\zeta)}$. Man könnte sogar noch einfacher formulieren: $\psi = 1^{\zeta}$. Um Ambiguität zu vermeiden, ist jedoch bei der letzteren Formulierung von $1^{\zeta} = (-1)^{(2\zeta)}$ auszugehen, wonach beispielsweise gilt: $1^{1/2} = (-1)^1 = -1$, $1^{1/4} = (-1)^{1/2} = i$.

[23] Bei der Etablierung von (b) ist zu beachten: Ein kräftefreies Teilchen unterliegt, als solches, keinen Krafteinwirkungen; insofern hat jedes kräftefreies Teilchen, wie x, einen konstanten Impuls und eine konstante kinetische Energie, die mit seiner Gesamtenergie konstant zusammenfällt. Das hat die Konsequenz, dass $\partial\zeta/\partial l$ gleich p_{con}/h und folglich konstant ist. Was (a) angeht: $\partial\psi/\partial t = \partial\exp(i2\pi\zeta)/\partial t = (\partial i2\pi\zeta/\partial t) \times \exp'(i2\pi\zeta) = [i2\pi(\partial\zeta/\partial t)] \times \exp(i2\pi\zeta) = [i2\pi(\partial\zeta/\partial t)]\psi$. Was (b) angeht: (i) $\partial^2\psi/\partial l^2 = (\partial/\partial l)(\partial\psi/\partial l)$; (ii) $\partial\psi/\partial l = \partial\exp(i2\pi\zeta)/\partial l = (\partial i2\pi\zeta/\partial l) \times \exp'(i2\pi\zeta) = [i2\pi(\partial\zeta/\partial l)] \times \exp(i2\pi\zeta)$. Aus (i) und (ii) ergibt sich: $\partial^2\psi/\partial l^2 = \partial([i2\pi(\partial\zeta/\partial l)] \times \exp(i2\pi\zeta))/\partial l = [i2\pi(\partial\zeta/\partial l)] \times (\partial\exp(i2\pi\zeta)/\partial l) = [i2\pi(\partial\zeta/\partial l)]^2 \times \exp(i2\pi\zeta) = [i2\pi(\partial\zeta/\partial l)]^2\psi$.

bloße mathematische Spielereien – ist doch schon die Einführung einer Konstanten *h* mit ausgerechnet *diesem Wert* ($6{,}6260688 \times 10^{-34}$ kgm^2/s) und die Einführung der mit Hilfe dieser Konstanten definierten *ζ-Funktionen* im Rahmen der klassischen Physik nichts weiter als eine mathematische Spielerei. Aber mit der Entdeckung des Quantenphysikalischen Grundgesetzes, die bedingt, dass „*h*" in sensationeller Weise mehr ist als die Bezeichnung einer beliebig herausgegriffenen Wirkungsquantität, muss diese, die klassische Physik kennzeichnende „spielerische" Situation als radikal verwandelt angesehen werden.

Denn aufgrund des (empirisch gesicherten) Quantenphysikalischen Grundgesetzes haben die ζ-Funktionen – beispielsweise $\zeta_x(\mathrm{l}, \mathrm{t})$ – *keine volle physikalische Realität* mehr, sind sie doch an unendlich vielen Stellen (l, t) *physiko-realiter* (der physikalischen Realität nach) unbestimmt. Im betrachteten Fall des Teilchens x nimmt $\zeta_x(\mathrm{l}, \mathrm{t})$ – mit $\zeta_x(\mathrm{l}, \mathrm{t}) = (p \times l - E \times t)/h$ – *physiko-realiter* nur mehr ganze Zahlen als Werte an. Denn $(p \times l - E \times t)/h$ ist physikalisch real nur dann, wenn $(p \times l - E \times t)$ physikalisch real ist, was es nur dann ist, wenn sowohl $p \times l$ als auch $E \times t$ physikalisch real ist, was wiederum genau dann der Fall ist, wenn $p \times l$ der Betrag einer Impulswirkung von x ist und $E \times t$ der Betrag einer Energiewirkung von x. (Vgl. die *Physikalische Partialsemantik* in Kap. 3.) Dann muss aber gemäß dem Quantenphysikalischen Grundgesetz $p \times l$ (≥ 0) ein ganzzahliges Vielfaches von *h* sein, und $E \times t$ (≥ 0) ebenfalls. Ist dem aber so, so muss die Differenz aus den beiden Wirkungsbeträgen, $(p \times l - E \times t)$, ebenfalls ein ganzzahliges Vielfaches von *h* sein. Mithin kann $(p \times l - E \times t)/h$ *physiko-realiter* nur eine ganze Zahl ergeben. Nun ist es aber offensichtlich *nicht* der Fall, dass $\zeta_x(\mathrm{l}, \mathrm{t})$ – d. h. $(p \times l - E \times t)/h$ – für *jede* für x mögliche Stelle (l, t), obwohl für jede dieser Stellen mathematisch definiert, eine ganze Zahl ergibt (da ja an der Kontinuität von Ort und Zeit festgehalten wird). Demnach ist die Funktion $\zeta_x(\mathrm{l}, \mathrm{t})$ zwar an allen für x möglichen Stellen (l, t) *mathematisch bestimmt*, aber *physiko-realiter* an unendlich vielen von diesen Stellen *unbestimmt*, nämlich an all den Stellen, wo $(p \times l - E \times t)/h$ keine ganze Zahl ergibt (und dazu zählen auch unendlich viele Stellen, wo $\zeta_x(\mathrm{l}, \mathrm{t}) = (p \times l - E \times t)/h$ wegen $l/t = v$ *prima facie* – wie man nun sagen muss – physikalisch signifikant war). Also hat die *ζ*-Funktion $\zeta_x(\mathrm{l}, \mathrm{t})$, aus quantenphysikalischer Sicht, keine volle physikalische Realität, und offensichtlich ist sie auch nicht *physiko-realiter* differenzierbar (*rein mathematisch* aber natürlich sehr wohl). In Folge davon wiederum lässt sich $h(\partial\zeta/\partial t) = (h^2/2m)(\partial\zeta/\partial l)^2$ als *vollgültige Beschreibung der physischen Wirklichkeit* nicht mehr aufrechterhalten.

An der *aus klassischer Sicht* mit der letzteren Gleichung äquivalenten Gleichung $i\hbar(\partial\psi/\partial t) = -(\hbar^2/2m)(\partial^2\psi/\partial l^2)$ jedoch kann *als (gewissermaßen) vollgültige*

Beschreibung der physischen Wirklichkeit festgehalten werden. Sie beinhaltet nämlich nicht nur aus klassischer, sondern auch aus quantenphysikalischer Sicht *nichts* die physische Wirklichkeit Betreffendes, was dieser Wirklichkeit nun aber tatsächlich nicht angemessen ist; ein Missverhältnis insbesondere zum Quantenphysikalischen Grundgesetz ergibt sich *nicht*. Und die Definition $\psi = \exp(i2\pi\zeta)$ hat in der quantenphysikalischen Perspektive – außer dass sie von einer physikalisch inadäquat gewordenen Gleichung zu einer nach wie vor physikalisch adäquaten führt (die aber zu der ersteren Gleichung in einem wechselseitigen *mathematischen* Folgerungsverhältnis steht) – vor allem folgende physikalische Motivation: ψ, definiert als $\exp(i2\pi\zeta)$, spiegelt die realphysikalische Bestimmtheitslage wieder, die sich gemäß dem Quantenphysikalischen Grundgesetz für ζ ergibt. (*Ohne* das Quantenphysikalische Grundgesetz dagegen ist ψ, definiert als $\exp(i2\pi\zeta)$, nichts weiter als eine arbiträre Modifikation von ζ, die von keinem tieferen physikalischen Interesse ist.) Denn an den Stellen, wo ζ physiko-realiter bestimmt ist und physiko-realiter vorkommende Werte hat – nämlich ganze Zahlen N –, hat ψ den Wert 1 (weil $\exp(i2\pi(N)) = \cos(2\pi(N)) + i\sin(2\pi(N)) = 1 + 0 = 1$); an den Stellen hingegen, wo ζ nur mathematisch bestimmt ist und keine physiko-realiter vorkommenden Werte hat, hat ψ den Wert –1 oder einen *echtkomplexen Wert* (also einen Wert, der eine komplexe *und* nichtreelle Zahl ist).[24] Insbesondere hat demnach die Funktion $\Psi_x(l, t)$ – also $\exp(i2\pi\zeta_x(l, t))$; vgl. die Gleichung (10) bzw. (10*) in Kap. 5, wo die Identitätsaussage $\Psi_x(l, t) = \exp(i2\pi\zeta_x(l, t))$ in anderer Weise als hier, nämlich anknüpfend an die klassische Wellengleichung (4) eingeführt wird – an den Stellen, wo $\zeta_x(l, t)$ nur mathematisch bestimmt ist, den Wert –1 oder einen echtkomplexen Wert, an den Stellen, wo $\zeta_x(l, t)$ physiko-realiter bestimmt ist, hingegen den Wert 1. (Was die physikalische Signifikanz von $\Psi_x(l, t)$ selbst angeht, so ist noch bemerkenswert, dass die Klausel der physikalischen Signifikanz bei $\Psi_x(l, t)$ gegenüber der klassischen Physik eine Modifikation erfährt – ebenfalls als Auswirkung des Quantenphysikalischen Grundgesetzes. Es genügt, den positiven Teil der Klausel zu betrachten: von „$l/t = v$", oder mit anderen Worten: „$l = vt$", im Rahmen der klassischen Physik zu „$vt - h/p \leq l \leq vt$" im Rahmen der Quantenphysik; vgl. (10*) in Kap. 5.)

[24] Der Wert –1 ergibt sich dann, wenn ζ den rein mathematischen Wert N′/2 hat, wobei N′ ein ungerade ganze Zahl ist.

4. Von der Wahrscheinlichkeitsdichte zur Wahrscheinlichkeit

Vertraut ist die Glockenkurve der sogenannten Gauß'schen Normalverteilung, der sich die folgende Kurve annähert:

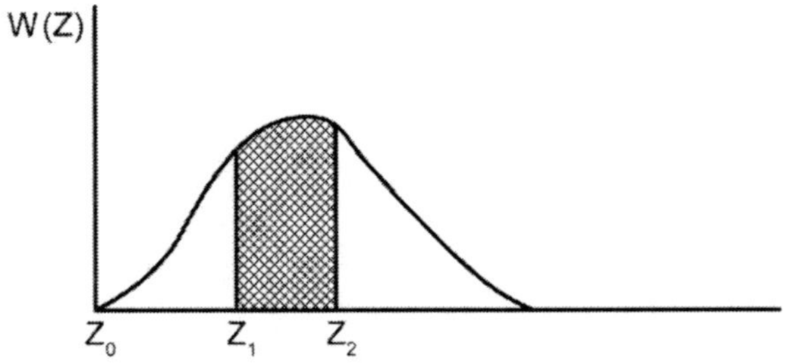

[Abbildung 2]

Diese Kurve gibt den Wert der Wahrscheinlichkeitsdichte w(z) für gewisse Zustände z an, deren Natur hier ganz offen bleiben kann; es genügt, dass sie sich kontinuierlich als Zahlenwerte auf der Abszisse, deren Ursprung z_0 ist, abtragen lassen. Der Abstand zwischen z_0 und einem beliebigen z auf der Abszisse ist *z*; wegen der umkehrbar eindeutigen Zuordnung von z und *z* kann *z* z überall vertreten. Der Betrag der Fläche unter der Kurve stellt dann das Integral $\int w(z)dz$ der Wahrscheinlichkeitsdichte für alle Zustände z dar. Offensichtlich ist diese Fläche, und mithin $\int w(z)dz$, endlich. Demnach kann die Wahrscheinlichkeit pr(R([z_1, z_2])), dass einer der Zustände zwischen z_1 und z_2 realisiert wird, wie folgt definiert werden: pr(R([z_1, z_2])) = $\int_{z1 \leq z \leq z2} w(z)dz$: $\int w(z)dz$, wobei das Integral $\int_{z1 \leq z \leq z2} w(z)dz$ im Diagramm durch den Betrag des links und rechts begrenzten Flächenausschnitts unter der Kurve dargestellt wird. Aus dem Diagramm ist ersichtlich, dass pr(R([z_1, z_2])) ungefähr bei 1/3 liegt. Die Wahrscheinlichkeitswerte werden im Grunde schon durch die entsprechenden Integrale der Wahrscheinlichkeitsdichte selbst gegeben (also pr(R([z_1, z_2])) schon durch $\int_{z1 \leq z \leq z2} w(z)dz$); jedoch erfordert die übliche Darstellung von Wahrscheinlichkeitswerten durch reelle Zahlen zwischen 0 und 1 eine *Normierung* von pr, die mittels Division der „rohen" Wahrscheinlichkeitswerte durch den maximalen „rohen" Wahrscheinlichkeitswert, also durch $\int w(z)dz$, erreicht wird. Auf genau dasselbe läuft es hinaus, $\int w(z)dz$ gleich 1 zu setzen und $\int_{z1 \leq z \leq z2} w(z)dz$ proportional anzupassen: es ergibt sich genau derselbe „raffinierte" Wert für die – normierte – Funktion pr.

Gegenüber dieser allgemeinen Darstellung weist der in Kap. 5 betrachtete quantenmechanische Anwendungsfall gewisse Besonderheiten auf: w(l) ist $|\Psi_x(l, t)|^2$ für ein fix gehaltenes Teilchen x und fix gehaltenen Zeitpunkt t mit $t_0 \leq t$, wobei $|\Psi_x(l, t)|^2$ konstant 1 für all l in L(x, t) ist (wie in Kap. 5 gezeigt wird). Der Graph der w-Funktion für L(x, t) ist dann also eine gerade, stets auf gleicher Höhe (= 1) verlaufende Linie; er beginnt mit $w(l_A)$ und endet mit $w(l_E)$:

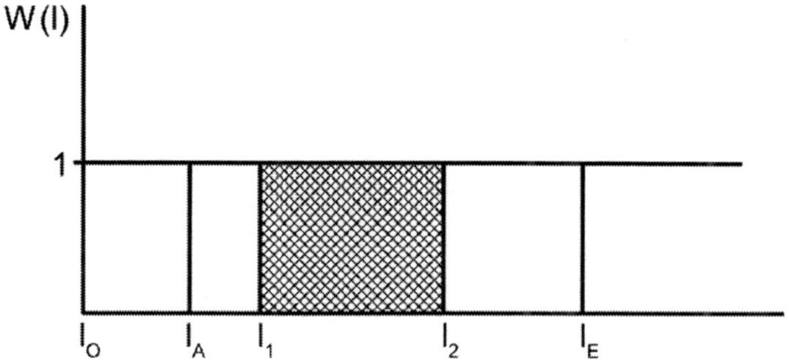

[Abbildung 3]

Die Fläche unter dieser „Kurve“ ist demnach die Fläche eines Rechtecks mit 1 als Höhe und dem Abstand zwischen l_A und l_E als Breite. *Numerisch* unterscheidet sich diese Fläche nicht von dem Abstand zwischen l_A und l_E. Demnach: $\int_{l \text{ in } L(x, t)} w(l)dl = l_E - l_A$, und zudem ganz und gar analog (für l_1 und l_2 in L(x, t)): $\int_{l \text{ in } L(x, t) \text{ und } l_1 \leq l \leq l_2} w(l)dl = l_2 - l_1$.[25] Im betrachteten quantenmechanischen Anwendungsfall (der durch obige graphische Darstellung veranschaulicht wird) gilt dann also: $pr(B(x, t, [l_1, l_2])) = \int_{l \text{ in } L(x, t) \text{ und } l_1 \leq l \leq l_2} w(l)dl : \int_{l \text{ in } L(x, t)} w(l)dl = (l_2 - l_1) : (l_E - l_A) = (l_2 - l_1)/l^*$ (wobei der kleinstmögliche Wert von l^* λ ist, also h/p).

5. Die Berechnung von $|\Psi_{1y}(l_S, t) + \Psi_{2y}(l'_S, t)|^2$

$\Psi_{1y}(l_S, t)$ ist $\exp([i2\pi/h](p \times l_S - E \times t))$, und $\Psi_{2y}(l'_S, t)$ ist $\exp([i2\pi/h](p \times l'_S - E \times t))$. Gemäß der Euler'schen Formel hat man also: $\Psi_{1y}(l_S, t) = (\cos r + i \sin r)$ und

[25] Ohne Veranschaulichung gesagt: Es gilt gemäß den Regeln der Integralrechnung wegen $w(l) = 1$ (konstant): $\int_{l \text{ in } L(x, t)} w(l)dl = \int_{l \text{ in } L(x, t)} dl$ = die Länge des Intervalls L(x, t); $\int_{l \text{ in } L(x, t) \text{ und } l_1 \leq l \leq l_2} w(l)dl = \int_{l \text{ in } L(x, t) \text{ und } l_1 \leq l \leq l_2} dl$ = die Länge des Intervalls $[l_1, l_2]$ (als Teil des Intervalls L(x, t)).

$\Psi_{2y}(l's, t) = (\cos r' + i\sin r')$, wobei $r = [2\pi/h](p \times ls - E \times t)$ und $r' = [2\pi/h](p \times l's - E \times t)$. Demnach: $|\Psi_{1y}(ls, t) + \Psi_{2y}(l's, t)|^2 = |(\cos r + i\sin r) + (\cos r' + i\sin r')|^2 = |(\cos r + \cos r') + i(\sin r' + \sin r)|^2 = (\cos r + \cos r')^2 + (\sin r' + \sin r)^2 = \cos^2 r + 2\cos r\cos r' + \cos^2 r' + \sin^2 r + 2\sin r\sin r' + \sin^2 r' = 2 + 2(\cos r\cos r' + \sin r\sin r') = 2 + 2\cos(r - r')$. Nun $(r - r') = 2\pi(p/h)(ls - l's)$. Demnach schließlich: $|\Psi_{1y}(ls, t) + \Psi_{2y}(l's, t)|^2 = 2 + 2\cos[2\pi(p/h)(ls - l's)] = 2 + 2\cos[2\pi(ls - l's)/\lambda]$, mit $\lambda = h/p$.

6. Einstein, Podolsky, Rosen und Bell

Im *Anhang* zum 3. Kapitel wurde bereits kurz auf ein Gedankenexperiment eingegangen, das die Physiker Einstein, Podolsky und Rosen im Jahre 1935 zur Erschütterung der Quantenphysik ins Feld führten, das sog. EPR-Paradox. Dieses Gedankenexperiment hatte *zwei verschiedene* (wenn auch eng miteinander zusammenhängende) Stoßrichtungen: Es sollte *zwei* Annahmen der klassischen Physik, die durch die Quantenphysik in Frage gestellt werden, nämlich die 1. und 2. Fundamentalsupposition (im Sinne der Aufzählung im 2. Kapitel): die der *universell eindeutigen objektiven Bestimmtheit der physikalischen Größen* und die der *beliebig steigerbaren Wahrheitsnähe der Messungen*, gegenüber der Quantenphysik stärken und damit diese selbst nun ihrerseits in Frage stellen (zumindest hinsichtlich ihrer *Vollständigkeit* in der Beschreibung der physischen Realität). Der Grundgedanke des EPR-Paradoxes ist die Betrachtung von physikalischen Systemen S und S′, die räumlich weit voneinander entfernt sind, die aber aufgrund ihres Ursprungs so in systematischer Weise gekoppelt sind, dass die direkte Messung einer Größe am einen System die ebenso genaue indirekte Messung derselben Größe am anderen System bedeutet. (Für eine bestimmte Konkretisierung dieses Grundgedankens siehe den *Anhang* zu Kap. 3.) Der Witz daran ist, dass physikalische Größen P und Q, die gemäß der Quantenphysik nicht als zugleich (d. h.: *für* denselben Zeitpunkt) am selben Objekt mit beliebiger Genauigkeit messbar gelten, ja als nicht zugleich am selben Objekt eindeutig objektiv bestimmt, nun doch so erscheinen, als wären sie beide am selben Objekt *zugleich* mit beliebiger Genauigkeit messbar und beide am selben Objekt *zugleich* eindeutig objektiv bestimmt. Denn man messe P für den Zeitpunkt t direkt am System S, und Q für denselben Zeitpunkt t direkt am System S′. Nichts, so scheint es, kann einer beliebig hohen Genauigkeit dieser Messungen im Wege stehen; und nichts, so scheint es, hindert uns, davon auszugehen, dass ein eindeutig bestimmter P-Wert beim System S und ein eindeutig bestimmter Q-Wert beim System S′ für t objektiv vorliegt. Aber mit der direkten Messung von P an S ist P, für denselben Zeitpunkt t und mit demselben Genauigkeitsgrad, *indirekt* an S′ gemessen, und mit der direkten Messung von Q an S′ ist Q, für denselben Zeitpunkt t und mit demselben Genauigkeitsgrad, *indirekt* an S gemessen. Damit gerät man nun in Widerspruch zur Quantenphysik. Denn ist (1.) P an S′ ipso facto mit derselben Genauigkeit für t gemessen wie P an S; und ist (2.) Q an S ipso facto mit derselben Genauigkeit für t gemessen wie Q an S′, dann ist, weil (3.) die Genauigkeit der Messung von P für t an S und die Genauigkeit der Messung von Q für t an S′ *beliebig* hoch ist, P *und* Q an S für t mit beliebig hoher Genauigkeit gemessen, und ebenso P *und* Q an S′. Und nichts, so scheint es, hindert uns, davon auszugehen, dass ein eindeutig bestimmter P-Wert *und* ein eindeutig bestimmter Q-Wert beim System S und beim System S′ für t objektiv vorliegt.

Hierdurch ist ein Paradox konstituiert. Denn einerseits erscheinen die Aussagen, die im Sinne der Quantenphysik sind, als richtig, andererseits aber die Aussagen des EPR-Gedankenexperiments als nicht minder richtig – und doch können sie nicht zusammen richtig sein. Wo ist der Ausweg? Wie schon im *Anhang* zum 3. Kapitel ausgeführt, schafft das EPR-Paradox nicht etwa den paradoxen Charakter der Quantenphysik: den hat sie ohnehin, wegen ihres Widerspruchs zu den oben erwähnten klassischen physikalischen Fundamentalsuppositionen – ein Widerspruch, der auch unabhängig vom EPR-Paradox gegeben ist. Das EPR-Paradox fügt nur einen zusätzlichen – und vergleichsweise schwachen – paradoxen Aspekt zu den schon vorhandenen hinzu. In das EPR-Paradox ist nämlich eine Voraussetzung eingebaut, die in seiner bisherigen Beschreibung in diesem Kapitel noch nicht zur Sprache gekommen ist, sondern nur stillschweigend unterstellt wurde. Nur unter der Annahme der Wahrheit dieser Voraussetzung kann das EPR-Paradox als *zusätzliches quantenphysikalisches Paradox* überhaupt funktionieren. Im eben erwähnten *Anhang* zum 3. Kapitel ist jene Voraussetzung aber bereits benannt worden: es ist die Voraussetzung der *Lokalität aller physischen Wirkungen.*

Hier noch einmal die Begriffsbestimmung aus dem 2. Kapitel: Mit der Lokalität aller physischen Wirkungen ist gemeint, dass die Kausalität eines beliebigen physischen Ereignisses *unmittelbar* nur seine unmittelbare Nachbarschaft in Raum und Zeit betreffen kann. Unmittelbare Fernwirkungen gibt es hiernach nicht; wirkt also ein physisches Ereignis in die räumliche oder zeitliche Ferne, so kann diese Kausalität keine unmittelbare sein, sondern muss durch eine lückenlose – „kontinuierliche" – Kette unmittelbarer Kausalverhältnisse vermittelt sein.

Wo im EPR-Paradox kommt diese Voraussetzung ins Spiel? Oben wurde gesagt: „Denn man messe P für den Zeitpunkt t direkt am System S, und Q für denselben Zeitpunkt t direkt am System S′. Nichts, so scheint es, kann einer beliebig hohen Genauigkeit dieser Messungen im Wege stehen." So *scheint* es; es ist aber nur dann *unter Garantie wirklich so,* wenn die – wegen der weiten räumlichen Entfernung zwischen S und S′ – weit voneinander entfernten direkten Messungen von P an S und von Q an S′ sich nicht gegenseitig stören können.

Und dies ist, *bei spezifischen Konkretisierungen von* P *und* Q, nicht die einzige notwendige Bedingung dafür, dass tatsächlich nichts einer beliebig hohen Genauigkeit bei der Messung von P an S und von Q an S′ im Wege stehen kann. Siehe den *Anhang* zum 3. Kapitel, wo, bei P = *Impulsgröße* und Q = *Ortsgröße,* die beliebig hohe Messgenauigkeit hinsichtlich P an S (= y) und hinsichtlich Q an S′ (= x) bereits an *anderen* Faktoren – nicht erfüllten notwendigen Bedingungen – scheitert, *ohne dass* eine Störung über die Distanz hinweg in Anspruch genommen werden müsste. Im Folgenden sei aber davon ausgegangen, dass die Möglichkeit des sich gegenseitig Störens der weit voneinander entfernten, aber gleichzeitig erfolgenden direkten Messungen von P und Q das einzige ist, was ausgeschlossen werden muss, um den Weg zu einer beliebig hohen Genauigkeit dieser Messungen zu ebnen.

Man wird daher in einem EPR-Szenario die fraglichen direkten Messungen gleichzeitig ausführen und vertraut im Übrigen auf *die*

Lokalität aller physischen Wirkungen, wonach insbesondere jede instantan (augenblicklich) erfolgende räumliche Fernwirkung, und mithin eine gegenseitige Störung der Messungen, ausgeschlossen ist.

Auch die Lokalität aller physischen Wirkungen ist eine Fundamentalsupposition der klassischen Physik – freilich eine, gegenüber der schon die klassische Physik eine gewisse Ambivalenz an den Tag legte (wie in Kap. 2 näher ausgeführt wurde). Umso leichter erscheint es dann aber doch, das EPR-Paradox im Sinne der Quantenphysik aufzulösen – ohne dieser, bildlich gesprochen, auch nur ein Haar zu krümmen –, nämlich indem man aus diesem – nun recht kurzlebigen – Paradox *die Widerlegung* eine der Annahmen macht, auf denen es beruht: die Widerlegung der Lokalität aller physischen Wirkungen. Neben anderen Fundamentalsuppositionen der klassischen Physik macht die Quantenphysik, so lautet die Schlussfolgerung, eben auch die Lokalitätssupposition nicht mit; vielmehr ist sie eine *kausal nichtlokale* Theorie – und ist dadurch dennoch nicht im Mindesten in ihrer Geltung beschädigt.

Eine solche Auflösung des EPR-Paradoxes ist natürlich *nicht* im Sinne von Einstein, Podolsky und Rosen. Und obwohl es auch schon zur Zeit der drei Genannten Gesichtspunkte gegeben haben mag, die sich als hinreichend gute Gründe dafür ansehen ließen, die Quantenphysik (so wie sie seit 1925/26 dem theoretischen Teil nach – im Wesentlichen – fertig vorliegt) gegenüber der Lokalität aller physischen Wirkungen zu bevorzugen (da man nun einmal nicht beide zusammen haben kann), ist doch bei der bislang gegebenen Darstellung der Eindruck einer gewissen Willkürlichkeit der ins Auge gefassten Auflösung des EPR-Paradoxes nicht von der Hand zu weisen. Einstein ging zudem offensichtlich *nicht* davon aus, dass für die Quantenphysik günstige Bevorzugungsgesichtspunkte wirklich vorhanden seien, und die von ihm selbst entwickelte Relativitätstheorie gab ihm ja auch einen, wie es scheint, ausgezeichneten Grund an die Hand, an der Lokalität aller physischen Wirkungen, insbesondere an der Ausschließung der (insbesondere für das EPR-

Paradox relevanten) instantanen Fernwirkungen festzuhalten: Gemäß der Relativitätstheorie kann der Betrag keiner Geschwindigkeit größer sein als der Betrag der Lichtgeschwindigkeit. Folglich kann es, wie es scheint, keine instantanen Fernwirkungen geben, denn derartigen Wirkungen erfordern, so scheint es, eine *Kausalitätsausbreitung* mit einer *Geschwindigkeit,* die größer als die Lichtgeschwindigkeit ist – eine Ausbreitung also, die es gemäß der Relativitätstheorie *nicht* geben kann.

Es wird freilich *heute* allgemein akzeptiert, dass die Quantenphysik sowohl richtig als auch *nichtlokal* ist. Um den augenscheinlichen Widerspruch zur Relativitätstheorie zu entgehen, wird gewöhnlich gesagt, dass die von der Quantenphysik bejahte Nichtlokalität *nichtkausaler* Natur sei. Man könne die nichtlokalen quantenphysikalischen „Effekte" nicht aktiv manipulieren und daher auch nicht zur Informationsübertragung verwenden; das mache sie *nichtkausal.* Nur eine *kausale* quantenphysikalische Nichtlokalität stünde im Widerspruch zur Relativitätstheorie.

Doch wird hier aufgrund einer fragwürdigen Verengung des Kausalitätsbegriffs verkannt, dass Lokalität bzw. Nichtlokalität (im hier allein einschlägigen Sinn) per se *kausale* Begriffe sind.

Lokalität *im hier nicht gemeinten umfassenden Sinn* liegt (als Eigenschaft der physischen Welt) genau dann vor, wenn sich alle physischen Begebenheiten auf lokale physische Begebenheiten zurückführen lassen. Diese *umfassende Lokalität* ist *allerdings* nicht per se kausaler Natur, denn zu ihr gehört *mehr* als *die Lokalität aller physischen Wirkungen,* also mehr als Lokalität *im hier gemeinten spezifischen Sinn.* Diese letztere, *hier gemeinte* Lokalität ist nun aber ihrerseits (wie gesagt) per se kausaler Natur; für *sie* – die hier allein einschlägig ist – gilt in der Tat: Lokalität = kausale Lokalität.

Auch dann, wenn es denn richtig ist, dass die nichtlokalen quantenphysikalischen Effekte keine Informationen übertragen können, sollte man die dann immer noch allgemein akzeptierten Fälle von *sog.* „nichtkausaler" quantenphysikalischer Nichtlokalität als Fälle *kausaler* Nichtlokalität (in einem weiter gezogenen, aber völlig akzeptablen, ja empfehlenswerteren Sinn von „kausal") gelten lassen und in diesem Sinn vom Vorkommen „quantenphysikalischer instantaner Fern*wirkungen*" sprechen. Denn wodurch wäre es denn gerechtfertigt, davon auszugehen, dass Kausalität nur dann vorliegen könne, wenn Information übertragen werden kann? Vielmehr ist Kausalität in einem völlig legitimen Sinn doch schon dann gegeben, wenn *überhaupt* nichtmetaphorisch von *Wirkungen* (das heißt hier: *verursachten Ereignissen*) gesprochen werden kann (ob aktiv erzeugt oder nicht, ob Informationen tragend oder nicht).

Um dem augenscheinlichen Widerspruch zwischen quantenphysikalischen instantanen Fernwirkungen und Relativitätstheorie zu entgehen, ist es vielmehr notwendig, sich von der Vorstellung zu lösen, dass Kausalität etwas sein muss, das sich wie Licht im Raum ausbreitet, dem man deshalb eine Ausbreitungsgeschwindigkeit zuordnen muss, welche dann natürlich folgerichtig, gemäß der Relativitätstheorie, nicht größer als die Lichtgeschwindigkeit sein kann. Kausalität hat aber, wie die Zeit, keine Geschwindigkeit, weder eine endliche noch eine unendliche; und deshalb ist eine instantane Fernwirkung *begrifflich* eben *keineswegs* eine Wirkung, die mit unendlich großer, oder *quasi* unendlich großer, Kausalitätsgeschwindigkeit erfolgt und somit *aus sich heraus* der Relativitätstheorie widerspricht. Allerdings kann im Einzelfall eine instantane Fernwirkung tatsächlich eine unendlich große Geschwindigkeit involvieren – nicht der Kausalität, sondern von etwas anderem: von einem gewissen physischen Objekt (im weitesten Sinne); *dann* widerspricht sie der Relativitätstheorie. Bei den fraglichen quantenphysikalischen instantanen Fernwirkungen kommt man jedoch ganz ohne derartige Objektgeschwindigkeiten aus.

Im Zeitalter der Relativitätstheorie ist ein *weiter gezogenes* Verständnis von instantaner Fernwirkung angesagt als vormals: Bei einer *instantanen Fernwirkung* ist die Zeitdifferenz Δt zwischen der Ursache und der im Abstand $d > 0$ räumlich von ihr entfernten Wirkung 0; *oder* aber (das ist nun die in Rede stehende Sinnerweiterung) jene Zeitdifferenz ist zwar größer als 0, aber (1.) sehr klein absolut und (2.) sehr klein im Verhältnis zu d, und zwar so klein, dass gilt: $(d/\Delta t) > c$. c ist hierbei der Betrag der Lichtgeschwindigkeit im Vakuum, der – die Richtigkeit der Relativitätstheorie vorausgesetzt – durch den Betrag keiner Geschwindigkeit zu übertreffen ist.

Von dem beschriebenen weiter gezogenen Verständnis instantaner Fernwirkung soll hier ausgegangen werden. Angesichts der Relativitätstheorie ergibt sich mit ihm aber nur, dass eine instantane Fernwirkung durch keine *Ausbreitung* von irgendetwas eintreten kann (weil, wenn sie dadurch einträte, es eine Ausbreitung gäbe, deren Geschwindigkeit größer als c ist) – dass eine instantane Fernwirkung mithin *in der Tat* stets eine *unmittelbare* Wirkung in die räumliche Distanz, eine *unmittelbare Fernwirkung* darstellt (und als solche mit der Lokalität aller physischen Wirkungen unvereinbar ist). Mit jenem weiter gezogenen Verständnis ergibt sich *nicht*, dass es aufgrund der Relativitätstheorie instantane Fernwirkungen schlicht nicht geben kann.

Die Relativitätstheorie kann also tatsächlich nicht zur Stützung der klassischen Fundamentalsupposition der Lokalität aller physischen Wirkungen herangezogen werden, wobei es nun gerade diese *kausalitätstheoretische* Supposition ist, die aus *heutiger* physikalischer Sicht, *unbeschadet* der Relativitätstheorie und *unter Bestätigung* der Quantenphysik, *widerlegt* ist. Diese ganz *uneinsteinsche* wissenschaftsgeschichtliche Lage ist allerdings keine Folge einer uneinsteinschen Reaktion auf das EPR-Paradox, nämlich der oben ins Auge gefassten, sozusagen den Spieß umdrehenden Auflösung dieses Paradoxes. Dafür ist jene Lage viel zu stabil, während jene reaktive Auflösung des EPR-Paradoxes gerade keine große Stabilität erwarten ließe: Es geht ja dabei nur um ein Gedankenexperiment – das EPR-Paradox schwebt frei im argumentativen Raum –, und also: *ja*, man kann in Reaktion auf das EPR-Paradox die Lokalität aller physischen Wirkungen verwerfen, *aber* es ist, solange man im bloß gedankenexperimentellen Rahmen verbleibt, auch keineswegs irrational (sondern Einstein, Podolsky und Rosen dachten im Gegenteil, es sei einzig rational), sie beizubehalten. In der Tat ist das EPR-Paradox (im Kontrast zu *EPR-Szenarien*, wie wir gleich sehen werden) kein Faktor in der aktuellen Verwerfung der Lokalität aller physischen Wirkungen. Vielmehr gilt heute die Lokalität aller physischen Wirkungen als *empirisch* widerlegt, als durch vollkommen aussagekräftige (*empirische*) *Experimente* widerlegt – durch Experimente, die zugleich die Quantenphysik voll und ganz bestätigen.

Die Wissenschaft wurde ursprünglich in die Lage versetzt, *experimenta crucis* zwischen der Quantenphysik und der klassischen Fundamentalsupposition der Lokalität aller physischen Wirkungen zu konzipieren und später zu realisieren, durch theoretische Resultate, die der Physiker John Bell in den sechziger Jahren des 20. Jahrhunderts erzielte. Insbesondere war es das *Bell'sche Theorem* von 1964, das die *Aspect-Experimente* (benannt nach dem Physiker Alain Aspect) von 1981 und 1982 ermöglichte. Dieses Theorem besagt, dass für ein gewisses EPR-Szenario unter der Annahme der Lokalität aller physischen Wirkungen eine gewisse Ungleichung folgt – die berühmte *Bell'sche Ungleichung* –, deren *Verneinung* aber für das gewisse EPR-Szenario aus der Quantenphysik folgt.

Die Struktur eines *experimentum crucis* – eines Entscheidungsexperiments – zwischen den Hypothesen A [hier: Lokalität aller physischen Wirkungen] und B [hier: Quantenphysik] ist die folgende: Aus A folgt unter den Rahmenbedingungen C [hier: das gewisse EPR-Szenario] die Aussage E [hier: die Bell'sche Ungleichung]; aus B folgt aber unter denselben Rahmenbedingungen C die Verneinung, non-E, der Aussage E. Im Experiment wird unter den (sicher vorliegenden) Rahmenbedingungen C festgestellt, ob sich die Wahrheit von E oder aber die Wahrheit von non-E erweist. Im ersten Fall ist B widerlegt und A bestätigt; im zweiten Fall dagegen ist A widerlegt und B bestätigt.

Die Bell'sche Ungleichung ist eine der empirischen Überprüfung prinzipiell zugängliche Aussage, und das zugehörige EPR-Szenario (es wird weiter unten geschildert) legte von Anfang an nahe, dass es sich im Prinzip empirisch realisieren ließe. Mit dem Fortschritt der Experimentiertechnik wurde dann die Frage, ob die Bell'sche Ungleichung für das fragliche EPR-Szenario richtig ist oder falsch, der empirischen Überprüfung effektiv zugänglich. Die Aspect-Experimente erbrachten mit großer Sicherheit das Resultat, dass jene Ungleichung (bzw. eigentlich eine Verwandte von ihr) für jenes Szenario (bzw. eigentlich eine Variante von ihm) *falsch* ist. Damit ist die klassische Fundamentalsupposition der Lokalität aller physischen Wirkungen *empirisch* widerlegt, die Quantenphysik aber als kausal nichtlokale Theorie empirisch bestätigt.

Als bedeutsame Aussage des Bell'schen Theorems (damit ist hier immer gemeint: Bells Theorem von 1964; es gibt noch ein anderes von 1966, das hier nicht weiter berücksichtigt werden kann) wird gewöhnlich die folgende Feststellung angesehen: Keine kausal lokale Theorie *mit verborgenen Variablen* ist *empirisch äquivalent* mit der Quantenphysik (d. h.: macht im gemeinsamen Messbereich stets dieselben empirischen Voraussagen wie die Quantenphysik). Das entspricht den ursprünglichen Intentionen Bells. Tatsächlich ist das Bell'sche Theorem aber allgemeiner – nämlich so allgemein, wie in seiner obigen Erstbeschreibung schon liegt –, und dementsprechend lässt sich auf seiner Grundlage eine allgemeinere (und somit logisch stärkere) Feststellung als die eben angegebene machen:

> *Keine kausal lokale Theorie* [ob mit verborgenen Variablen *oder ohne*] *ist empirisch äquivalent mit der Quantenphysik.*

Die übliche Einschränkung der Reichweite des Theorems auf Theorien *mit verborgenen Variablen* verdankt sich allein historischen Gründen; denn es war eben eine zur Quantenphysik empirisch äquivalente kausal lokale Theorie *mit verborgenen Variablen* (allerdings keine *bestimmte* solche, zudem mit verborgenen Variablen hoffentlich *nur einstweilen* arbeitende Theorie), die Einstein, Podolsky und Rosen als der Quantenphysik *sehr vorzuziehende* Theorie vorschwebte, als sie ihr berühmtes Paradox mit der Intention der Erschütterung der Quantenphysik formulierten.

Bells Originalarbeit von 1964, in der er sein Theorem formuliert, hat denn auch bezeichnenderweise den Titel „On the Einstein-Podolsky-Rosen Paradox".

Es bleibt freilich dabei: Aus dem Bell'schen Theorem *folgt* (*auch*), dass es eine zur Quantenphysik empirisch äquivalente kausal lokale Theorie *mit verborgenen Variablen* nicht geben kann; es hat daher keinen Zweck, auf eine solche Theorie zu hoffen oder nach ihr zu suchen. Durch das Bell'sche Theorem wird hingegen nicht ausgeschlossen, dass eine *kausal nichtlokale* Theorie mit verborgenen Variablen zur Quantenphysik empirisch äquivalent ist; und tatsächlich hat der Physiker David Bohm schon 1952 eine solche Theorie vorgelegt.

Eine *Quantentheorie mit verborgenen Variablen* ist nun eine Theorie, die empirisch äquivalent zur (herrschenden) Quantenphysik sein *soll* (und es tatsächlich ist, oder auch nicht), die aber trotz der quantenphysikalisch behaupteten naturgesetzlich notwendigen Begrenztheit der Wahrheitsnähe der Messungen gewisser physikalischer Größen an der zu allen Zeitpunkten gegebenen eindeutigen objektiven Bestimmtheit aller physikalischen Größen festhält (während ja die Quantenphysik – im Sinne der in diesem Buch gegebenen philosophischen Interpretation von ihr – mit der 2. Fundamentalsupposition der klassischen Physik auch die 1. aufgibt). Eine *Quantentheorie mit verborgenen Variablen* arbeitet mit allen physikalischen Größen als Größen, die zu allen Zeitpunkten eindeutig objektiv bestimmt sind, und betrachtet die offenbare Tatsache, dass sich manche von ihnen der beliebig genauen Messbarkeit entziehen, als bloße Folge einer (bis auf weiteres gegebenen, aber möglicherweise doch unüberwindlichen) Begrenztheit unseres Erkenntnisvermögens: Jene physikalischen Größen stellen also für uns (bis zu einem gewissen Grade) *verborgene Variablen* dar. (Dafür, wie diese Betrachtungsweise konkret funktioniert, wird weiter unten ein Beispiel gegeben.) Hinzu kommt aber bei *Quantentheorien mit verborgenen Variablen* noch eine andere Art von *Verborgensein von Variablen*. Es ist nicht nur so, dass diese Theorien annehmen, gewisse *schon bekannte* physikalische Größen seien uns bis zu einem gewissen Grade empirisch (also bei der Messung) unzugänglich, aber *dennoch* – wie alle physikalischen Größen – stets objektiv eindeutig bestimmt; vielmehr postulieren Quantentheorien mit verborgenen Variablen als objektiv gegeben auch *neue, bislang unbekannte* physikalische Größen, die jedoch nicht empirisch nachweisbar sind (und es sein *müssen*, wenn denn der Anspruch der Quantentheorien mit verborgenen Variablen, empirisch äquivalent zur Quantenphysik zu sein, zu Recht besteht).

Gemäß Bohms Quantentheorie mit verborgenen Variablen (die *tatsächlich* zur Quantenphysik empirisch äquivalent ist) sind die Interferenzstreifen bei Doppelspaltexperimenten mit Teilchen im Effekt auf die Einwirkung einer bislang unbekannten Kraft zurückzuführen, die die Teilchen nach dem Passieren ihres jeweiligen Durchgangsspalts entsprechend *lenkt* (so dass eben die Interferenzstreifen zustande kommen). Die mathematische Beschreibung dieser neuen – nichtlokalen – Kraft lässt sich kohärent in den mathematischen Apparat der Physik einfügen, und zudem so, dass an keiner Stelle ein Widerspruch zu den Phänomenen auftritt. Aber obwohl die theoretischen Vorteile nicht zu verachten sind – Bohms Theorie bewahrt von den vier nichtambivalenten Fundamentalsuppositionen der klassischen Physik alle außer der 2. (bezahlt dies aber mit einer radikalen Nichtlokalität) –, hat Bohms Theorie kaum einen Physiker überzeugt (und auch bei Philosophen hat sie nur geringen Anklang gefunden) – auch nicht Albert Einstein, obwohl ihm doch *die universell eindeutige objektive Bestimmtheit der physikalischen Größen* (die 1. Fundamentalsupposition der klassischen Physik) und *die universelle Determiniertheit des physischen Geschehens* (die 3. Fundamentalsupposition) so sehr am Herzen lagen: Einstein betrachtete Bohms Quantentheorie mit verborgenen Variablen als einen unnötigen Überbau zum Kern der Quantenphysik. Der ausschlaggebende Grund für diese weitverbreitete Ablehnung der bohmschen Theorie ist, dass es keinen empirischen Nachweis für die bohmsche Kraft gibt. (Es muss erläuternd hinzugefügt werden: „empirischer Nachweis" meint hier dasselbe wie „empirischer Nachweis, der unabhängig ist von der postulierenden Theorie"; denn aus der Perspektive der schon als richtig vorausgesetzten bohmschen Theorie ließen sich die Interferenzstreifen bei Doppelspaltexperimenten mit Teilchen selbstverständlich als schlagender empirischer Nachweis ansehen *für die bohmsche Kraft*.)

Eine zentrale Folgerung aus dem Bell'schen Theorem ist demnach auch dies: Es gibt keine kausal lokale Quantentheorie mit verborgenen Variablen, die tatsächlich – und nicht nur dem Anspruch nach –

mit der Quantenphysik empirisch äquivalent ist. Im Folgenden wird dementsprechend zunächst im begrifflichen Rahmen einer nur für den gegebenen Kontext näher beschriebenen Quantentheorie *mit verborgenen Variablen* gezeigt, wie sich eine Verwandte der Bell'schen Ungleichung – kurz: *eine* Bell'sche Ungleichung – und auch *die* Bell'sche Ungleichung selbst im zugrundeliegenden EPR-Szenario aus der – als zur Theorie gehörig aufgefassten – Voraussetzung der Lokalität aller physischen Wirkungen ergibt. Die Bell'sche Ungleichung wird dann mit der sie negierenden, empirischer Überprüfung prinzipiell zugänglichen Voraussage der Quantenphysik für das zugrunde liegende EPR-Szenario konfrontiert. Im Anschluss daran wird zudem im begrifflichen Rahmen einer nur für den gegebenen Kontext näher beschriebenen Quantentheorie *ohne verborgene Variablen* gezeigt, wie sich im selben zugrunde liegenden EPR-Szenario *dieselbe* (durch die Quantenphysik für dieses Szenario negierte) Bell'sche Ungleichung aus der – als zur Theorie gehörig aufgefassten – Voraussetzung der Lokalität aller physischen Wirkungen ergibt. Aufgrund beider Demonstrationen steht fest, dass die beiden betrachteten kausal lokalen *Quantentheorien* mit der Quantenphysik tatsächlich nicht empirisch äquivalent sind (sondern nur dem Anspruch nach, der schon im Titel „Quantentheorie" liegt). Angesichts des exemplarischen und voraussetzungsarmen Charakters der beiden betrachteten Quantentheorien ist nahegelegt (wenn auch nicht eben streng bewiesen – das würde den Rahmen dieses Buches sprengen): *Es gibt keine kausal lokale Quantentheorie, die mit der Quantenphysik empirisch äquivalent ist.* Woraus folgt: *Es gibt keine kausal lokale Theorie, die mit der Quantenphysik empirisch äquivalent ist.*[26] Dies ist nichts anderes als die oben herausgestellte, naturphilosophisch überaus bedeutsame Aussage des (allgemeiner gefassten) Bell'schen Theorems.

[26] Diese letztere Aussage klingt logisch stärker als die vorausgehende (kursivierte), ist es aber nicht, da eine *Theorie*, die mit der Quantenphysik empirisch äquivalent ist, eo ipso eine *Quantentheorie* im hier eingeführten Sinn ist, d. h. *beansprucht* mit der Quantenphysik empirisch äquivalent zu sein.

Das den folgenden Überlegungen zugrunde liegende EPR-Szenario ist dasjenige, welches in der (mittlerweile zum Standard gewordenen) Fassung des EPR-Paradoxes verwendet wird, die David Bohm 1951 angegeben hat. Hier folgt nun die Beschreibung dieses Szenarios (mit gewissen zusätzlichen Spezifikationen im Hinblick auf den späteren Beitrag Bells):

Von einer Teilchenquelle genau in der Mitte der geraden Linie zwischen zwei funktionstüchtigen (sog. Stern-Gerlach-) Detektoren werden entlang dieser Linie in entgegengesetzte Richtungen gleichzeitig Paare von Elektronen ausgesandt: ein Elektron zum linken Detektor (Elektron L), das andere zum rechten (Elektron R). Es geht um die Messung der jeweiligen Spinkomponenten der gepaarten Elektronen entlang der untereinander verschiedenen, festgewählten Achsen x, y und z, wobei wir der Definitheit halber davon ausgehen wollen, dass x mit y einen Winkel von 60° einschließt und y mit z wiederum einen Winkel von 60° (x mit z also einen Winkel von 120°).

Geometrisch stellen sich die Achsen x, y, und z eigentlich als Ebenen dar, die sich alle drei in einer Geraden – nämlich der Verbindungsgeraden G zwischen den beiden Detektoren – schneiden (mit den eben angegebenen Winkeln) und von dieser Geraden wegorientiert sind (man stelle sich in jeder der drei Ebenen einen Pfeil vor, der lotrecht auf G stehend von G wegweist). Auf G kann man aber überall einen fixen Punkt wählen – als „Achsenschnittpunkt" – und die drei Ebenen an dieser Stelle durch drei jeweils in ihnen liegende Geraden repräsentieren, die sich in jenem Punkt schneiden und auf G senkrecht stehen. Die Winkel zwischen diesen Geraden sind die Winkel zwischen den Ebenen, und die Orientierungen der Geraden sind (oder vielmehr: seien) die Orientierungen der Ebenen.

Die Detektoren sind bei jedem experimentellen Durchgang darauf eingestellt, die Spinkomponente des bei ihnen eintreffenden Elektrons entlang einer der Achsen x, y und z zu messen. Nur zwei Messwerte (gemeint ist: nur zwei *akzeptable* Messwerte) sind bei beiden Detektoren bei jeder der drei Achsen möglich, nämlich *auf(wärts)* oder *ab(wärts)*; genau einer von beiden muss bei einer *D-*

Messung – gemeint ist: bei einer *erfolgreichen Messung mittels Detektor* – jeweils vorliegen; das ergibt *Gegebenheit* (i):

(i) Es ist unmöglich, die Spinkomponente von L bzw. R entlang einer Achse (aus x, y, z) zugleich als *auf* und *ab* zu *D-messen*, und ebenso unmöglich ist es, sie als weder *auf* noch *ab* zu *D-messen*.

Der *Spin* oder *Eigendrehimpuls* eines Elektrons ist ein *Vektor* und lässt sich wie jeder Vektor auf gegebene Achsen projizieren, und zwar insbesondere auf Achsen, die sich (zu einem Zeitpunkt) mit der Richtungsgeraden des Vektors in ein und demselben Punkt, nämlich im Ansatzpunkt A des Vektors, schneiden: Man fälle beispielsweise von der Spitze des Vektors V aus das Lot auf die Achse x; der Komponentenvektor V_x entlang der Achse x verläuft dann von A (Ansatzpunkt des Komponentenvektors) bis zum Lotschnittpunkt S (Spitze des Komponentenvektors).

Zum *Drehimpuls* – oder der *Drehwirkung*, wie ich den Drehimpuls auch genannt habe – siehe das 3. Kapitel; es ist aber zu beachten, dass die soeben als „Eigendrehimpuls eines Elektrons" bezeichnete Größe zum Eigendrehimpuls etwa einer rotierenden Kugel nur in gewisser Weise analog ist.

Was hier, üblicher Sprechweise folgend, durch die Bezeichnungen *„auf"* und *„ab"* kodiert wird (bzw. später durch die Bezeichnungen „+" und „–", oder auch „+1" und „–1") ist die *Orientierung* eines solchen Spinkomponentenvektors (bezogen auf eine vorgegebene Messachse, wobei wir hier der Konvention folgen wollen, dass jene Orientierung *auf* ist, wenn sie gleichsinnig zur Orientierung der Messachse ist, *ab* hingegen, wenn sie ihr entgegen ist). Die Stern-Gerlach-Detektoren messen eigentlich nur die *Orientierung* des von ihnen jeweils vermessenen Spinkomponentenvektors, womit dann aber natürlich dessen *räumliche Richtung* (Richtung im Raum) wegen der gewählten Messachse ebenfalls gemessen ist; denn Achse und Orientierung legen die Richtung – samt zugehöriger Gegenrichtung – vollständig fest. Der (absolute) *Betrag* hingegen eines Spinkomponentenvektors bei einem Elektron braucht gar nicht gemessen zu werden, denn er ist bereits ein für allemal bekannt: $(1/2)\hbar$ [woraus sich genau zwei mögliche *Werte* für den Vektor ergeben, je nach seiner Orientierung: $(1/2)\hbar$ und $-(1/2)\hbar$], wobei 1/2 die *Spinquantenzahl* des Elektrons ist. Aus den angeführten Gründen können wir also die Spinkomponente entlang einer Achse – d. h. den Spinkomponentenvektor entlang der Achse – als durch die Orientierung (*auf* oder *ab*) vollständig angegeben betrachten.

Es kann verwirren, dass die Spinquantenzahlen von Elementarteilchen oft auch selbst als deren „Spin" bezeichnet wird. Ein Elektron, heißt es dann, habe den *Spin* 1/2. Man spricht von *Teilchen mit halbzahligem Spin* (d. h. mit halbzahliger Spinquantenzahl 1/2, 3/2, 5/2, ...), den *Fermionen*, und von *Teilchen mit ganzzahligem Spin* (d. h. mit ganzzahliger Spinquantenzahl 0, 1, 2, 3, ...), den *Bosonen*. In der Spinquantenzahl s eines Elementarteilchens kommt zum Ausdruck, dass dessen Spinkomponentenvektoren nur die Werte $s\hbar$, $s_1\hbar$, ..., $s_N\hbar$, [$0\hbar$,] $-s_N\hbar$, ..., $-s_1\hbar$, $-s\hbar$ annehmen können, wobei der nächstfolgende Wert in dieser Reihe stets um $\hbar$ kleiner als der vorausgehende sein muss – das ist die hier einschlägige Form der *Quantelung* – und ein mittleres Glied (0-Glied) auch fehlen kann. Es ist unmittelbar ersichtlich, dass diese Erfordernisse nur durch ganz- oder halbzahlige s zu erfüllen sind. Die kürzeste Wertereihe ergibt sich für die Spinquantenzahl 1/2 (wenn wir von der „Wertereihe" für 0 einmal absehen): $(1/2)\hbar$, $-(1/2)\hbar$, was nun eben die einzigen beiden *Werte* für Spinkomponentenvektoren bei Elektronen (aber auch bei Protonen) sind.

Zudem sind die *entlang derselben Achse* durch die Detektoren erfolgreich zugleich gemessenen Spinkomponenten bei den paarweise ausgesandten Elektronen aus naturgesetzlichen Gründen miteinander in gewisser Weise korreliert, nämlich in der Weise, die in *Gegebenheit* (ii) zum Ausdruck kommt:

> (ii) Es ist unmöglich, die Spinkomponente von L entlang einer Achse als *auf* (bzw. *ab*) zu D-messen und nicht zugleich, bei gleicher Achseneinstellung des gegenüber liegenden Detektors, die Spinkomponente von R entlang derselben Achse als *ab* (bzw. *auf*) zu D-messen. Ebenso ist es unmöglich, die Spinkomponente von R entlang einer Achse als *auf* (bzw. *ab*) zu D-messen und nicht zugleich, bei gleicher Achseneinstellung des gegenüber liegenden Detektors, die Spinkomponente von L entlang derselben Achse als *ab* (bzw. *auf*) zu D-messen.

Schließlich gibt es neben den schon angeführten beiden Gegebenheiten noch eine dritte:

> (iii) Es ist unmöglich, die jeweilige Spinkomponente von L bzw. R zugleich entlang *zwei* Achsen (aus x, y, z) *zu D-messen.*

Wenn also der linke Detektor die Spinkomponente von L entlang der x-Achse erfolgreich misst, dann kann er nicht zugleich auch die Spinkomponente von L entlang der y- oder der z-Achse erfolgreich messen. Und wenn der rechte Detektor die Spinkomponente von R entlang der y-Achse erfolgreich misst, dann kann er nicht zugleich die Spinkomponente von R entlang der x- oder der z-Achse erfolgreich messen. (iii) ist sorgfältig zu unterscheiden von der folgenden, stärkeren *Aussage der Quantenphysik*, die den hier einschlägigen Fall der quantenphysikalischen Messkomplementarität betrifft:

> (iii*) Es ist unmöglich, die Spinkomponente von L bzw. R zugleich entlang *zwei* Achsen *erfolgreich zu messen; dies ist unmöglich,* ob nun die Messung mit Detektor oder ohne erfolgen soll, direkt oder indirekt, auf welche Weise auch immer.

Im Unterschied zu (i), (ii) und (iii) ist (iii*) *kein* Bestandteil des beschriebenen EPR-Szenarios, sondern (iii*) kann bei ihm vielmehr zur Disposition gestellt werden (siehe dazu gleich im Folgenden).

Unschwer erkennbar ist aus der gegebenen Beschreibung die zweiseitige, über räumliche Distanz hinweg reichende Korrelationsstruktur eines EPR-Szenarios (vgl. den Anhang zu Kap. 3 und die oben angegebene ganz allgemeine Beschreibung des Grundgedankens des EPR-Paradoxes). Es lässt sich leicht denken, wie Einstein, Podolsky und Rosen nun weiter argumentiert hätten, wenn sie sich konkret auf das bohmsche Szenario bezogen hätten:

Wenn, beispielsweise, der linke Detektor die Spinkomponente von L entlang der x-Achse als *auf* misst und zugleich der rechte Detektor die Spinkomponente von R entlang der y-Achse als *ab*, so erhält man damit *sehr wohl indirekte Auskunft* über die Spinkomponente von L entlang der y-Achse – *zugleich* mit der *direkten Auskunft*, die man über die Spinkomponente von L entlang der x-Achse erhält. Aus (ii) folgt nämlich:

> (ii′) Es ist unmöglich, die Spinkomponente von R entlang der y-Achse als *ab* zu D-messen und nicht zugleich, bei gleicher Achseneinstellung des gegenüber liegenden Detektors, die Spinkomponente von L entlang der y-Achse als *auf* zu D-messen.

Weil die Spinkomponente von R entlang der y-Achse als *ab* D-gemessen ist, ist also – indirekt zwar, aber nicht minder erfolgreich – gemessen, dass die Spinkomponente von L entlang der y-Achse *auf* ist, womit aber der Quantenphysik, die ja (iii*) behauptet, widersprochen ist, da die Spinkomponente von L schon entlang der x-Achse als *auf* D-gemessen ist. Es ist freilich wahr, dass diese erfolgreiche Messung der Spinkomponenten von L *entlang zwei Achsen zugleich* mit (ii′) *nicht strikt folgerbar ist,* weil ja der gegenüber liegende Detektor – hier der linke Detektor – tatsächlich *nicht* die gleiche Achseneinstellung wie der rechte Detektor hat: der linke Detektor misst, wie gesagt, entlang der x-Achse, der rechte entlang der y-Achse. Aber – *würden Einstein, Podolsky und Rosen nun sagen und sich damit auf das Terrain einer Theorie mit verborgenen Variablen begeben* – es kann doch nicht sein, dass die x-Einstellung des linken Detektors einen Einfluss darauf hat, was die Spinkomponente von L entlang der y-Achse ist. Gewiss ist diese Spinkomponente doch ganz dieselbe wie die, die L hätte, wenn der linke Detektor zur Messung entlang der y-Achse und nicht, wie in Wirklichkeit, zur Messung entlang der x-Achse eingestellt wäre, aber alles Übrige – insbesondere die rechte Achseneinstellung und das rechte Messergebnis – gleich bleibt; und diese – dann D-gemessene – Spinkomponente wäre eben *auf* gemäß (ii′), weil ja die D-gemessene Spinkomponente von R entlang der y-Achse *ab* ist und dies festgehalten bleibt. Um völlig auszuschließen, dass die x-Einstellung des linken Detektors einen Einfluss auf die Spinkomponente von L entlang der y-Achse hat, wird man es bis zum letzten Augenblick – als die beiden gepaarten Elektronen L und R schon zu ihren jeweiligen Detektoren unterwegs sind und sie fast schon erreicht haben – offen lassen, ob links die x-Einstellung oder aber die y-Einstellung realisiert wird. Würde dann immer noch die x-Einstellung des linken Detektors einen Einfluss auf die Spinkomponente von L entlang der y-Achse haben, wäre also immer noch diese Spinkomponente bei Realisierung der x-Einstellung-links eine andere als bei Realisierung der y-Einstellung-links, dann würde dies bedeuten, dass im Fall einer schließlich doch noch erfolgenden Realisierung der y-Einstellung-links die Korrelationsanpassung (zur Erfüllung von (ii)) der rechten Seite an die linke erst im letzten Augenblick erfolgen müsste.

Angenommen, die Spinkomponente von L entlang der y-Achse wäre bei Realisierung der y-Einstellung-links *ab*, bei Realisierung der x-Einstellung-links aber eben *auf*. Erst im letzten Augenblick würde dann – beim Offenhalten bis zuletzt – durch Realisierung der y-Einstellung-links determiniert, dass die Spinkomponente von L entlang der y-Achse *ab* ist (was D-gemessen würde) und dass *dementsprechend auf der anderen Seite* die Spinkomponente von R entlang der y-Achse *auf* ist (was gleichzeitig D-gemessen würde). Vor diesem letzten Augenblick läge dieses Korrelationsverhältnis hingegen nicht fest, denn bei der ebenso möglichen Realisierung der x-Einstellung-links würde es nicht eintreten, sondern an seiner Stelle ein anderes (nämlich das, welches tatsächlich eintritt).

Angesichts der Entfernung zwischen L und R wäre jene Korrelationsanpassung aber nur durch eine instantane Fernwirkung von links nach rechts möglich. Instantane Fernwirkungen – *so Einstein, Podolsky und Rosen* – gibt es jedoch nicht, denn es gilt – *so Einstein, Podolsky und Rosen* – das Prinzip der Lokalität aller physischen Wirkungen.

Aus Sicht der Quantenphysik ist hier, um der EPR-Argumentation zu entgehen, entgegenzuhalten (wie wir oben schon sahen), dass es instantane Fernwirkungen eben doch gibt, dass die (ohnehin nur ambivalente) klassische Fundamentalsupposition der Lokalität aller physischen Wirkungen *einfach falsch ist*.

6.1 Bell'sche Ungleichungen für eine Quantentheorie mit verborgenen Variablen

Ein Vorzug des *bohmschen* EPR-Szenarios ist es nun aber, dass bei diesem Szenario, wie John Bell sah, die EPR-Geschichte mit einer bloßen Konfrontation der Positionen hinsichtlich der Lokalität aller physischen Wirkungen noch nicht zu Ende zu sein braucht. Um sie weiterzuerzählen (ein gutes Ende für Einstein, Podolsky und Rosen hat sie freilich nicht – das wissen wir schon), ist zunächst eine relevante kausal lokale Theorie mit verborgenen Variablen näher zu spezifizieren, und zwar hinsichtlich desjenigen Teils, der bei Einstein, Podolsky und Rosen zur Anwendung hätte kommen können, wenn sie sich konkret auf das bohmsche EPR-Szenario bezogen hätten. Die einschlägige nähere Spezifikation ist diese:

> (iv*) Im Sinne der *universell eindeutigen objektiven Bestimmtheit der physikalischen Größen* [also der 1. Fundamentalsupposition der klassischen Physik] gilt im vorliegenden Fall mit (naturgesetzlicher) Notwendigkeit: L und R haben, sobald sie die Elektronenquelle verlassen, jeweils entlang jeder der Achsen x, y und z genau eine (wenn auch entlang einer jeden Achse *nicht ohne weiteres* für alle relevanten Zeitpunkte die gleiche) Spinkomponente: entweder *auf* oder *ab*, wobei bei jeder Achse die R-Spinkomponente und die L-Spinkomponente einander entgegengesetzt sind.[27]

Ein Physiker, der eine lokale *Quantentheorie mit verborgenen Variablen* im oben definierten Sinn vertreten will, könnte dies – nämlich (iv*) – akzeptieren (gleichgültig, welche verborgenen Variablen er außer

[27] Hier kann man fragen: Aber was ist, wenn der Spinvektor auf einer Achse senkrecht steht? Seine Projektion auf diese Achse hat dann den Betrag und die Richtung 0; von *auf* oder *ab* kann keine Rede sein. Die Antwort lautet: Die Theorie lässt diesen bestenfalls seltenen, rein zufälligen Fall (er ist damit vergleichbar, dass eine geworfene Münze beim Auftreffen auf ihrem Rand zum Stehen kommt) unberücksichtigt.

verborgenen Spinkomponenten noch sonst im Sinn haben mag). Und er wird in jedem Fall von kausaler Lokalität und von der *Treue der D-Messungen* – kurz: TDM – gegenüber der objektiv gegebenen Realität ausgehen: dass diese Messungen – dem Messideal der klassischen Physik entsprechend – schlichte *Aufdeckungen* des *zum Messzeitpunkt* objektiv eindeutig Gegebenen, das sonst (*so, wie es ist*) „verdeckt" bliebe, sind. Mit der *Aufdeckungsauffassung des Messens* für den vorliegenden Fall folgen (i) und (ii) aus (iv*).

Wegen (iii), (iv*) und TDM gibt es insgesamt 72 *prima facie* mögliche vollständige Situationen *bei* den oben beschriebenen zweiseitigen gleichzeitigen D-Messungen (jede von diesen Situationen ist also bezogen auf den Zeitpunkt, an dem diese D-Messungen links und rechts *gleichzeitig* erfolgen), die sich alle im folgenden (am Beispiel illustrierten) Stil vollständig beschreiben lassen:

$$\underline{x+},\ y+,\ z-//x-,\ \underline{y-},\ z+$$

Was links vom doppelten Querstrich steht, beschreibt (in selbstredender Weise) die auftretende Kombination der Spinkomponenten von L, für jede Achse spezifiziert; was rechts vom doppelten Querstrich steht, beschreibt die dazu komplementäre Kombination der Spinkomponenten von R, wiederum für jede Achse spezifiziert (wobei „+" für „*auf*" steht und „–" für „*ab*"). Die Unterstreichungen besagen, welche Spinkomponente entlang welcher Achse links bzw. rechts D-gemessen wird; die *Nicht*unterstreichungen hingegen besagen, welche Spinkomponenten entlang welcher Achsen der D-Messung links bzw. rechts *verborgen* bleiben (*müssen*, gemäß (iii)).

Dass es unter den gegebenen Voraussetzungen 72 *prima facie* mögliche vollständige Situationen gibt, lässt sich wie folgt einsehen: Die linken Positionen x, y, z können gemäß (iv*) nur entweder mit + oder mit – besetzt werden, und das ist *prima facie* auf 8 verschiedene Weisen möglich. (Geometrische Überlegungen, die die Stellung der Achsen berücksichtigen und die möglichen Ausrichtungen des Spinvektors zeigen jedoch, dass es *schließlich* doch nur auf 6 verschiedene Weisen möglich ist. Wir werden darauf zurückkommen.) Da zudem gemäß (iv*) die Besetzung der rechten x, y, z Positionen komplementär sein muss zur Besetzung der linken x, y, z Positionen, gibt es auch nur 8 verschiedene Weisen, das zweiseitige Positionsgefüge x, y, z//x, y, z zu besetzen. Gemäß (iii) kann bei einem besetzten Positionsgefüge links bzw. rechts nur *eine einzige* besetzte Position unterstrichen (D-gemessen, nach der Aufdeckungsauffassung des Messens: *aufgedeckt*) werden; dass links bzw. rechts *keine* Position unterstrichen, also die Spinkomponente entlang *keiner* der drei Achsen bei dem einen oder dem anderen oder bei beiden Elektronen D-gemessen wird, ist hingegen einfach dadurch ausgeschlossen, dass das zugrunde liegende EPR-Szenario ein *zweiseitiges D-Mess-Szenario* ist. Die *eine* Unterstreichung links und die *eine* Unterstreichung rechts können nun offensichtlich unabhängig voneinander jeweils in drei verschiedenen Weisen angebracht werden, so dass bei jedem der 8 *prima facie* möglichen besetzten Positionsgefüge 9 mögliche Messvarianten von ihm resultieren. Macht also insgesamt 72 *prima facie* mögliche vollständige Situationen. Hier seien zur Illustration 9 von diesen präsentiert, bei denen immer dieselbe, stets partiell unverborgene, aber zum größeren Teil verborgen bleibende an sich gegebene Kombination von Spinkomponenten vorliegt:

$\underline{x+}$, y+, z–//$\underline{x–}$, y–, z+
$\underline{x+}$, y+, z–//x–, $\underline{y–}$, z+*
$\underline{x+}$, y+, z–//x–, y–, $\underline{z+}$
x+, $\underline{y+}$, z–//$\underline{x–}$, y–, z+
x+, $\underline{y+}$, z–//x–, $\underline{y–}$, z+
x+, $\underline{y+}$, z–//x–, y–, $\underline{z+}$
x+, y+, $\underline{z–}$//$\underline{x–}$, y–, z+
x+, y+, $\underline{z–}$//x–, $\underline{y–}$, z+
x+, y+, $\underline{z–}$//x–, y–, $\underline{z+}$

Die mit dem Sternchen gekennzeichnete *prima facie* mögliche vollständige Situation ist oben schon als Beispiel herausgegriffen worden, um den Beschreibungsstil zu illustrieren, und sie ist eine der beiden Situationen, auf die sich – noch weiter oben – Einstein, Podolsky und Rosen bei der ihnen in den Mund gelegten Argumentation beziehen können (die andere ist $\underline{x+}$, y+, z+//x–, $\underline{y–}$, z–). (Sehr merklich ist bei dem verwendeten Stil der Darstellung der Mess-Situationen die suggestive Kraft des EPR-Arguments für das bohmsche Szenario.)

Die angegebenen neun *prima facie möglichen* vollständigen Situationen sind übrigens auch alle *endgültig möglich. Prima facie möglich*, aber *endgültig unmög-*

lich sind hingegen alle (insgesamt 18) Situationen, denen x+, y–, z+//x–, y+, z– bzw. x–, y+, z–// x+, y–, z+ zugrunde liegt. *Diese* Verteilungen von + (*auf*) und – (*ab*) auf die Achsen x, y und z sind nämlich aus geometrischen Gründen ausgeschlossen: Es gibt keine derartigen drei Projektionen des Spinvektors auf die drei Achsen (vorausgesetzt ist dabei ihre oben angegebene, zum bohmschen EPR-Szenario gehörende Beschreibung, insbesondere ihre Winkel zueinander).

Die gegenwärtig in Betracht kommenden 72 *prima facie* möglichen vollständigen Situationen seien kurz als „vollständige MVV-Situationen" bezeichnet, da sie zu einer Quantentheorie *mit verborgenen Variablen* gehören. (Später werden dann die *vollständigen OVV-Situationen* betrachtet, die so bezeichnet werden, weil sie zu einer Quantentheorie *ohne verborgene Variablen* gehören.) Jede *nichtvollständige* (und, als Grenzfall, übrigens auch jede vollständige) MVV-Situation S lässt sich dann als Menge (im Sinne der Mengenlehre) von vollständigen MVV-Situationen darstellen, nämlich als Menge der vollständigen MVV-Situationen, von denen die MVV-Situation S inhaltlich ein Teil ist. Hier folgen einige Beispiele von nichtvollständigen MVV-Situationen, darunter gerade diejenigen MVV-Situationen, die in der bald zu formulierenden Bell'schen Ungleichung auftreten:

xL+: die Situation, dass die Spinkomponente des linken Elektrons L entlang der x-Achse *auf* ist.
xL+: die Situation, dass die Spinkomponente von L entlang x als *auf* D-gemessen ist.
yR+: die Situation, dass die Spinkomponente des rechten Elektrons R entlang der y-Achse *auf* ist.
yR+: die Situation, dass die Spinkomponente von R entlang y als *auf* D-gemesssen ist.
yL–: die Situation, dass die Spinkomponente von L entlang y *ab* ist.
yL–: die Situation, dass die Spinkomponente von L entlang y als *ab* D-gemessen ist.

Und die MVV-Situationen zR–, zR–, zR+, zR+ sind analog aufzufassen.

xL+ & yR+: die Situation, dass die Spinkomponente von L entlang x *auf* ist und (zugleich) die Spinkomponente von R entlang y auch *auf*.
xL+ & yR+: die Situation, dass die Spinkomponente von L entlang x als *auf* D-gemessen ist und (zugleich) die Spinkomponente von R entlang y auch als *auf* D-gemessen ist.
Und die MVV-Situationen yL– & zR–, yL– & zR–, xL+ & zR+, xL+ & zR+ sind analog aufzufassen.

Die MVV-Situationen xL+ & yR+ und xL+ & yR+ sind offensichtlich verschieden, und das zeigt sich in den Mengen von vollständigen MVV-Situationen, durch die xL+ & yR+ bzw. xL+ & yR+ dargestellt werden: xL+ & yR+ wird durch eine Menge von 18 verschiedenen vollständigen MVV-Situationen dargestellt (im Anhang zu diesem Kapitel sind sie alle aufgezählt); xL+ & yR+ hingegen wird dargestellt durch eine Menge von nur 2 verschiedenen vollständigen MVV-Situationen, nämlich durch die folgende Menge: {(1.) x+, y–, z+//x–, y+, z–; (2.) x+, y–, z–//x–, y+, z+}. – Die hier exemplarisch für xL+ & yR+ und xL+ & yR+ getroffenen Feststellungen gelten völlig analog – mit genau den gleichen Zahlen – auch für die MVV-Situationen yL– & zR– und yL– & zR–, xL+ & zR+ und xL+ & zR+.

Die Darstellung von MVV-Situationen durch Mengen von vollständigen MVV-Situationen ermöglicht es, die *Wahrscheinlichkeiten* von MVV-Situationen S als Summen der Wahrscheinlichkeiten der vollständigen MVV-Situationen x darzustellen, die Elemente von S sind (nämlich bei der Darstellung von S als Menge von vollständigen MVV-Situationen). Mit anderen Worten:

$$pr(S) = \Sigma(x \in S)pr(x).$$

In Sachen Wahrscheinlichkeiten der verschiedenen MVV-Situationen verbleibt demnach einzig die Frage, was die Wahrscheinlichkeiten der *vollständigen* MVV-Situationen sind; denn die Wahrscheinlichkeiten aller anderen MVV-Situationen lassen sich auf die Wahrscheinlichkeiten der vollständigen MVV-Situationen zurückführen: gemäß der obigen Gleichung. Vollständige MVV-Situationen schließen einander bei ein und demselben experimentellen Durchgang (d. h.: bei ein und derselben paarweisen Elektronenaussendung und zweiseitigen D-Messung) aus, und eine von ihnen muss bei einem solchen Durchgang eintreten. Demnach ist (im vorausgesetzten bohmschen EPR-Szenario) die Summe der Wahrscheinlichkeiten aller vollständigen MVV-Situationen 1. Aber dadurch ist sehr wenig festgelegt, eine konkrete Zahlenzuweisung noch nicht möglich. Die folgende Überlegung hilft hier aber weiter:

Eine *vollständige* MVV-Situation zerfällt in *zwei Teile,* die sich selbst als (nichtvollständige) MVV-Situationen auffassen lassen: einerseits in eine *zweiseitige Spinkonfiguration* (der beiden Elektronen entlang der drei Achsen) und andererseits in eine *zweiseitige Messkonfiguration* (der D-Messungen links und rechts). Beispielsweise zerfällt die vollständige MVV-Situation x+, y+, z–//x–, y–, z+ in die zweiseitige Spinkonfiguration x+, y+, z–//x–, y–, z+ und in die zweiseitige Messkonfiguration x//y; x+, y–, z–//x–, y+, z+ dagegen zerfällt in die zweiseitige Spinkonfiguration x+, y–, z–//x–, y+, z+ und in die zweiseitige Messkonfiguration z//x. Es gibt 8 *prima facie mögliche* zweiseitige Spinkonfigurationen:

x+, y+, z+//x–, y–, z–
x+, y+, z–//x–, y–, z+
x+, y–, z+//x–, y+, z–
x+, y–, z–//x–, y+, z+
x–, y+, z+//x+, y–, z–
x–, y+, z–//x+, y–, z+
x–, y–, z+//x+, y+, z–
x–, y–, z–//x+, y+, z+

Davon sind jedoch zwei nur *prima facie möglich,* aber *endgültig unmöglich,* nämlich x+, y–, z+//x–, y+, z– und x–, y+, z–//x+, y–, z+ (zu den Gründen ihres Unmöglichseins siehe die obige letzte Anmerkung im Text); demgemäß erhalten jene beiden zweiseitigen Spinkonfigurationen die Wahrscheinlichkeit 0: pr(x+, y–, z+//x–, y+, z–) = 0, pr(x–, y+, z–//x+, y–, z+) = 0. Die übrigen 6 prima facie möglichen zweiseitigen Spinkonfigurationen bezeichnen wir nun schlicht als „mögliche zweiseitige Spinkonfigurationen".

Und es gibt 9 (nicht nur *prima facie,* sondern auch *endgültig*) mögliche zweiseitige Messkonfigurationen:

x//x
x//y
x//z
y//x
y//y
y//z
z//x
z//y
z//z

Die möglichen zweiseitigen Spinkonfigurationen und möglichen zweiseitigen Messkonfigurationen beziehen sich – wie übrigens alle möglichen MVV-Situationen – auf denselben Zeitpunkt, nämlich auf denjenigen Zeitpunkt, auf den sich auch die vollständigen MVV-Situationen beziehen, die jeweils aus einer möglichen zweiseitigen Spinkonfiguration und einer möglichen zweiseitigen Messkonfiguration zusammengesetzt sind: den Zeitpunkt t* der gleichzeitigen D-Messungen links und rechts. Welcher Zeitpunkt t* von Mal zu Mal konkret ist, hängt von der realen Ausführung der experimentellen Durchgänge ab. Wenn nun aber die jeweils realisierte zweiseitige Messkonfiguration bei allen experimentellen Durchgängen, wie viele es auch werden mögen, *bis zum letzten Augenblick zur*

Gänze noch nicht festliegt (also die Festlegung der jeweils verwirklichten zweiseitigen Messkonfiguration, und zwar in ihrer Gänze, so knapp wie möglich an t*, wo L und R bei den Detektoren eintreffen, heranrückt) und wenn wegen der (von der betrachteten Quantentheorie *vorausgesetzten*) Lokalität aller physischen Wirkungen *instantane Fernwirkungen stets ausgeschlossen werden können*, dann ist sichergestellt, dass jede mögliche zweiseitige Spinkonfiguration, die bei einem dieser Durchgänge (zu t*) gegeben ist, *kausal unabhängig* ist von der möglichen zweiseitigen Messkonfiguration, die zusammen mit ihr (zu t*) gegeben ist.

Die vorausgesetzte Lokalität aller physischen Wirkungen und der durch sie bedingte Ausschluss instantaner Fernwirkungen *begründet* diese kausale Unabhängigkeit. Denn nehmen wir an, trotz der *getroffenen Vorsichtsmaßnahme* (der Verzögerung der Festlegung der Messkonfiguration bis zum letzten Augenblick) sei eine gewisse zu t* gegebene zweiseitige Spinkonfiguration SK_1 *nicht* kausal unabhängig von der zusammen mit ihr ebenfalls zu t* gegebenen zweiseitigen Messkonfiguration MK_1. Dann muss MK_1 SK_1 in der sehr kurzen verbleibenden Zeit zwischen t* und t′ – dem Zeitpunkt der Einsetzung von MK_1 – aus einer (gemäß (iv*)) zuvor schon gegebenen anderen zweiseitigen Spinkonfiguration SK_0 kausal hervorbringen. (Vor t′ war ja MK_1 wegen der *getroffenen Vorsichtsmaßnahme* gar nicht gegeben, und eine Rückwirkung von MK_1, wenn diese Messkonfiguration dann gegeben ist, in die Vergangenheit ist unmöglich.) War etwa die bis zum Augenblick t′ der Einsetzung von MK_1 gegebene zweiseitige Spinkonfiguration x+ y+ z–//x– y– z+, so mag die danach auftretende beispielsweise x+ y– z–// x– y+ z+ sein. Offenbar könnte die schon gegebene zweiseitige Spinkonfiguration SK_0 in fünferlei (mehr oder minder eingreifender) Weise durch die kurz vor t* zu t′ realisierte und zu t* immer noch gegebene Messkonfiguration MK_1 abgeändert werden.[28] Aber wie auch immer die Modifikationen aussehen, sie müssen *zweiseitig* – links und rechts – und *in strenger Komplementarität* zueinander geschehen (wegen (iv*)). In der Kürze der verbleibenden Zeit und angesichts der im Verhältnis zur verbleibenden Zeit zu t′ bereits großen Entfernung zwischen dem linken Elektron und dem rechten, ist das nur möglich, wenn MK_1 (seine Einsetzung) instantane *koordinierende* Fernwirkungen hat – was aber aufgrund der vorausgesetzten

[28] Fünferlei, *nicht* siebenerlei. Denn die prima facie möglichen, aber endgültig unmöglichen Modifikationen muss man abziehen.

Lokalität aller physischen Wirkungen ganz ausgeschlossen ist. Ein bloß *lokales* modifizierendes Agieren der linken Hälfte von MK_1 *für sich* und der rechten Hälfte von MK_1 *für sich* reicht nicht hin, da es die *Koordiniertheit* des Resultats – nämlich die Koordiniertheit *im Sinne von* (iv*) der aus SK_0 hervorgegangenen zweiseitigen Spinkonfiguration SK_1 – nicht gewährleisten kann.

Da, wenn das Experiment lange genug fortgesetzt wird, *jede* mögliche zweiseitige Spinkonfiguration zusammen mit *jeder* möglichen zweiseitigen Messkonfiguration (zum jeweiligen t*) gegeben sein wird, kann folglich davon ausgegangen werden (und man beachte, dass dafür der – anhaltende – Ausschluss einschlägiger instantaner Fernwirkungen Bedingung ist): *Jede mögliche zweiseitige Spinkonfiguration ist kausal unabhängig von jeder möglichen zweiseitigen Messkonfiguration.*

Man beachte: Diese Konsequenz steckt noch nicht in der oben beschriebenen Voraussetzung TDM (Treue der D-Messungen), also in der *Aufdeckungsauffassung des Messens* im vorliegenden Fall einer Quantentheorie mit verborgenen Variablen, da TDM sich nur auf *den Zeitpunkt der Messung*, t*, bezieht, die kausale Abhängigkeit einer Spinkonfiguration von einer Messkonfiguration aber schon vorher zustande kommen mag. Erst die Annahme der Lokalität aller physischen Wirkungen reicht – angesichts der geschilderten Vorsichtsmaßnahme *der Messeinrichtung erst im letzten Augenblick* – dafür hin, jene Konsequenz zu gewährleisten.

Der Ausdruck der kausalen Unabhängigkeit ist nun aber *im vorliegenden Fall* die *probabilistische Unabhängigkeit*. Wenn „SK" für eine beliebige *mögliche* zweiseitige Spinkonfiguration steht und „MK" für eine beliebige mögliche zweiseitige Messkonfiguration, so gilt demnach:

$$pr(SK/MK) = pr(SK).$$

D. h.: Die (objektive) Wahrscheinlichkeit für SK (zu t*) unter der Bedingung MK ist in allen Fällen weder größer noch kleiner, sondern genauso groß wie die Wahrscheinlichkeit, die SK *ohnehin* hat;

mit anderen Worten: SK ist stets *probabilistisch unabhängig* von MK (worin liegt, dass, umgekehrt, MK in allen Fällen probabilistisch unabhängig von SK ist; siehe dazu gleich im Folgenden).

Es ist an dieser Stelle wichtig, sich darüber im Klaren zu sein, dass die probabilistische Unabhängigkeit Bs von A sich *nicht ohne weiteres* aus der kausalen Unabhängigkeit ergibt (wie ja auch nicht ohne weiteres eine kausale Abhängigkeit Bs von A aus einer probabilistischen gefolgert werden kann). Denn obwohl B von A kausal unabhängig ist, könnte es eine *gemeinsame Ursache* sowohl von A als auch von B geben, die dafür verantwortlich ist, dass B nun gerade *nicht* probabilistisch unabhängig von A ist. Das ist beispielsweise der Fall bei B = *Fieber* und A = *rinnende Nase*. Hier gilt trotz der kausalen Unabhängigkeit des Fiebers von der rinnenden Nase (letztere ist sicherlich keine Ursache des ersteren), dass die Wahrscheinlichkeit für *Fieber* unter der Bedingung *rinnende Nase* um einiges *größer* ist als die schlechthinnige Wahrscheinlichkeit für *Fieber* – was nun bedeutet, dass *Fieber* nicht probabilistisch unabhängig von *rinnender Nase* ist. (Zu den probabilistischen Auswirkungen gemeinsamer Ursachen findet sich Näheres im *Anhang* zu diesem Kapitel, Abs. 4.)

Aber während in diesem Beispiel die gemeinsame Ursache von A und B auf der Hand liegt, welche bedingt, dass trotz der kausalen Unabhängigkeit Bs von A es dennoch *nicht* der Fall ist, dass B probabilistisch unabhängig von A ist, ist eine gemeinsame Ursache von A und B im Fall, dass A eine MK und B eine SK ist, nicht zu sehen. Dass es keine solche gemeinsame Ursache gibt, davon geht dementsprechend die hier betrachtete lokale Quantentheorie mit verborgenen Variablen aus. Freilich ist es nicht völlig auszuschließen, dass es trotz der negativen Befundlage die fragliche Ursache – *eine tief verborgene Variable* – dennoch gibt (Leser mögen einmal versuchen, sich eine bestimmte Vorstellung von ihr zu machen). Aber solange keine Anhaltspunkte für sie gefunden werden, kann man davon ausgehen, dass sie nicht existiert, und man *darf* demnach aus der kausalen Unabhängigkeit jeder SK von jeder MK auf die probabilistische Unabhängigkeit jeder SK von jeder MK schließen.

Die sog. *bedingte Wahrscheinlichkeit* – das, wovon pr(SK/MK) ein Fall ist – wird nun in der Wahrscheinlichkeitstheorie wie folgt definiert: pr(A/B) = pr(A & B)/pr(B); d. h.: die Wahrscheinlichkeit von A *unter der Bedingung* B ist die (sog. *unbedingte*) Wahrscheinlichkeit von A & B dividiert durch die (unbedingte) Wahrscheinlichkeit von B.

Voraussetzung für diese Definition ist offenbar, dass die Wahrscheinlichkeit von B – die Wahrscheinlichkeit im Divisor (Nenner) – nicht 0 beträgt. Davon können wir aber im gegebenen Kontext *in allen betrachteten Fällen* ausgehen. (Auch bei den Überlegungen im Anhang ist stets davon auszugehen – und kann auch stets davon ausgegangen werden –, dass Wahrscheinlichkeiten, *durch die dividiert wird*, nicht 0 betragen.)

Es gilt also insbesondere: pr(SK/MK) = pr(SK & MK)/pr(MK). Unter Verwendung dieser definitorischen Gleichung ist unschwer ersichtlich, dass aus arithmetischen Gründen gilt:

> pr(SK/MK) = pr(SK) *ist äquivalent mit* pr(MK/SK) = pr(MK) *und äquivalent mit* pr(SK & MK) = pr(SK) × pr(MK).

Denn pr(SK & MK)/pr(MK) = pr(SK) gilt offensichtlich genau dann, wenn pr(SK & MK)/pr(SK) = pr(MK) gilt, also genau dann, wenn pr(MK & SK)/pr(SK) = pr(MK) gilt [da selbstverständlich gilt: pr(SK & MK) = pr(MK & SK)]. Zudem gilt pr(SK & MK)/pr(MK) = pr(SK) offensichtlich genau dann, wenn pr(SK & MK) = pr(SK) × pr(MK) gilt.

Wegen pr(SK/MK) = pr(SK) [oder äquivalent: pr(MK/SK) = pr(MK)] – der oben schon festgestellten probabilistischen Unabhängigkeit zwischen SK und MK – erhalten wir also:

pr(SK & MK) = pr(SK) × pr(MK).

Diese Gleichung kann man nun offensichtlich dazu verwenden, die Wahrscheinlichkeiten vollständiger MVV-Situationen zu spezifizieren. Denn jede vollständige MVV-Situation X zerfällt, wie gesagt, in eine zweiseitige Spinkonfiguration SK(X) und in eine zweiseitige Messkonfiguration MK(X); mit anderen Worten: X ist durch [SK(X) & MK(X)] darstellbar, also beispielsweise

x+, y+, z+//x–, y–, z–

durch

[x+, y+, z+//x–, y–, z–] & [x//y].

Demzufolge ist dann die Wahrscheinlichkeit von X nichts anderes als die Wahrscheinlichkeit von [SK(X) & MK(X)]. Sollte nun SK(X) eine (zwar prima facie mögliche, aber endgültig) *unmögliche* zweiseitige Spinkonfiguration sein – was dann und nur dann der Fall ist, wenn X selbst eine (zwar prima facie mögliche, aber endgültig) *unmögliche* vollständige MVV-Situation ist –, so ergibt sich wegen pr(SK(X)) = 0: pr(SK(X) & MK(X)) = 0, und folglich: pr(X) = 0. Sollte SK(X) aber eine *mögliche* zweiseitige Spinkonfiguration sein – was dann und nur dann der Fall ist, wenn X selbst eine (nicht nur prima facie, sondern auch endgültig) *mögliche* vollständige MVV-Situation ist –, so ergibt sich gemäß der oben soeben angegebenen Gleichung das Folgende:

$$pr(X) = pr(SK(X) \,\&\, MK(X)) = pr(SK(X)) \times pr(MK(X)).$$

Es bleibt, um die Wahrscheinlichkeit von X numerisch zu spezifizieren, nur noch übrig, anzugeben, wie groß die (unbedingte) Wahrscheinlichkeit von SK(X) und wie groß die (unbedingte) Wahrscheinlichkeit von MK(X) ist.

Die möglichen zweiseitigen Spinkonfigurationen schließen einander bei ein und demselben experimentellen Durchgang aus, und eine von ihnen muss bei einem experimentellen Durchgang gegeben sein (zu t*). Da die möglichen zweiseitigen Spinkonfigurationen kausal unabhängig von den möglichen zweiseitigen Messkonfigurationen sind und koppelnde, auf beide Konfigurationsgruppen gerichtete Einflüsse ausgeschlossen sind (*davon jedenfalls geht die hier betrachtete Verborgene-Variablen-Theorie aus*), erfolgt die Festlegung der jeweils (zu t*) gegebenen zweiseitigen Spinkonfiguration allein durch die Elektronenquelle (welche dabei keinerlei Einfluss auf die Festlegung der jeweils – zu t* – gegebenen Messkonfiguration hat). Da aber kein Grund zu der Annahme besteht, dass die Elektronenquelle auf lange Sicht irgendeine der möglichen zweiseitigen Spinkonfigurationen (auftretensweise) bevorzugt, sondern vielmehr aller Grund zu der Annahme besteht, dass sie sie auf lange Sicht alle gleichmäßig berücksichtigt (wiederum: *davon jedenfalls geht die hier betrachtete Verborgene-Variablen-Theorie aus*), erfolgt die Festlegung der jeweils (zu t*) gegebenen zweiseitigen Spinkonfiguration *rein zufällig*. Demnach muss jeder möglichen zweiseitigen Spinkonfiguration dieselbe (unbedingte) Wahrscheinlichkeit (des Gegebenseins zu t*) zugeschrieben werden, und diese muss 1/6 sein (da die Summe der Wahrscheinlichkeiten der 6 *möglichen* zweiseitigen Spinkonfigurationen 1 ist). Folglich gilt für jede (nicht nur prima facie, sondern auch endgültig) mögliche vollständige MVV-Situation X: pr(SK(X)) = 1/6.

Die möglichen zweiseitigen Messkonfigurationen ihrerseits schließen einander bei ein und demselben experimentellen Durchgang aus, und eine von ihnen muss bei einem experimentellen Durchgang gegeben sein (zu t*). Welche von ihnen jeweils (zu t*) gegeben ist, lässt sich offenbar nach dem Zufallsprinzip regeln (etwa durch Auslosen), was zur Folge haben wird, dass auf lange Sicht jede mögliche zweiseitige Messkonfiguration mit der gleichen Häufigkeit zur Anwendung kommt. Demnach kann jeder möglichen zweiseitigen Messkonfiguration dieselbe Wahrscheinlichkeit zugeschrieben werden, und diese muss 1/9 sein (da die Summe der Wahrscheinlichkeiten der 9 möglichen zweiseitigen Messkonfigurationen 1 ist). Folglich gilt für jede mögliche vollständige MVV-Situation X: pr(MK(X)) = 1/9.

Wegen pr(X) = pr(SK(X) & MK(X)) = pr(SK(X)) × pr(MK(X)) erhalten wir also für *jede mögliche* vollständige MVV-Situation X: pr(X) = (1/6) × (1/9) = 1/54. Und für die nichtvollständigen MVV-Situationen $\underline{xL+}$ & $\underline{yR+}$, $\underline{yL-}$ & $\underline{zR-}$ und $\underline{xL+}$ & $\underline{zR+}$ ergibt sich demnach aufgrund des oben Gesagten:

$$\mathrm{pr}(\underline{xL+} \;\&\; \underline{yR+}) = 1/54$$

[denn $\underline{xL+}$ & $\underline{yR+}$ wird dargestellt durch {$\underline{x+}$, y–, z+//x–, $\underline{y+}$, z–; $\underline{x+}$, y–, z–//x–, $\underline{y+}$, z+}, die Wahrscheinlichkeit jener MVV-Situation ist also pr($\underline{x+}$, y–, z+//x–, $\underline{y+}$, z–) + pr($\underline{x+}$, y–, z–//x–, $\underline{y+}$, z+) = 0 + 1/54 = 1/54],

$$\mathrm{pr}(\underline{yL-} \;\&\; \underline{zR-}) = 1/54$$

[denn $\underline{yL-}$ & $\underline{zR-}$ wird dargestellt durch {x+, $\underline{y-}$, z+//x–, y+, $\underline{z-}$; x–, $\underline{y-}$, z+//x+, y+, $\underline{z-}$}, die Wahrscheinlichkeit jener MVV-Situation ist also pr(x+, $\underline{y-}$, z+//x–, y+, $\underline{z-}$) + pr(x–, $\underline{y-}$, z+//x+, y+, $\underline{z-}$) = 0 + 1/54 = 1/54],

$$\mathrm{pr}(\underline{xL+} \;\&\; \underline{zR+}) = 1/27$$

[denn $\underline{xL+}$ & $\underline{zR+}$ wird dargestellt durch {$\underline{x+}$, y–, z–//x–, y+, $\underline{z+}$; $\underline{x+}$, y+, z–//x–, y–, $\underline{z+}$, die Wahrscheinlichkeit jener MVV-Situation ist also pr($\underline{x+}$, y–, z–//x–, y+, $\underline{z+}$) + pr($\underline{x+}$, y+, z–//x–, y–, $\underline{z+}$) = 1/54 + 1/54 = 1/27]. Es gilt demnach klarerweise die folgende Bell'sche Ungleichung:

B1 $\qquad \mathrm{pr}(\underline{xL+} \;\&\; \underline{yR+}) \leq \mathrm{pr}(\underline{yL-} \;\&\; \underline{zR-}) + \mathrm{pr}(\underline{xL+} \;\&\; \underline{zR+})$.

Eine andere Bell'sche Ungleichung – *die* Bell'sche Ungleichung: Bells Originalversion – macht hingegen vom Begriff des *Erwartungswertes* Gebrauch:

B2 $\qquad |E(\underline{x}//\underline{y}) - E(\underline{x}//\underline{z})| \leq 1 + E(\underline{y}//\underline{z})$.

„E(x//y)“ steht hier für den *Erwartungswert* bei der zweiseitigen Messkonfiguration x//y, und „E(x//z)“ und„E(y//z)“ sind entsprechend zu lesen.

|E(x//y) – E(x//z)| ist der absolute Betrag von E(x//y) – E(x//z), d. h.: Wenn E(x//y) – E(x//z) ≥ 0, dann |E(x//y) – E(x//z)| = E(x//y) – E(x//z); wenn aber E(x//y) – E(x//z) < 0, dann |E(x//y) – E(x//z)| = (–1)[E(x//y) – E(x//z)].

Es gilt *definitorisch*:

E(x//y) = [pr(xL+ & yR+) + pr(xL– & yR–) – pr(xL+ & yR–) – pr(xL– & yR+)] : pr(x//y).

Diese Definitionsgleichung kommt wie folgt zustande: Die möglichen zweiseitigen Spinmesswerte bei x//y (und bei jeder möglichen *achsenverschiedenen* zweiseitigen Messkonfiguration) sind ++, ––, +– und –+. Die jeweiligen *Eigenprodukte* dieser möglichen zweiseitigen Spinmesswerte bei x//y sind (der Reihe nach) +, +, –, –; denn (+1)(+1) = +1, (–1)(–1) = +1, (+1)(–1) = –1, (–1)(+1) = –1. Diese Produkte *gewichtet* mit der Wahrscheinlichkeit *bei* x//y des jeweils zugehörigen zweiseitigen Spinmesswertes sind dann: +pr(++ / x//y), +pr(–– / x//y), –pr(+– / x//y), –pr(–+ / x//y). Durch die Gewichtung kommt der Aspekt des bei x//y *zu Erwartenden* ins Spiel. Der *Erwartungswert* von x//y schließlich ist zunächst die Summe der (wie beschrieben) wahrscheinlichkeitsgewichteten Eigenprodukte der möglichen zweiseitigen Spinmesswerte bei x//y. Also: E(x//y) = pr(++ / x//y) + pr(–– / x//y) – pr(+– / x//y) – pr(–+ / x//y). Wegen der Definition der bedingten Wahrscheinlichkeit und durch Ausklammern des immer gleichen Divisors kann man das aber auch so schreiben: E(x//y) = [pr(++ & x//y) + pr(–– & x//y) – pr(+– & x//y) – pr(–+ & x//y)] : pr(x//y). Um die angegebene Definitionsgleichung zu erhalten, braucht man nun nur noch berücksichtigen, dass offensichtlich gilt: (++ & x//y) = (xL+ & yR+), (–– & x//y) = (xL– & yR–), (+– & x//y) = (xL+ & yR–), (–+ & x//y) = (xL– & yR+).

Entsprechend gilt dann auch definitorisch:

E(y//z) = [pr(yL+ & zR+) + pr(yL– & zR–) – pr(yL+ & zR–) – pr(yL– & zR+)] : pr(y//z).

E($\underline{x}$//$\underline{z}$) = [pr($\underline{xL+}$ & $\underline{zR+}$) + pr($\underline{xL-}$ & $\underline{zR-}$) – pr($\underline{xL+}$ & $\underline{zR-}$) – pr($\underline{xL-}$ & $\underline{zR+}$)] : pr($\underline{x}$//$\underline{z}$).

Mit den zugehörigen Wahrscheinlichkeiten ergibt sich also:

E($\underline{x}$//$\underline{y}$) = [1/54 + 1/54 – 1/27 – 1/27] : (1/9) = – 1/3.
E($\underline{y}$//$\underline{z}$) = [1/54 + 1/54 – 1/27 – 1/27] : (1/9) = – 1/3.
E($\underline{x}$//$\underline{z}$) = [1/27 + 1/27 – 1/54 – 1/54] : (1/9) = 1/3.

Die oben angegebene Bell'sche Ungleichung B2 ist somit als richtig erwiesen. Denn $|-1/3 - 1/3| \leq 1 + (-1/3)$ (oder m. a. W.: $2/3 \leq 2/3$).

Die Quantenphysik macht nun aber für das beschriebenen Mess-Szenario Vorhersagen, die B2 widersprechen (die *damit*, im Übrigen, auch B1 in Konjunktion mit seinen ganz gleichberechtigten *drei* Varianten B1′, B1′′, B1′′′ widersprechen; zum logisch-deduktiven Zusammenhang zwischen B2 und B1 – genauer gesagt: zwischen B2 und B1 *zusammen* mit B1′, B1′′, B1′′′ – siehe Abs. 2 und 3 im *Anhang* zu diesem Kapitel). Da nämlich die Achsen x, y und z so zueinander stehen, dass die y-Achse mit der x-Achse einen Winkel von 60° bildet und die z-Achse mit der y-Achse ebenfalls einen Winkel von 60° (im selben Drehsinn), gilt gemäß der Quantenphysik: E($\underline{x}$//$\underline{y}$) = – cos60° = – 1/2; E($\underline{x}$//$\underline{z}$) = – cos120° = 1/2; E($\underline{y}$//$\underline{z}$) = – cos60° = – 1/2. Folglich: |E($\underline{x}$//$\underline{y}$) – E($\underline{x}$//$\underline{z}$)| = 1, *aber* 1 + E($\underline{y}$//$\underline{z}$) = 1/2 (und natürlich gilt *nicht*: $1 \leq 1/2$).

Sind V1(x), V1(y) und V1(z) die zu den Achsen x, y und z gehörenden Einheitsvektoren (d. h.: die vom festgelegten Achsenschnittpunkt mit der derselben Orientierung wie die Achsen ausgehenden, in ihnen liegenden Vektoren mit dem Betrag 1), so lässt sich gemäß der Quantenphysik z. B. zeigen:

E($\underline{x}$//$\underline{y}$) = – V1(x)V1(y) = – |V1(x)| × |V1(y)| × cos φ(xy) = – cos φ(xy).

Hierbei ist V1(x)V1(y) das *skalare Produkt* der Vektoren V1(x) und V1(y); |V1(x)| und |V1(y)| sind ihre jeweiligen Beträge (beide 1); φ(xy) ist die Größe des Winkels, den die beiden Achsen x und y und also auch die Vektoren V1(x) und V1(y) einschließen. Die zweite Gleichung (in der obigen Sequenz von drei Gleichungen), d. h.: – V1(x)V1(y) = – |V1(x)|×|V1(y)| × cos φ(xy), ergibt sich schlicht aus den Gesetzen der Vektorrechnung. Die dritte Gleichung, d. h.: – |V1(x)|×|V1(y)|× cos φ(xy) = – cos φ(xy), resultiert aus der zweiten Gleichung wegen |V1(x)| = |V1(y)| = 1. Der genuine Beitrag der Quantenphysik ist also die erste Gleichung: E($\underline{x}$//$\underline{y}$) = – V1(x)V1(y), auf deren Herleitung hier aber nicht näher eingegangen werden kann. Genauso wie E($\underline{x}$//$\underline{y}$) = – cos φ(xy) (und auf denselben Grundlagen) gilt natürlich auch E($\underline{x}$//$\underline{z}$) = – cos φ(xz) und E($\underline{y}$//$\underline{z}$) = – cos φ(yz). Hier einige quantenphysikalische Werte von E($\underline{x}$//$\underline{y}$) [bzw. E($\underline{y}$//$\underline{z}$) bzw. E($\underline{x}$//$\underline{z}$)] bei folgenden Winkelgrößen φ(xy) [bzw. φ(yz) bzw. φ(xz)]: 0° [in diesem Fall: x = y, und also: E($\underline{x}$//$\underline{y}$) = E($\underline{x}$//$\underline{x}$) = E($\underline{y}$//$\underline{y}$)], 45°, 60°, 90°, 120°, 135° und 180°: –1, – √2/2, –1/2, 0, 1/2, √2/2, 1.

Bei den simultanen Achsenwinkeln φ(xy) = 90°, φ(yz) = 90° (im selben Drehsinn) und (also) φ(xz) = 180° erfüllt demnach auch die Quantenphysik B2, da ja |0 – 1| ≤ 1 + 0. Die betrachtete lokale Quantentheorie mit verborgenen Variablen erfüllt B2 bei jenen Achsenstellungen natürlich ebenfalls. Denn von den 8 *prima facie möglichen* zweiseitigen Spinkonfigurationen sind bei jenen Achsenstellungen allein 4 *möglich* (aus geometrischen Gründen), nämlich x+, y+, z–//x–, y–, z+ und x–, y+, z+//x+, y–, z– und x–, y–, z+//x+, y+, z–, und x+, y–, z–//x–, y+, z+. Das ergibt für die bei jenen Achsenstellungen *möglichen* (und nicht nur *prima facie möglichen*) vollständigen MVV-Situationen gemäß der betrachteten lokalen Quantentheorie mit verborgenen Variablen eine Wahrscheinlichkeit von jeweils 1/36 (und für die prima facie möglichen, aber endgültig unmöglichen vollständigen MVV-Situationen jeweils die Wahrscheinlichkeit 0). Der Rest der Herleitung von B2 für den vorliegenden Fall ist die Anwendung der Definitionen. (Für E($\underline{x}$//$\underline{y}$) und E($\underline{y}$//$\underline{z}$) erhält man [1/36 + 1/36 – 1/36 – 1/36] : 1/9 = 0; für E($\underline{x}$//$\underline{z}$) erhält man hingegen [1/18 + 1/18 – 0 – 0] : 1/9 = 1.)

Dies – das zuletzt vor der Anmerkung Gesagte – bedeutet jedoch, dass es nicht im Sinne der Quantenphysik ist, die Gleichwahrscheinlichkeit (jeweils 1/54) aller *möglichen* vollständigen MVV-Situationen anzunehmen (mit der Wahrscheinlichkeit 0 für alle unmöglichen vollständigen MVV-Situationen); denn mit dieser Gleichwahrscheinlichkeit ergibt sich eben B2. Dass es nicht im Sinn der Quantenphysik ist, die Gleichwahrscheinlichkeit aller möglichen vollständigen MVV-Situationen anzunehmen, bedeutet wiederum, dass ist nicht im Sinne der Quantenphysik ist, von der Gleichung pr(SK/MK) = pr(SK) – oder m. a. W.: pr(SK & MK) = pr(SK) × pr(MK) – für jede mögliche zweiseitige Spinkonfiguration SK und jede mögliche zweiseitige Messkonfiguration MK auszugehen (einmal abgesehen davon, dass man in jener Gleichung von verborgenen Variablen redet, was natürlich auch nicht im Sinne der Quantenphysik ist). Denn an der Gleichheit der *unbedingten* Wahrscheinlichkeiten der möglichen SK (jeweils 1/6) wird man ebenso festzuhalten geneigt sein wie an der Gleichheit der *unbedingten* Wahrscheinlichkeiten der möglichen MK (jeweils 1/9).

Es gilt also für *alle* möglichen SK und MK: pr(SK) × pr(MK) = 1/54. Dass pr(X*) ≠ 1/54 für eine gewisse mögliche vollständige MVV-Situation X* – d. h. [wegen X* = (SK* & MK*)]: dass pr(SK* & MK*) ≠ 1/54 für eine gewisse mögliche zweiseitige Spinkonfiguration SK* und eine gewisse mögliche zweiseitige Messkonfiguration MK* –, hat mithin zur Folge, dass pr(SK* & MK*) ≠ pr(SK*) × pr(MK*).

Geht man nun aber *aus Respekt vor der Quantenphysik* von einer Nichtgeltung von pr(SK & MK) = pr(SK) × pr(MK) für manche mögliche SK und manche mögliche MK aus, so ergibt sich, dass nicht jede mögliche zweiseitige Spinkonfiguration von jeder möglichen zweiseitigen Messkonfiguration kausal unabhängig ist.

Siehe die obigen Überlegungen dazu, *warum* bei den SK und MK der verwendeten Quantentheorie mit verborgenen Variablen aus *kausaler Unabhängigkeit* die *probabilistische Unabhängigkeit* folgt, *warum* also auch umgekehrt bei der verwendeten Quantentheorie mit (in ihrem Fall nicht so tief) verborgenen Variablen aus *probabilistischer Abhängigkeit* die *kausale Abhängigkeit* sich ergäbe.

Angesichts der Vorsichtsmaßnahmen, die ergriffen wurden (siehe oben), um eine kausale Einflussnahme der realisierten zweiseitigen Messkonfiguration auf die Festlegung *dessen* auszuschließen, *welche* mögliche zweiseitige Spinkonfiguration zu t* (dem Messzeitpunkt) gegeben ist, kann dieser Mangel an kausaler Unabhängigkeit nur besagen, dass bei den verschiedenen experimentellen Durchgängen instantane Fernwirkungen auftreten (denn allein für diese Art von kausalen Wirkungen ist angesichts der getroffenen Vorsichtsmaßnahmen noch ein Schlupfloch offen). Die *kausal lokale* Quantentheorie mit verborgenen Variablen, die hier betrachtet wurde, befindet sich also in einem tiefen Konflikt mit der Quantenphysik.

Die besagten instantanen Fernwirkungen werden nicht im Einzelfall sichtbar, aber auf lange Sicht müssten sie sich statistisch zeigen, *wenn* die Quantenphysik (für das vorliegende Szenario mit 60° zwischen x und y, und 60° zwischen y und z) Recht hat; sie müssten sich eben darin zeigen, dass die empirisch erhobene Statistik *gegen* B2 spricht (und damit auch *gegen* B1 in Konjunktion mit seinen drei Varianten B1′, B1′′, B1′′′; siehe dazu Abs. 2 und 3 im *Anhang*). In der Tat ist B2 – und einfacher noch B1 – im Prinzip der empirisch-statistischen Überprüfung fähig, und wie diese Überprüfung prinzipiell auszusehen hätte, ist im gedankenexperimentell verwendeten Mess-Szenario – im bohmschen EPR-Szenario – bereits angelegt.

Möge die Achse x, wie gesagt, mit der Achse y 60° einschließen, und ebenso die Achse y mit der Achse z. Eine statische Überprüfung von B1, also von pr(xL+ & yR+) ≤ pr(yL– & zR–) + pr(xL+ & zR+), besteht dann in der Bildung von relevanten statistischen Werten nach einer sehr großen Anzahl von sowohl hinsichtlich realisierter zweiseitiger Messkonfiguration als auch hinsichtlich realisierter zweiseitiger Spinkonfiguration variierten D-Messungen an ausgesandten Elektronenpaaren. Ist N(EP) die Anzahl der überhaupt D-gemessenen Elektronenpaare, N(xL+ & yR+) die Anzahl der Elektronenpaare, so dass das linke Elektron mit dem Spinwert *auf* entlang der x-Achse D-gemessen wird, das rechte Elektron aber zugleich (d. h. zu t*) mit demselben Spinwert *auf* entlang der y-Achse, dann gilt, wenn N(EP) *sehr groß* wird: pr(xL+ & yR+) ≈ N(xL+ & yR+)/N(EP), und genau Entsprechendes gilt für pr(yL– & zR–) und pr(xL+ & zR+). Mithin wird B1 *empirisch-statistisch bestätigt*, wenn bei *sehr großer* EP-Zahl *deutlich* gilt: N(xL+ & yR+)/N(EP) ≤ N(yL– & zR–)/N(EP) + N(xL+ & zR+)/N(EP); *empirisch-statistisch entkräftet* wird B1 hingegen, wenn bei *sehr großer* EP-Zahl *deutlich* gilt: N(xL+ & yR+)/N(EP) > N(yL– & zR–)/N(EP) + N(xL+ & zR+)/N(EP).

Eine statistische Überprüfung von B2 ist von der statistischen Überprüfung von B1 nicht wesenhaft verschieden, sondern nur komplizierter; denn der Begriff des *Erwartungswertes*, der in B2 gebraucht wird, ist dort ein rein probabilistischer, d. h. rein wahrscheinlichkeitstheoretisch definierbarer Begriff (siehe oben im Haupttext). B2 lässt sich demzufolge in der folgenden rein probabilistischen Form schreiben: |[[pr(xL+ & yR+) + pr(xL– & yR–) – pr(xL+ & yR–) – pr(xL– & yR+)] : pr(x//y)] – [[pr(xL+ & zR+) + pr(xL– & zR–) – pr(xL+ & zR–) – pr(xL– & zR+)] : pr(x//z)]| ≤ 1 + [[pr(yL+ & zR+) + pr(yL– & zR–) – pr(yL+ & zR–) – pr(yL–& zR+)] : pr(y//z)]. Gemäß dem oben in dieser Anmerkung Gesagten ist dann klar, was bei *sehr großer* EP-Zahl gelten muss, damit B2 empirisch-statistisch bestätigt bzw. entkräftet wird.

Der Rest ist die Überwindung technischer Schwierigkeiten, die der Umsetzung des Prinzipiellen ins Praktische im Wege stehen. Diese Umsetzung gelang erstmals, in vollkommen überzeugender Weise, Alain Aspect und seinem Team in den achtziger Jahren des vergangenen Jahrhunderts – mit dem spektakulären Ergebnis, dass die statistischen Daten in der Tat gegen die Gültigkeit Bell'scher Ungleichungen (wie B1 und B2) sprechen (sie *widerlegen*, insoweit statistische Daten überhaupt probabilistische Aussagen widerlegen können), *die quantenphysikalischen Voraussagen aber bestätigen.*

Um ein Gefühl dafür zu bekommen, wie *unglaublich* diese empirischen Resultate eigentlich sind, ist es hilfreich, ein annäherndes makrophysikalisches Modell *der Struktur* des hier zugrunde gelegten bohmschen EPR-Szenarios *mit verborgenen Variablen* zu betrachten (das Modell ist deshalb *nur ein annäherndes*, weil in ihm, wie offensichtlich sein wird, instantane Fernwirkungen, Verletzungen der kausalen Lokalität, keine Rolle spielen können und zudem die Modellentsprechungen der prima facie möglichen zweiseitigen Spinkonfigurationen alle nicht nur prima facie, sondern auch endgültig möglich sind – *anders* als es bei diesen Spinkonfigurationen selbst sich verhält):

Ein Raum wird durch eine dicke Glasplatte in eine obere und eine untere Hälfte geteilt. Ein Beobachter steht auf der Glasplatte, der andere Beobachter steht unter der Glasplatte. Auf der oberen Seite der Glasplatte werden immer wieder drei gleichartige faire Münzen (x, y, und z) geworfen. Sie fallen unausbleiblich entweder *Kopf* (+) oder *Zahl* (–) nach *oben* (L), und ebenso entweder *Kopf* (+) oder *Zahl* (–) nach *unten* (R), wobei natürlich jede Münze genau dann Kopf nach oben zu liegen kommt, wenn sie Zahl nach unten fällt, und genau dann Zahl nach oben zu liegen kommt, wenn sie Kopf nach unten fällt. Es ist also klar, dass durch das betrachtete Modell die Aussage (iv^{*M}) – also das dem Modell gemäße Spiegelbild von (iv*) – erfüllt wird. Noch größere strukturelle Gleichheit zwischen Original und Modell wird nun dadurch erzielt, dass außerdem gilt:

> (iii^M) Die drei Münzen müssen bei jedem Wurf auf ihren beiden Seiten verhüllt sein (durch Aufkleben einer undurchsichtigen Folie). Nur bei einer Münze darf nach einem Wurf die nach *oben* zu liegen gekommene Seite enthüllt werden (durch Abziehen der Folie auf jener Seite), und nur bei einer Münze (nicht notwendigerweise derselben) die nach *unten* zu liegen gekommene Seite.

Man wird im Rahmen dieses Modells von der *Aufdeckungsauffassung des Messens* ausgehen (womit sich dann (i^M) und (ii^M) aus (iv^{*M}) ergeben). Denn es ist ja jede Einflussnahme der Messaktion (des Abziehens der Folie) darauf, ob der jeweilige Beobachter Kopf oder Zahl vorfinden wird, völlig ausgeschlossen – *wenn* es denn in der Welt mit rechten Dingen zugeht, wovon aber doch auszugehen ist (meint man). Die Bell'schen Ungleichungen B1 und B2 lassen sich – mit entsprechender Umdeutung – auch auf das beschriebene Modell beziehen, und alles, was oben zur Rechtfertigung von B1 und B2 gesagt wurde, kann – mit entsprechender Anpassung – auch bezogen auf das Modell gesagt werden: Alles spricht für die Wahrheit von B1 und B2 in ihrer auf das Modell bezogenen Deutung. Wahrhaft maßlos erstaunlich wäre es dann aber – nämlich reine Magie –, wenn das modellgedeutete B1 und das modellgedeutete B2 der statistischen Überprüfung *nicht* standhielte. Kaum weniger erstaunlich ist es nun aber, dass B1 und B2 (bzw. nahe Verwandte von ihnen) *in ihrer originalen Deutung* der statistischen Überprüfung tatsächlich nicht standgehalten haben. Doch an einer äußerst überraschenden, „magischen" Verkehrtheit der Aufdeckungsauffassung des Messens kann das *bei jenen Originalen* nicht gut liegen.

6.2 Bell'sche Ungleichungen für eine Quantentheorie ohne verborgene Variablen

Die bisherigen Überlegungen bezogen sich auf eine (kausal) lokale Quantentheorie *mit verborgenen Variablen*. Sie lassen sich jedoch *mutatis mutandis* auch im Rahmen einer lokalen Quantentheorie *ohne verborgene Variablen* durchführen. Eine derartige Quantentheorie steht der Quantenphysik in jedem Fall näher als eine Quantentheorie mit verborgenen Variablen – weil die Quantenphysik ipso facto eine Quantentheorie ohne verborgene Variablen ist.

Doch gerät auch die hier nun zu betrachtende Quantentheorie ohne verborgene Variablen in Widerspruch zur Quantenphysik – deshalb, weil sie von der klassischen Fundamentalsupposition der Lokalität aller physischen Wirkungen Gebrauch macht. Denn *mit der Lokalitätssupposition* ergeben sich auch bei der nun zu betrachtenden Quantentheorie ohne verborgene Variablen für dasselbe schon beschriebene bohmsche EPR-Szenario – *inklusive* der Winkel zwischen den Messachsen: $\varphi(xy) = 60°$, $\varphi(yz) = 60°$ (im selben Drehsinn) und (also) $\varphi(xz) = 120°$ – die Bell'schen Ungleichungen B1 und B2. Das geht wie folgt:

Während bei der vorausgehenden Theorie *mit verborgenen Variablen* in grundlegender Funktion für Zustandsbeschreibung und Wahrscheinlichkeitsbestimmung von *vollständigen MVV-Situationen* ausgegangen wurde, wird bei der jetzt thematischen Theorie *ohne verborgenen Variablen* in gleicher grundlegender Funktion von *vollständigen OVV-Situationen* ausgegangen. Vollständige OVV-Situationen lassen sich auffassen als *durch Weglassen des Verborgenen* aus vollständigen MVV-Situationen hervorgegangene Situationen; sie sind sozusagen MVV-Situationen, die um ihren gesamten verborgenen Teil *gekürzt* worden sind. Dementsprechend geht die Notation einer vollständigen OVV-Situation aus der (im vorausgehenden Abschnitt verwendeten) Notation einer vollständigen MVV-Situation dadurch hervor, dass bei der letzteren Notation alle nichtunterstrichenen Positionen weggelassen werden – wodurch der Verzicht auf die Annahme, Betrachtung, Beschreibung einer unbeobachteten, nicht D-gemessenen, an sich gegebenen Sachlage, in welche die D-gemessene Sachlage gleichsam eingebettet ist, *augenfällig* wird. Eine Konsequenz dieses Verzichts ist, dass die Aussage (iv*) keine Grundlage mehr hat und entfällt – während an (i), (ii) und (iii), weil sie die (neutrale, nicht zur Disposition stehende) Struktur des bohmschen EPR-Szenarios betreffen, nach wie vor festzuhalten ist.

Freilich muss man sich darüber im Klaren sein, dass wenn hier nun nach wie vor von einem *EPR-Szenario* die Rede ist, dieses Szenario im Rahmen einer Quantentheorie *ohne verborgene Variablen* keines mehr ist, das Einstein, Podolsky und Rosen für ihren Zweck – der Formulierung eines Paradoxes wider die Quantenphysik – nutzen könnten. Die oben in diesem Kapitel (vor Abs. 6.1) angegebene EPR-Argumentation – also die Einstein, Podolsky und Rosen dort in den Mund gelegte Argumentation – lässt sich im Rahmen einer Quantentheorie *ohne verborgene Variablen* offensichtlich nicht rekonstruieren.

Um auf das – eben im Allgemeinen beschriebene – Verhältnis zwischen vollständigen OVV-Situationen und vollständigen MVV-Situationen zurückzukommen: Beispielsweise geht die *achsenverschiedene* vollständige OVV-Situation

x+//y+

durch *Weglassen des Verborgenen* aus jeder der folgenden *zwei* vollständigen MVV-Situationen hervor:

x+, y−, z+//x−, y+, z−
x+, y−, z−//x−, y+, z+.

Die *achsengleiche* OVV-Situation

x+//x−

hingegen geht durch *Weglassen des Verborgenen* sogar aus jeder der folgenden *vier* vollständigen MVV-Situationen hervor:

x+, y+, z+//x–, y–, z–
x+, y+, z–//x–, y–, z+
x+, y–, z+//x–, y+, z–
x+, y–, z–//x–, y+, z+.

Insgesamt resultieren auf die eben illustrierte Weise 30 vollständige OVV-Situationen aus 72 vollständigen MVV-Situationen. (Im *Anhang* zu diesem Kapitel sind alle vollständigen OVV-Situationen explizit angegeben.)

Statt als *Abbauprodukte* von vollständigen MVV-Situationen lassen sich vollständige OVV-Situationen aber auch auffassen als *Aufbauprodukte* aus je einer möglichen zweiseitigen Messkonfiguration und je einem möglichen zweiseitigen Messwert; die vollständige OVV-Situation x+//y+, beispielsweise, ist das Ergebnis der Kombination – Konjunktion – der möglichen zweiseitigen Messkonfiguration x//y und des möglichen zweiseitigen Messwerts ++. Dabei lässt sich jede der 6 *achsenverschiedenen* möglichen zweiseitigen Messkonfigurationen mit jeder der 4 möglichen zweiseitigen Messwerte zu einer vollständigen OVV-Situation verbinden, jede der verbleibenden 3 *achsengleichen* möglichen zweiseitigen Messkonfigurationen (also x//x, y//y, und z//z) jedoch allein mit +– und –+ (wegen *Gegebenheit* (ii)). Ersichtlicherweise resultieren nach dieser *konstruktiven* Methode dieselben 30 vollständigen OVV-Situationen wie nach der oben zuerst beschriebenen, *reduktiven* Methode. (Alle vollständigen OVV-Situationen sind im Übrigen *möglich*.)

Für das Folgende ist herauszustellen, dass (aufgrund des im vorausgehenden Absatz Gesagten) für alle vollständigen OVV-Situationen Y gilt:

Y = (MK(Y) & MW(Y)),

wobei MK(Y) die mögliche zweiseitige Messkonfiguration ist, die in Y eingeht, und MW(Y) der mögliche zweiseitige Messwert. Aus der angegebenen Gleichung (welche die Darstellbarkeit jeder vollständigen OVV-Situation als Konjunktion – bezogen auf den Messzeitpunkt t* – einer möglichen zweiseitigen Messkonfiguration und eines möglichen zweiseitigen Messwertes besagt) folgt aufgrund der Definition der bedingten Wahrscheinlichkeit:

$$pr(Y) = pr(MW(Y)/MK(Y)) \times pr(MK(Y)).$$

Denn pr(Y) = pr(MK(Y) & MW(Y)) = pr(MW(Y) & MK(Y)). Aus der rein definitionsgemäß geltenden Gleichung pr(MW(Y)/MK(Y)) = pr(MW(Y) & MK(Y)) /pr(MK(Y)) ergibt sich zudem: pr(MW(Y) & MK(Y)) = pr(MW(Y)/MK(Y)) × pr(MK(Y)). Folglich: pr(Y) = pr(MW(Y)/MK(Y)) × pr(MK(Y)) – was zu zeigen war.

Die Situationen, die in die Bell'schen Ungleichungen B1 und B2 eingehen – also die Situationen, auf die sich die Wahrscheinlichkeitsaussagen beziehen, aus denen diese Ungleichungen zusammengesetzt sind – sind nun (im Rahmen einer Quantentheorie ohne verborgene Variablen) *OVV-Situationen*, und sie sind – wie alle OVV-Situationen – darstellbar als Mengen von *vollständigen* OVV-Situationen. xL+ & yR+ beispielsweise ist darstellbar durch die Menge {x+//y+}, also durch die Schnittmenge der Mengen {x+//x–, x+//y+, x+//y–, x+//z+, x+//z–} (= xL+) und {y–//y+, x+//y+, x–//y+, z+//y+, z–//y+} (= yR+). Offensichlich kann aber xL+ & yR+ auch gleich durch die vollständige OVV-Situation x+//y+ selbst dargestellt werden (statt durch die zugeordnete 1-elementige Menge {x+//y+}). Entsprechendes gilt für yL– & zR– und xL+ & zR+: die erstere Situation ist darstellbar durch die vollständige OVV-Situation y–//z–, die letztere durch die vollständige OVV-Situation x+//z+. Demnach wird die Bell'sche Ungleichung B1 genau dann gelten, wenn gilt:

$$pr(x+//y+) \leq pr(y-//z-) + pr(x+//z+).$$

Und da das über die OVV-Situationen, die in B1 eingehen, Gesagte auch für die OVV-Situationen gilt, die in B2 eingehen, wird diese letztere Bell'sche Ungleichung genau dann gelten, wenn gilt (unter Ersetzung des Begriffs des Erwartungswertes durch sein – im vorausgehenden Abschnitt nach der Aufstellung von B2 angegebenes – definitorisches Äquivalent):

$$\begin{aligned}&\big|[[pr(\underline{x+}//\underline{y+}) + pr(\underline{x-}//\underline{y-}) - pr(\underline{x+}//\underline{y-}) - pr(\underline{x-}//\underline{y+})] : pr(\underline{x}//\underline{y})] -\\&[[pr(\underline{x+}//\underline{z+}) + pr(\underline{x-}//\underline{z-}) - pr(\underline{x+}//\underline{z-}) - pr(\underline{x-}//\underline{z+})] : pr(\underline{x}//\underline{z})]\big| \leq 1 +\\&[[pr(\underline{y+}//\underline{z+}) + pr(\underline{y-}//\underline{z-}) - pr(\underline{y+}//\underline{z-}) - pr(\underline{y-}//\underline{z+})] : pr(\underline{y}//\underline{z})].\end{aligned}$$

Es ist unmittelbar ersichtlich, dass beide Ungleichungen gelten, wenn alle *achsenverschiedenen* vollständigen OVV-Situationen *gleichwahrscheinlich* sind.

Man kann nicht davon ausgehen, dass *alle* vollständigen OVV-Situationen *überhaupt* (ob achsenverschieden oder achsengleich) gleichwahrscheinlich sind. Die achsengleichen vollständigen OVV-Situationen lassen vielmehr von vornherein eine höhere Wahrscheinlichkeit ihres jeweiligen Eintretens erwarten als die achsenverschiedenen. Aber wenn nur alle achsenverschiedenen vollständigen OVV-Situationen gleichwahrscheinlich sind, so ist das für die Gültigkeit von B1 und B2 vollkommen ausreichend, denn in B1 und B2 ist nun eben nur von *achsenverschiedenen* vollständigen OVV-Situationen die Rede (wegen $\varphi(xy) = 60°$, $\varphi(yz) = 60°$, $\varphi(xz) = 120°$).

Wie ließe sich die Gleichwahrscheinlichkeit aller achsenverschiedenen vollständigen OVV-Situationen rechtfertigen? Wegen der oben herausgestellten, für alle vollständigen OVV-Situationen Y gültigen Gleichung $pr(Y) = pr(MW(Y)/MK(Y)) \times pr(MK(Y))$ und der nach wie vor gegebenen Gleichwahrscheinlichkeit aller möglichen zweiseitigen Messkonfigurationen (ihre Wahrscheinlichkeit beträgt stets 1/9) ist eine Gleichwahrscheinlichkeit aller achsenverschiedenen vollständigen OVV-Situationen genau dann gegeben, wenn für alle möglichen zweiseitigen Messwerte MW und alle achsenverschiedenen möglichen zweiseitigen Messkonfigurationen – schematisch bezeichnet durch „$\mathrm{MK}_{\mathrm{achsungleich}}$“ – gilt:

$$\mathrm{pr}(\mathrm{MW}/\mathrm{MK}_{\mathrm{achsungleich}}) = \textit{konstant}.$$

Dies ist der Fall, wenn jede der 6 achsenverschiedenen möglichen zweiseitigen Messkonfigurationen keinerlei probabilistische Auswirkungen darauf hat, welcher der 4 möglichen zweiseitigen Messwerte bei ihr realisiert wird (die Summe von deren Wahrscheinlichkeiten bei ihr muss freilich 1 sein), sondern die jeweils zugehörige zweiseitige Messwertrealisation *rein zufällig* eintritt (was sich wiederum darin zeigen müsste, dass alle 4 möglichen zweiseitigen Messwerte auf lange Sicht mit der gleichen relativen Häufigkeit bezogen auf die Zahl der Realisationen der jeweils zugrunde liegenden zweiseitigen Messkonfiguration auftreten).

Offenbar ist die obige Gleichung $\mathrm{pr}(\mathrm{MW}/\mathrm{MK}_{\mathrm{achsungleich}})$ = *konstant* wie folgt zu konkretisieren: $\mathrm{pr}(\mathrm{MW}/\mathrm{MK}_{\mathrm{achsungleich}}) = 1/4$. Damit erhält man für jede *achsenverschiedene* vollständige OVV-Situation Y: pr(MW(Y)/MK(Y)) = 1/4, also wegen pr(MK(Y)) = 1/9 und pr(Y) = pr(MW(Y)/MK(Y)) × pr(MK(Y)) schließlich: pr(Y) = 1/36. Man beachte den großen Unterschied zu der Quantentheorie *mit verborgenen Variablen*, die im vorausgehenden Abschnitt betrachtet wurde: „x+//y+“ z. B. ist nur eine andere Schreibweise für „xL+ & yR+“, aber bei der gegenwärtigen Theorie haben wir pr(x+//y+) = 1/36, bei der vorausgehenden Theorie dagegen pr(xL+ & yR+) = 1/54; und „x+//z+“ ist nur eine andere Schreibweise für „xL+ & zR+“, aber bei der vorausgehenden Theorie haben wir pr(xL+ & zR+) = 1/27, während gemäß der gegenwärtigen Theorie pr(x+//z+) = 1/36 gilt. (Genau dieselben Wahrscheinlichkeitswerte wie die gegenwärtige Theorie liefert aber – für dieselben Situationen – das makrophysikalische Modell mit verborgenen Variablen, das am Schluss des vorausgehenden Abschnitts betrachtet wurde.)

Um aber die besagte *reine Zufälligkeit* sicherzustellen, bleibt – so lässt es sich einrichten – bei allen (gleichmäßig variierten) experimentellen Durchgängen, wie viele es auch werden mögen, bis zum letzten Augenblick (bis kurz vor dem Eintreffen der Elektronen bei den Detektoren) zur Gänze offen, welche mögliche zweiseitige Messkonfiguration realisiert wird. Eine *kausale* Einflussnahme der realisierten zweiseitigen Messkonfiguration auf den realisierten zweiseitigen Messwert wäre dann nur bei Auftreten instantaner Fernwirkungen zwischen den beiden Seiten des Messarrangements möglich.

Die *linke* Hälfte einer realisierten zweiseitigen Messkonfiguration (welche es auch sein mag, ob achsengleich oder achsenverschieden) hat *für sich genommen*, wie die Erfahrung zeigt, zumindest keinen Einfluss, der statistisch merklich wäre, darauf, welcher Messwert *links* realisiert wird, und die *rechte* Hälfte derselben zweiseitigen Messkonfiguration hat *für sich genommen* ebenfalls keinen merklichen Einfluss darauf, welcher Messwert *rechts* realisiert wird: Einmal ist der Messwert +, einmal ist er –, mit gleicher Häufigkeit auf lange Sicht.

Aber eine *lokale* Quantentheorie ohne verborgene Variablen – eine derartige Quantentheorie, zu der auch die Annahme der Lokalität aller physischen Wirkungen gehört – schließt eben instantane Fernwirkungen aus.

Es ist jedoch wichtig zu sehen, dass der Schritt von der Abwesenheit eines kausalen Einflusses von A auf B_1, …, B_N zur Gleichwahrscheinlichkeit von B_1, …, B_N bei A (zur reinen Zufälligkeit von B_1, …, B_N bei A), also zu $pr(B_1/A) = ... = pr(B_N/A)$, *nicht ohne weiteres* gemacht werden kann. Beispielsweise hat *rinnende Nase* (A) keinen kausalen Einfluss auf *Fieber* (B_1) und keinen kausalen Einfluss auf *Normaltemperatur* (B_2); dennoch ist *Fieber* unter der Bedingung *rinnende Nase* wahrscheinlicher, als es *Normaltemperatur* unter derselben Bedingung ist. Der Grund dafür, warum in diesem Beispiel der Schritt von der Abwesenheit eines kausalen Einflusses von A auf B_1 und B_2 zu $pr(B_1/A) = pr(B_2/A)$ verbaut ist, ist dieser: Es gibt einen *tieferliegenden* Faktor C (nämlich *fieberhafte Infektion der Nasenschleimhaut*), der als (hinreichende) Ursache von A, B_1 und non-B_2 es bedingt, dass gilt $pr(B_1/A) > pr(B_2/A)$, *obwohl* A weder B_1 noch B_2 kausal beeinflusst. (Näheres dazu siehe in Abs. 4 des Kapitelanhangs.) Die Entsprechung zum tieferliegenden Faktor in unserem Beispiel wäre beim bohmschen EPR-Szenario eine geeignete *verborgene Variable*. Da wir uns nun aber im Rahmen einer Quantentheorie *ohne* verborgene Variablen bewegen, ist nicht einmal die Erwägung einer solchen Variablen eine Option. Darum kann der Schritt von der Abwesenheit eines kausalen Einflusses von A auf B_1, …, B_N zu $pr(B_1/A) = ... = pr(B_N/A)$ im zur Diskussion stehenden quantentheoretischen Fall sehr wohl getan werden. (A ist dabei eine beliebige achsenverschiedene mögliche Messkonfiguration; B_1, …, B_N hingegen ist B_1, …, B_4, konkret: ++, +−, −+, −−.)

Alles Weitere verläuft dann wie im Fall der zuvor betrachteten lokalen Quantentheorie mit verborgenen Variablen: der Widerspruch zur Quantenphysik, was B2 angeht (und *damit* auch was B1 in Konjunktion mit seinen gleichberechtigten Varianten B1′, B1′′, B1′′′ angeht; siehe dazu Abs. 2 und 3 im *Anhang*), die letztendliche empirisch-statistische Bestätigung der Quantenphysik und empirisch-statistische Widerlegung der lokalen Theorie.

Im *Anhang* zu diesem Kapitel wird in Abs. 5 noch eingegangen auf einige allgemeine Unterschiede und Gemeinsamkeiten beim bohmschen EPR-Szenario zwischen einer Quantentheorie mit verborgenen Variablen und einer Quantentheorie ohne solche.

6.3 Die Deutung der quantenphysikalischen Verschränkung

Was ist nun aber *das theoretische Gewicht* der quantenphysikalischen kausalen Nichtlokalität – die bei der theoretischen Erfassung der Phänomene *nicht im Einklang mit den Phänomenen* geleugnet werden kann (wie wir nun gesehen haben)? Ist nicht diese Nichtlokalität am Ende nur Indiz für etwas Weiterreichendes, Tiefergreifendes?

Aus der Sicht der Quantenphysik sind die gepaarten Elektronen L und R, die im bohmschen EPR-Szenario voneinander weg zu ihren jeweiligen Detektoren fliegen, miteinander in einer Weise gekoppelt, die man als (einen Fall von) *Verschränkung* bezeichnet. Das bedeutet, dass es nicht möglich ist, L und R zur Beschreibung ihres jeweiligen Verhaltens im bohmschen EPR-Szenario Wellenfunktionen Ψ_L und Ψ_R in solcher Weise zuzuordnen, dass für die weitere Wellenfunktion $\Psi_{<L, R>}$, die *dem Paar* <L, R> *als einem Ganzen* zur Beschreibung seines Verhaltens im bohmschen EPR-Szenario zugeordnet ist, nun schlicht und einfach gelten würde: $\Psi_{<L, R>} = (\Psi_L \times \Psi_R)$. Mit anderen Worten: Die Entität <L, R> – man kann auch von einem *System* sprechen – lässt sich in ihrem Wahrscheinlichkeitsverhalten hinsichtlich der zweiseitigen Messung von Spinkomponenten entlang einer Achse α *nicht* als zusammengesetzt aus zwei *unabhängig voneinander agierenden* Teilen L und R verstehen, und zwar gleichgültig, wie groß der Abstand zwischen L und R auch wird.

Bezogen auf die jeweilige Spinkomponente von L und R entlang der Achse α stellt sich die Wellenfunktion $\Psi_{<L, R>}$ wie folgt dar: Bevor eine Messung erfolgt (bevor L und R bei den Detektoren eintreffen), also solange $\Psi_{<L, R>}$ zuständig ist, liefert $\Psi_{<L, R>}$ einen Wert, der so zu interpretieren ist, dass sich das System <L, R> in einem gewissen Superpositionszustand befindet. Dieser Wert lässt sich wie folgt notieren: $(1/\sqrt{2})[(auf_\alpha)_L(ab_\alpha)_R + (ab_\alpha)_L(auf_\alpha)_R]$, und es lässt sich ihm die folgende (richtige) Wahrscheinlichkeitsaussage entnehmen: Die Wahrscheinlichkeit, dass beim linken Elektron die Spinkomponente als *auf* entlang α gemessen wird und beim rechten Elektron als *ab*, beträgt 50%, und die Wahrscheinlichkeit, dass beim linken Elektron die Spinkomponente als *ab* entlang α gemessen wird und beim rechten Elektron als *auf*, beträgt ebenfalls 50%. Aber $(1/\sqrt{2})[(auf_\alpha)_L(ab_\alpha)_R + (ab_\alpha)_L(auf_\alpha)_R]$ ist nicht das Produkt der einschlägigen einfacheren Werte, die jeweils nur auf L bzw. R *allein* bezogen sind: $(1/\sqrt{2})[(auf_\alpha)_L + (ab_\alpha)_L]$ und $(1/\sqrt{2})[(auf_\alpha)_R + (ab_\alpha)_R]$; denn klarerweise gilt ja: $(1/\sqrt{2})[(auf_\alpha)_L(ab_\alpha)_R + (ab_\alpha)_L(auf_\alpha)_R] \neq \{(1/\sqrt{2})[(auf_\alpha)_L + (ab_\alpha)_L] \times (1/\sqrt{2})[(auf_\alpha)_R + (ab_\alpha)_R]\}$. Daraus folgt: L und R lassen sich keine Wellenfunktionen Ψ_L und Ψ_R in solcher Weise zuschreiben, dass gilt: $\Psi_{<L, R>} = (\Psi_L \times \Psi_R)$. Denn wenn es doch so wäre – was genau dann der Fall wäre, wenn L und R in ihrem Wahrscheinlichkeitsverhalten (nach Aussendung) voneinander unabhängig wären, d. h. das System <L, R> *ohne inneren Zusammenhang* existierte –, dann würde (entgegen dem schon Festgestellten) eben gelten: $\Psi_{<L, R>}$ hat den Wert $\{(1/\sqrt{2})[(auf_\alpha)_L + (ab_\alpha)_L] \times (1/\sqrt{2})[(auf_\alpha)_R + (ab_\alpha)_R]\}$, weil ja, wie sich experimentell zeigt, für Ψ_L nur der Wert $(1/\sqrt{2})[(auf_\alpha)_L + (ab_\alpha)_L]$ und für Ψ_R nur der Wert $(1/\sqrt{2})[(auf_\alpha)_R + (ab_\alpha)_R]$ in Frage kommt. (Dabei lässt sich $(1/\sqrt{2})[(auf_\alpha)_L + (ab_\alpha)_L]$ die folgende – richtige – Wahrscheinlichkeitsaussage entnehmen: die Wahrscheinlichkeit, dass beim linken Elektron die Spinkomponente als *auf* entlang α gemessen wird, beträgt 50%, und die Wahrscheinlichkeit, dass sie bei ihm als *ab* entlang α gemessen wird, beträgt ebenfalls 50%; ganz Analoges gilt für den Wert $(1/\sqrt{2})[(auf_\alpha)_R + (ab_\alpha)_R]$.)

Es gibt mehrere Möglichkeiten, die vor der eben gemachten Anmerkung zuletzt beschriebene Tatsache extrapolierend zu deuten. Die radikalste – sich am weitesten von der Ontologie der klassischen Physik entfernende – Deutung ist die folgende: L und R existieren gar nicht selbständig. Was selbständig existiert ist ein – u. U. räumlich sehr weit auseinandergezogenes – *Ganzes*, von dem L und R unselbständige Aspekte sind, die zudem erst in der Messung in der Weise, wie wir sie kennen, existent werden.

Es ist hier zu beachten, dass man ohne kausale Nichtlokalität trotzdem nicht auskommt, denn die weit voneinander entfernten unselbständigen Enden des ins Auge gefassten Ganzen beeinflussen sich offenbar kausal in instantaner Weise.

Die eben geschilderte Deutung ist die *radikal-holistische Deutung* (oder führt jedenfalls folgerichtig zu dieser hin). Deren Radikalität besteht darin, dass sie angesichts der Ubiquität quantenphysikalischer Verschränkungen einer vollständigen Entmachtung (einem kompletten Nicht-mehr-ernst-nehmen) der von der klassischen Physik übernommenen, auch für die Mikrowelt bislang noch geltenden Ontologie lokaler physischer Individuen, der *Ontologie der Teilchen*, das Wort redet. Man könnte zu Gunsten der radikal-holistischen Deutung der quantenphysikalischen Verschränkung sagen, dass jene Entmachtung ohnehin in der Konsequenz der Quantenphysik liege – angesichts des Welle-Teilchen-Dualismus (siehe Kap. 4) und des Auftretens von Superpositionszuständen (siehe Kap. 5), was doch alles *nicht gut* zu einer Ontologie der Teilchen passe. Erzwungen wird die radikal-holistische Deutung jedoch auch bei Hinzuziehung der genannten weiteren Gesichtspunkte nicht. Denn sowohl der Welle-Teilchen-Dualismus als auch das Auftreten von Superpositionszuständen lassen sich durch den *irreduziblen* Einsatz eines possibilistisch interpretierten objektiven Wahrscheinlichkeitsbegriffs, also im Rahmen eines objektiven Indeterminismus, verstehen (wie in Kap. 5 dargelegt wurde), und zwar *ohne* ein Verwerfen der Ontologie lokaler Individuen. *Hinzu* zum objektiven Indeterminismus (entgegen der 3. Fundamentalsupposition der klassischen Physik), welcher sich in irreduziblen, von 1 und 0 verschiedenen objektiven Wahrscheinlichkeiten und in der kausalen Zufälligkeit der einzelnen Messergebnisse niederschlägt, und *hinzu* zu anderen Unbestimmtheiten (nämlich solchen entgegen der 1. und 2. Fundamentalsupposition der klassischen Physik) kommt nun eben angesichts der quantenphysikalischen Verschränkung noch die kausale Nichtlokalität. Aber eine *weitere*, die klassische Physik noch radikaler umstürzende Konsequenz, nämlich eine *im engeren Sinne ontologische Konsequenz:* die Fundamentalität von physischen *Globalentitäten* (von denen es in letzter, radikaler Konsequenz doch nur eine einzige gibt: die gesamte physische Welt) braucht angesichts der quantenphysikalischen Verschränkung durchaus nicht gezogen zu werden.

Dementsprechend steht der radikal-holistischen Deutung der quantenphysikalischen Verschränkung deren *Minimaldeutung* gegenüber, welche sich auf die Annahme kausaler Nichtlokalität (neben dem objektiven Indeterminismus und der graduellen Unbestimmtheit physikalischer Größen und ihrer Messungen) *beschränkt* und sich nicht in Richtung des *ontologischen Holismus* bewegt (wenn auch ein *gewisser* Holismus durch die kausale Nichtlokalität selbst gegeben ist). Diese Minimaldeutung ist, wie ihr Name andeutet, die am wenigsten radikale, am wenigsten von der Ontologie der klassischen Physik abweichende Deutung. Nach ihr existieren L und R sehr wohl selbständig (wird L beispielsweise abgefangen, kann R – als *dasselbe* Teilchen, das es schon vorher war – ganz unbeeindruckt davon bleiben); aber zwischen beiden gibt es – gleichgültig, wie weit sie voneinander entfernt sein mögen – instantane (sich in der Wiederholung statistisch zeigende) gegenseitige kausale Einflussnahmen über die räumliche Entfernung hinweg.

Anhang zum 6. Kapitel

1. Vollständige MVV-Situationen und vollständige OVV-Situationen

Die 18 vollständigen MVV-Situationen, von denen die MVV-Situation xL+ & yR+ ein inhaltlicher Teil ist, sind die folgenden:

1. x+, y–, z+//x–, y+, z–
2. x+, y–, z+//x–, y+, z–*
3. x+, y–, z+//x–, y+, z–
4. x+, y–, z+//x–, y+, z–
5. x+, y–, z+//x–, y+, z–
6. x+, y–, z+//x–, y+, z–
7. x+, y–, z+//x–, y+, z–
8. x+, y–, z+//x–, y+, z–
9. x+, y–, z+//x–, y+, z–
10. x+, y–, z–//x–, y+, z+
11. x+, y–, z–//x–, y+, z+*
12. x+, y–, z–//x–, y+, z+
13. x+, y–, z–//x–, y+, z+
14. x+, y–, z–//x–, y+, z+
15. x+, y–, z–//x–, y+, z+
16. x+, y–, z–//x–, y+, z+
17. x+, y–, z–//x–, y+, z+
18. x+, y–, z–//x–, y+, z+

Die beiden mit dem Sternchen gekennzeichneten vollständigen MVV-Situationen sind die vollständigen MVV-Situationen, von denen die Situation xL+ & yR+ (als MVV-Situation) ein inhaltlicher Teil ist. Man beachte, dass von den 18 angegebenen MVV-Situationen die ersten neun nur *prima facie möglich,* aber nicht *endgültig möglich* sind: deshalb, weil bei 60° zwischen x und y, und 60° zwischen y und z (im selben Drehsinn) die bei den ersten neun gegebene Verteilung von + und – auf die Achsen geometrisch unmöglich ist. Letztlich gibt es also nur einzige *mögliche* vollständige MVV-Situation, von der xL+ & yR+ ein inhaltlicher Teil ist (nämlich Nummer 11; die Wahrscheinlichkeit von xL+ & yR+ muss also die Wahrscheinlichkeit von x+, y–, z–//x–, y+, z+ sein).

Die insgesamt 72 vollständigen MVV-Situationen reduzieren sich auf die folgenden 30 vollständigen OVV-Situationen:

x+//x−	y+//y−	z+//z−
x+//y−	y+//x−	z+//x−
x+//z−	y+//z−	z+//y−
x+//y+*	y+//x+	z+//x+
x+//z+	y+//z+	z+//y+
x−//x+	y−//y+	z−//z+
x−//y+	y−//x+	z−//x+
x−//z+	y−//z+	z−//y+
x−//y−	y−//x−	z−//x−
x−//z−	y−//z−	z−//y−

Die mit dem Sternchen gekennzeichnete vollständige OVV-Situation ist die einzige vollständige OVV-Situation, von der die Situation xL+ & yR+ (als OVV-Situation) ein inhaltlicher Teil ist.

Frage an die Leser: Welche vollständigen OVV-Situationen gehen durch *Weglassen des Verborgenen* aus den oben angegebenen 18 vollständigen MVV-Situationen hervor?

Die Unterstreichungen bei den Notierungen der vollständigen OVV-Situationen könnten auch weggelassen werden, da sie bezogen auf den Rahmen einer Quantentheorie *ohne verborgene Variablen* funktionslos sind; gibt es doch in jenem Rahmen keine Differenzierung zwischen *gemessen* und *gegeben* (so dass etwas *gegeben* sein könnte, ohne *gemessen* zu sein).

2. Der Zusammenhang zwischen den Bell'schen Ungleichungen B1 und B2 im Kontext der betrachteten lokalen Quantentheorie *mit* verborgenen Variablen

B1 ist die Ungleichung $\mathrm{pr}(\underline{x}L+ \,\&\, \underline{y}R+) \leq \mathrm{pr}(\underline{y}L- \,\&\, \underline{z}R-) + \mathrm{pr}(\underline{x}L+ \,\&\, \underline{z}R+)$; B2 dagegen ist die ganz anders aussehende Ungleichung $|E(\underline{x}//\underline{y}) - E(\underline{x}//\underline{z})| \leq 1 + E(\underline{y}//\underline{z})$. Beide Ungleichungen ergeben sich aufgrund der Gleichwahrscheinlichkeit aller *möglichen* vollständigen MVV-Situationen, welche Gleichwahrscheinlichkeit für das in Kap. 6 betrachtete EPR-Szenario aus der in Kap. 6 betrachteten lokalen Quantentheorie mit verborgenen Variablen folgt. Aber hängen die beiden Ungleichungen auch *untereinander logisch-deduktiv* zusammen? Dazu ist zunächst zu sehen, dass gilt:

$E^*(\underline{x}//\underline{y}) = 2[\mathrm{pr}(\underline{x}L+ \,\&\, \underline{y}R+) + \mathrm{pr}(\underline{x}L- \,\&\, \underline{y}R-)] - \mathrm{pr}(\underline{x}//\underline{y})$;
$E^*(\underline{y}//\underline{z}) = 2[\mathrm{pr}(\underline{y}L+ \,\&\, \underline{z}R+) + \mathrm{pr}(\underline{y}L- \,\&\, \underline{z}R-)] - \mathrm{pr}(\underline{y}//\underline{z})$;

$E^*(\underline{x}//\underline{z}) = 2[\mathrm{pr}(\underline{xL+} \;\&\; \underline{zR+}) + \mathrm{pr}(\underline{xL-} \;\&\; \underline{zR-})] - \mathrm{pr}(\underline{x}//\underline{z})$.

Hierbei ist $E^*(\underline{\alpha}//\underline{\beta})$ definiert als $E(\underline{\alpha}//\underline{\beta}) \times \mathrm{pr}(\underline{\alpha}//\underline{\beta})$ (zur Definition von $E(\underline{\alpha}//\underline{\beta})$ selbst siehe im 6. Kapitel selbst). Die drei Gleichungen ergeben sich – es sei exemplarisch für die erste Gleichung gezeigt – wie folgt:

Laut den Definitionen von E* und E:
(1) $E^*(\underline{x}//\underline{y}) = \mathrm{pr}(\underline{xL+} \;\&\; \underline{yR+}) + \mathrm{pr}(\underline{xL-} \;\&\; \underline{yR-}) - \mathrm{pr}(\underline{xL+} \;\&\; \underline{yR-}) - \mathrm{pr}(\underline{xL-} \;\&\; \underline{yR+})$.
Zudem aber (wegen der Grundstruktur des Mess-Szenarios):
(2) $\mathrm{pr}(\underline{x}//\underline{y}) = \mathrm{pr}(\underline{xL+} \;\&\; \underline{yR+}) + \mathrm{pr}(\underline{xL-} \;\&\; \underline{yR-}) + \mathrm{pr}(\underline{xL+} \;\&\; \underline{yR-}) + \mathrm{pr}(\underline{xL-} \;\&\; \underline{yR+})$.
Aus (2) ergibt sich:
(3) $[\mathrm{pr}(\underline{xL+} \;\&\; \underline{yR-}) + \mathrm{pr}(\underline{xL-} \;\&\; \underline{yR+})] = \mathrm{pr}(\underline{x}//\underline{y}) - [\mathrm{pr}(\underline{xL+} \;\&\; \underline{yR+}) + \mathrm{pr}(\underline{xL-} \;\&\; \underline{yR-})]$.
Aus (1) ergibt sich:
(4) $E^*(\underline{x}//\underline{y}) = \mathrm{pr}(\underline{xL+} \;\&\; \underline{yR+}) + \mathrm{pr}(\underline{xL-} \;\&\; \underline{yR-}) - [\mathrm{pr}(\underline{xL+} \;\&\; \underline{yR-}) + \mathrm{pr}(\underline{xL-} \;\&\; \underline{yR+})]$.
Aus (4) und (3) ergibt sich:
(5) $E^*(\underline{x}//\underline{y}) = \mathrm{pr}(\underline{xL+} \;\&\; \underline{yR+}) + \mathrm{pr}(\underline{xL-} \;\&\; \underline{yR-}) - (\mathrm{pr}(\underline{x}//\underline{y}) - [\mathrm{pr}(\underline{xL+} \;\&\; \underline{yR+}) + \mathrm{pr}(\underline{xL-} \;\&\; \underline{yR-})])$.
Aus (5) ergibt sich:
(6) $E^*(\underline{x}//\underline{y}) = 2[\mathrm{pr}(\underline{xL+} \;\&\; \underline{yR+}) + \mathrm{pr}(\underline{xL-} \;\&\; \underline{yR-})] - \mathrm{pr}(\underline{x}//\underline{y})$.

Neben B1 – also $\mathrm{pr}(\underline{xL+} \;\&\; \underline{yR+}) \leq \mathrm{pr}(\underline{yL-} \;\&\; \underline{zR-}) + \mathrm{pr}(\underline{xL+} \;\&\; \underline{zR+})$ – gilt nun aus ganz analogen Gründen (für das in Kap. 6 betrachtete EPR-Szenario, mit der in Kap. 6 betrachteten lokalen Quantentheorie mit verborgenen Variablen) auch B1′: $\mathrm{pr}(\underline{xL-} \;\&\; \underline{yR-}) \leq \mathrm{pr}(\underline{yL+} \;\&\; \underline{zR+}) + \mathrm{pr}(\underline{xL-} \;\&\; \underline{zR-})$. Aus B1 und B1′ zusammen erhält man aber durch Addition der beiden Ungleichungen:

$\mathrm{pr}(\underline{xL+} \;\&\; \underline{yR+}) + \mathrm{pr}(\underline{xL-} \;\&\; \underline{yR-}) \leq \mathrm{pr}(\underline{yL-} \;\&\; \underline{zR-}) + \mathrm{pr}(\underline{xL+} \;\&\; \underline{zR+}) + \mathrm{pr}(\underline{yL+} \;\&\; \underline{zR+}) + \mathrm{pr}(\underline{xL-} \;\&\; \underline{zR-})$.

Also durch Umordnen und Zusammenklammern:

$[\mathrm{pr}(\underline{xL+} \;\&\; \underline{yR+}) + \mathrm{pr}(\underline{xL-} \;\&\; \underline{yR-})] \leq [\mathrm{pr}(\underline{xL+} \;\&\; \underline{zR+}) + \mathrm{pr}(\underline{xL-} \;\&\; \underline{zR-})] + [\mathrm{pr}(\underline{yL+} \;\&\; \underline{zR+}) + \mathrm{pr}(\underline{yL-} \;\&\; \underline{zR-})]$.

Daraus ergibt sich durch beidseitige Multiplikation mit 2:

$2[\mathrm{pr}(\underline{xL+} \;\&\; \underline{yR+}) + \mathrm{pr}(\underline{xL-} \;\&\; \underline{yR-})] \leq 2[\mathrm{pr}(\underline{xL+} \;\&\; \underline{zR+}) + \mathrm{pr}(\underline{xL-} \;\&\; \underline{zR-})] + 2[\mathrm{pr}(\underline{yL+} \;\&\; \underline{zR+}) + \mathrm{pr}(\underline{yL-} \;\&\; \underline{zR-})]$.

Dieser Ausdruck lässt sich aber aufgrund der obigen drei *Erwartungswert**-Gleichungen auch wie folgt schreiben:

$E^*(\underline{x}//\underline{y}) + \mathrm{pr}(\underline{x}//\underline{y}) \leq E^*(\underline{x}//\underline{z}) + \mathrm{pr}(\underline{x}//\underline{z}) + E^*(\underline{y}//\underline{z}) + \mathrm{pr}(\underline{y}//\underline{z})$.

Wegen $\mathrm{pr}(\underline{x}//\underline{y}) = \mathrm{pr}(\underline{x}//\underline{z}) = \mathrm{pr}(\underline{y}//\underline{z}) = 1/9$ ergibt sich also:

$E^*(\underline{x}//\underline{y}) \leq E^*(\underline{x}//\underline{z}) + E^*(\underline{y}//\underline{z}) + 1/9$.

Folglich:

$E^*(\underline{x}//\underline{y}) - E^*(\underline{x}//\underline{z}) \leq 1/9 + E^*(\underline{y}//\underline{z})$.

Also folgt gemäß der Definition von E*:

$E(\underline{x}//\underline{y})\mathrm{pr}(\underline{x}//\underline{y}) - E(\underline{x}//\underline{z})\mathrm{pr}(\underline{x}//\underline{z}) \leq 1/9 + E(\underline{y}//\underline{z})\mathrm{pr}(\underline{y}//\underline{z})$.

Folglich nach Division beider Seiten durch 1/9 (wegen $\mathrm{pr}(\underline{x}//\underline{y}) = \mathrm{pr}(\underline{x}//\underline{z}) = \mathrm{pr}(\underline{y}//\underline{z}) = 1/9$):

(I) $E(\underline{x}//\underline{y}) - E(\underline{x}//\underline{z}) \leq 1 + E(\underline{y}//\underline{z})$.

In gleicher Weise erhält man aber auch

(II) $E(\underline{x}//\underline{z}) - E(\underline{x}//\underline{y}) \leq 1 + E(\underline{y}//\underline{z})$,

nur dass man bei der Herleitung dieser letzteren Ungleichung statt von B1 und B1′ von den folgenden beiden Ungleichungen Gebrauch machen muss (sie sind ebenfalls *Resultate* für das in Kap. 6 betrachtete EPR-Szenario mit der in Kap. 6 betrachteten lokalen Quantentheorie mit verborgenen Variablen): B1′′ $\mathrm{pr}(\underline{xL+} \;\&\; \underline{zR+}) \leq \mathrm{pr}(\underline{yL-} \;\&\; \underline{zR-}) + \mathrm{pr}(\underline{xL+} \;\&\; \underline{yR+})$, und B1′′′ $\mathrm{pr}(\underline{xL-} \;\&\; \underline{zR-}) \leq \mathrm{pr}(\underline{yL+} \;\&\; \underline{zR+}) + \mathrm{pr}(\underline{xL-} \;\&\; \underline{yR-})$.

Aus (I) und (II) jedoch ergibt sich:

B2 $\quad |E(\underline{x}//\underline{y}) - E(\underline{x}//\underline{z})| \leq 1 + E(\underline{y}//\underline{z})$.

Denn ist E(x//y) – E(x//z) größer oder gleich 0, dann gilt |E(x//y) – E(x//z)| = E(x//y) – E(x//z), und also wegen (I): |E(x//y) – E(x//z)| ≤ 1 + E(y//z). Ist dagegen E(x//y) – E(x//z) kleiner als 0, dann gilt: |E(x//y) – E(x//z)| = (–1) (E(x//y) – E(x//z)) = (E(x//z) – E(x//y)), und also wegen (II) wiederum: |E(x//y) – E(x//z)| ≤ 1 + E(y//z).[29]

B2 ist also eine Folgerung aus den vier Bell'schen Ungleichungen

B1 pr(xL+ & yR+) ≤ pr(yL– & zR–) + pr(xL+ & zR+)
B1′ pr(xL– & yR–) ≤ pr(yL+ & zR+) + pr(xL– & zR–)
B1′′ pr(xL+ & zR+) ≤ pr(yL– & zR–) + pr(xL+ & yR+)
B1′′′ pr(xL– & zR–) ≤ pr(yL+ & zR+) + pr(xL– & yR–),

wobei bei der Herleitung von B2 aus B1 – B1′′′ nur von der zu B1 – B1′′′ hinzukommenden Annahme pr(x//y) = pr(x//z) = pr(y//z) = 1/9 Gebrauch gemacht wird, welche Annahme sich aber aus der – unproblematischen – Voraussetzung der Gleichwahrscheinlichkeit aller möglichen zweiseitigen Messkonfigurationen ergibt. Dies also ist der logisch-deduktive Zusammenhang zwischen B1 (zusammen mit B1′, B1′′, B1′′′) und B2 im Kontext der betrachteten lokalen Quantentheorie *mit* verborgenen Variablen.

3. Der Zusammenhang zwischen den Bell'schen Ungleichungen B1 und B2 im Kontext der betrachteten lokalen Quantentheorie *ohne* verborgene Variablen

Auf der Grundlage der in Kap. 6 betrachteten lokalen Quantentheorie *ohne* verborgene Variablen ergeben sich B1 und B2 für das in Kap. 6 betrachtete EPR-Szenario wegen der Gleichwahrscheinlichkeit aller *achsenverschiedenen* vollständigen OVV-Situationen. Der logisch-deduktive Zusammenhang *zwischen* B1 und B2 ist aber genau derselben wie derjenige, der im vorausgehenden Abschnitt dargelegt wurde; auch die betrachtete lokale Quantentheorie ohne verborgene Variablen unterschreibt ja pr(x//y) = pr(x//z) = pr(y//z) = 1/9 – also die einzige Annahme, die neben B1 – B1′′′ in die Herleitung von B2 eingeht. (Die fragliche Theorie *ohne* verborgene Variablen geht wie die zuvor betrachtete Theorie *mit* verborgenen Variablen von der Gleichwahrscheinlichkeit

---

[29] B2 lässt sich ohne Verwendung des Begriffs des absoluten Betrages auch so schreiben: E(x//y) – E(x//z) ≤ 1 + E(y//z) *und* E(x//z) – E(x//y) ≤ 1 + E(y//z). Denn es ist nicht nur so, dass B2 sich aus der Konjunktion von (I) und (II) ergibt, sondern umgekehrt ergibt sich auch die Konjunktion von (I) und (II) aus B2.

aller möglichen zweiseitigen Messkonfigurationen aus.) Ebenso wie B1 ergeben sich B1′, B1′′ und B1′′′ auf der Grundlage der betrachteten lokalen Quantentheorie ohne verborgene Variablen für das in Kap. 6 betrachtete EPR-Szenario wegen der Gleichwahrscheinlichkeit aller achsenverschiedenen vollständigen OVV-Situationen. Die Wahrscheinlichkeiten, die in B1 – B1′′′ eingehen, sind aber bei den beiden betrachteten Theorien durchaus verschiedene; hier ein numerischer Vergleich:

	TMVV*	TOVV*
B1	1/54 ≤ (1/54 +1/27)	1/36 ≤ (1/36 +1/36)
B1′	1/54 ≤ (1/54 +1/27)	1/36 ≤ (1/36 +1/36)
B1′′	1/27 ≤ (1/54 +1/54)	1/36 ≤ (1/36 +1/36)
B1′′′	1/27 ≤ (1/54 +1/54)	1/36 ≤ (1/36 +1/36)

4. Probabilistische Auswirkungen gemeinsamer Ursachen

Fall 1: Sei SK* (eine gewisse zweiseitige Spinkonfiguration) kausal unabhängig von MK* (einer gewissen zweiseitigen Messkonfiguration), und dennoch gelte: pr(SK*/MK*) > pr(SK*). Wie kann das sein?

Wie folgt: Sei Y eine *tief verborgene Variable*, die *hinreichende gemeinsame Ursache* von SK* und MK* ist (*ohne dass* SK* selbst ursächlich für MK* ist oder MK* ursächlich für SK*). Es gelte also: (*a*) pr(SK*/Y) = 1, (*b*) pr(MK*/Y) = 1 – und zudem (*c*) pr(Y) > [pr(MK*) × pr(SK*)], wodurch Y in einer für das gewünschte Resultat wesentlichen Weise näher beschrieben wird.

Aus diesen drei Annahmen ergibt sich rein wahrscheinlichkeitstheoretisch:

pr(SK*/MK*) > pr(SK*).

Denn angenommen (zwecks *reductio ad absurdum*):
(1) pr(SK*/MK*) ≤ pr(SK*).
Folglich:
(2) pr(SK* & MK*)/pr(MK*) ≤ pr(SK*).
Folglich:
(3) pr(SK* & MK*) ≤ [pr(MK*) × pr(SK*)].
Nun (wegen (*a*) und (*b*)):
(4) pr(SK* & MK*/Y) = 1.[30]

[30] Aus (*a*) folgt: pr(SK* & Y) = pr(Y), also gemäß der Wahrscheinlichkeitstheorie: pr(SK* & MK* & Y) + pr(SK* & non-MK* & Y) = pr(Y). Aus (*b*) folgt wahr-

Folglich:
(5) $pr(SK^* \& MK^* \& Y) = pr(Y)$.
Rein wahrscheinlichkeitstheoretisch gilt:
(6) $pr(SK^* \& MK^* \& Y) \leq pr(SK^* \& MK^*)$.
Folglich aufgrund von (3), (6) und (5):
(7) $pr(Y) \leq [pr(MK^*) \times pr(SK^*)]$.
Dies jedoch widerspricht (*c*). Somit ist die Aussage $pr(SK^*/MK^*) > pr(SK^*)$ aus (*a*), (*b*) und (*c*) hergeleitet [*indirekt*, nämlich durch Widerlegung auf der Grundlage von (*a*), (*b*) und (*c*) der Verneinung von $pr(SK^*/MK^*) > pr(SK^*)$].

Fall 2: Habe AV^* (eine gewisse achsenverschiedene Messkonfiguration) keinerlei kausalen Einfluss auf MW_1 und auf MW_2 (zwei gewisse zweiseitige Messwerte) und dennoch gelte: $pr(MW_1/AV^*) > pr(MW_2/AV^*)$. Wie kann das sein?

Wie folgt: Sei X eine *verborgene Variable,* welche hinreichende Ursache von AV^*, MW_1 und non-MW_2 ist (*ohne dass* AV^* einen kausalen Einfluss auf MW_1 oder MW_2 hat). Es gelte also (*a′*) $pr(AV^*/X) = 1$, (*b′*) $pr(MW_1/X) = 1$, (*c′*) pr(non-MW_2/X) = 1 – und zudem (*d′*) $pr(X) > pr(MW_2 \& AV^*)$, wodurch X in einer für das gewünschte Resultat wesentlichen Weise näher beschrieben wird.

Aus diesen vier Annahmen ergibt sich rein wahrscheinlichkeitstheoretisch:

$$pr(MW_1/AV^*) > pr(MW_2/AV^*).$$

Denn angenommen (zwecks *reductio ad absurdum*):
(1) $pr(MW_1/AV^*) \leq pr(MW_2/AV^*)$.
Folglich:
(2) $pr(MW_1 \& AV^*) \leq pr(MW_2 \& AV^*)$.
Aus (*a′*) und (*b′*):
(3) $pr(MW_1 \& AV^* \& X) = pr(X)$.
Wegen (*c′*):
(4) $pr(MW_2 \& X) = 0$.
Aus (2):
(5) $pr(MW_1 \& AV^* \& X) \leq pr(MW_2 \& AV^*)$.
Aus (5) und (3):
(6) $pr(X) \leq pr(MW_2 \& AV^*)$.
Folglich:
(7) $pr(X) \leq pr(MW_2 \& AV^* \& X) + pr(MW_2 \& AV^* \& \text{non-}X)$.

---

scheinlichkeitstheoretisch: pr(non-MK^*/Y) = 0, also auch: pr(non-MK^* & Y) = 0, also auch: pr(SK^* & non-MK^* & Y) = 0. Mithin: $pr(SK^* \& MK^* \& Y) = pr(Y)$, also $pr(SK^* \& MK^*/Y) = 1$.

Aus (7) und (4):
(8) $\mathrm{pr}(X) \leq \mathrm{pr}(MW_2 \,\&\, AV^* \,\&\, \text{non-}X)$.
Wegen (*c′*):
(9) $\mathrm{pr}(MW_2 \,\&\, AV^* \,\&\, \text{non-}X) = \mathrm{pr}(MW_2 \,\&\, AV^*)$.[31]
Aus (8) und (9):
(10) $\mathrm{pr}(X) \leq \mathrm{pr}(MW_2 \,\&\, AV^*)$.
Dies jedoch widerspricht (*d′*). Somit ist die Aussage $\mathrm{pr}(MW_1/AV^*) > \mathrm{pr}(MW_2/AV^*)$ aus (*a′*), (*b′*), (*c′*) und (*d′*) hergeleitet [*indirekt*, nämlich durch Widerlegung auf der Grundlage von (*a′*), (*b′*), (*c′*) und (*d′*) der Verneinung von $\mathrm{pr}(MW_1/AV^*) > \mathrm{pr}(MW_2/AV^*)$].

5. Allgemeine Unterschiede und Gemeinsamkeiten beim bohmschen EPR-Szenario zwischen einer Quantentheorie mit verborgenen Variablen und einer Quantentheorie ohne solche

Hinsichtlich des bohmschen EPR-Szenarios bestehen zwischen einer Quantentheorie mit verborgenen Variablen – TMVV – und einer Quantentheorie ohne verborgene Variablen – TOVV – die folgenden allgemeinen Unterschiede und Gemeinsamkeiten:

(1) Während die Aufdeckungsauffassung des Messens zu einer TMVV dazugehört, passt diese Auffassung eo ipso nicht zu einer TOVV – einfach deshalb nicht, weil diese von nichts objektiv eindeutig Gegebenem weiß, was (*so, wie es ist*) verdeckt bliebe, wenn es nicht aufgedeckt würde. Dennoch ist es auch im Rahmen einer TOVV zulässig, davon auszugehen (und bei einer *kausal lokalen* TOVV wird auch tatsächlich davon ausgegangen), dass die bei gewissen Messkonfigurationen möglichen Messwerte *kausal und probabilistisch unabhängig* von diesen Messkonfigurationen sind, also bei ihnen allesamt gleichwahrscheinlich sind.

(2) Bei einer TOVV entfällt naturgemäß der Unterschied zwischen, beispielsweise, $\underline{\text{xL+}}$ und xL+ (welcher Unterschied andererseits in einer TMVV sehr ausgeprägt sein muss). Das kann jedoch – bezogen auf das Beispiel – zweierlei bedeuten: (a) „xL+“ ist im Unterschied zu „$\underline{\text{xL+}}$“ keine sinnvolle Be-

[31] Aus (*c′*) folgt $\mathrm{pr}(\text{non-}X/AV^* \,\&\, MW_2) = 1$, also $\mathrm{pr}(\text{non-}X \,\&\, AV^* \,\&\, MW_2) = \mathrm{pr}(AV^* \,\&\, MW_2)$, also $\mathrm{pr}(MW_2 \,\&\, AV^* \,\&\, \text{non-}X) = \mathrm{pr}(MW_2 \,\&\, AV^*)$. [Aus $\mathrm{pr}(\text{non-}MW_2/X) = 1$ ergibt sich zunächst $\mathrm{pr}(\text{non-}X/MW_2) = 1$, daraus aber $\mathrm{pr}(\text{non-}X/AV^* \,\&\, MW_2) = 1$; die wahrscheinlichkeitstheoretische Herleitung ist elementar – unter der Generalvoraussetzung, dass alle Wahrscheinlichkeiten, durch die dividiert wird, größer als 0 sind.]

zeichnung; (b) „xL+“ ist eine sinnvolle Bezeichnung, aber bedeutet dasselbe wie „xL+“. Letzteres wäre ganz im Sinne der im vorausgehenden Kapitel angesprochenen Haltung unter Quantenphysikern, mit „x befindet sich zu t an l“ das Folgende *zu meinen*: x ist in seiner Beobachtungszeit als *zu* t *an* l *befindlich* (direkt oder indirekt) gemessen worden. Bei solchen Bedeutungsgleichsetzungen ist aber Vorsicht geboten: sie können zu Verwirrungen Anlass geben. Der hier relevante Fall wird im nächsten Abschnitt dieses Kapitelanhangs behandelt.

(3) Bei den möglichen zweiseitigen Messkonfigurationen hat man die Wahl zwischen achsengleichen und achsenverschiedenen (also zwischen x//x, y//y und z//z auf der einen Seite und x//y, x//z, y//x, y//z, z//x, z//y auf der anderen), und man kann die Entscheidung darüber, ob eine achsengleiche oder achsenverschiedene zweiseitige Messkonfiguration zum Einsatz kommt, bis zum letzten Augenblick – bis kurz bevor die Elektronen L und R bei ihren Detektoren eintreffen – zur Gänze offen lassen. Steht AG für eine beliebige *achsengleiche* zweiseitige Messkonfiguration (also für x//x, y//y oder z//z) und WG für einen beliebigen *homogenen* zweiseitigen Messwert (also für ++ oder −−), so zeigt aber nun spätestens die Erfahrung, dass das Folgende gilt:

$$pr(WG/AG) < pr(WG)$$

und sowohl eine TMVV als auch eine TOVV muss dieses Faktum respektieren.[32] Muss aber nicht schon allein deshalb – ganz ohne Bemühung einer empirisch nachgewiesenen Verletzung einer Bell'schen Ungleichung – vom Auftreten instantaner Fernwirkungen, also von der Verletzung der Lokalität aller physischen Wirkungen ausgegangen werden?

Aber nicht jede probabilistische Abhängigkeit muss auf eine kausale Einflussnahme verweisen (von welcher, wenn sie denn gegeben wäre, allerdings gelten würde, dass sie angesichts der getroffenen Vorsichtsmaßnahmen – also angesichts des Installierens der zweiseitigen Messkonfiguration erst im letzten Augenblick – nur instantan erfolgen kann). Vielmehr lässt sich die oben herausgestellte Ungleichung (d. h.: *alle ihre Instanzen* lassen sich) sowohl im Rahmen einer TMVV als auch im Rahmen einer TOVV *ohne* die Annahme instantaner Auswirkungen der schließlich gewählten zweiseitigen Messkonfigurationen auf das, was zweiseitig gemessen wird, verstehen (vgl. dazu die

[32] Sowohl für die in Abs. 6.1 betrachtete TMVV als auch für die in Abs. 6.2. betrachtete TOVV ist pr(WG), also sowohl pr(++) als auch pr(−−), größer als 0, aber bei beiden Theorien ist pr(WG/AG) = 0. Der Grund hierfür ist die *strukturelle* Gegebenheit (ii), die zum EPR-Szenario gehört.

letzte Fußnote). Anders gesagt: pr(WG/AG) < pr(WG) ist sowohl mit der Lokalität einer TMVV als auch mit der Lokalität einer TOVV verträglich.

6. Widerspricht die Quantenphysik der (klassischen) Wahrscheinlichkeitstheorie?

Es kann so scheinen, als widerspräche die Quantenphysik hinsichtlich des bohmschen EPR-Szenarios nicht etwa nur Quantentheorien, welche die Supposition der Lokalität aller physischen Wirkungen involvieren (seien diese Theorien nun mit verborgenen Variablen oder ohne), sondern sogar *der Wahrscheinlichkeitstheorie*. Denn die folgende Aussage lässt sich aus den Prinzipien der (klassischen) Wahrscheinlichkeitstheorie herleiten:

pr(A & non-B) ≤ pr(non-B & C) + pr(A & non-C).

Herleitung:

1. pr(A & non-B) = pr(A & non-B & C) + pr(A & non-B & non-C) [WT-Theorem]
2. pr(A & non-C) = pr(A & B & non-C) + pr(A & non-B & non-C) [WT-Theorem]
3. pr(A & non-C) ≥ pr(A & non-B & non-C) [aus 2.]
4. pr(non-B & C) = pr(A & non-B & C) + pr(non-A & non-B & C) [WT-Theorem]
5. pr(non-B & C) ≥ pr(A & non-B & C) [aus 4.]
6. pr(A & non-B) ≤ pr(non-B & C) + pr(A & non-C) [aus 1., 3., 5.]

Ein bloßer Spezialfall des eben bewiesenen wahrscheinlichkeitstheoretischen Theorems (und darum mit diesem mitbewiesen) ist die folgende Aussage:

pr(xL+ & non-(yL+)) ≤ pr(non-(yL+) & zL+) + pr(xL+ & non-(zL+)).

Die MVV-Situation non-(yL+) ist nun aber äquivalent mit der MVV-Situation yR+ und zudem äquivalent mit der MVV-Situation yL– (wodurch natürlich die letzteren beiden MVV-Situationen auch untereinander äquivalent sind); die MVV-Situation zL+ wiederum ist äquivalent mit der MVV-Situation zR–; die MVV-Situation non-(zL+) schließlich ist äquivalent mit der MVV-Situation zR+. Diese Äquivalenzbehauptungen lassen sich leicht einsehen, wenn man (wie hier geschehen) die fraglichen MVV-Situationen durch Mengen von *vollständigen* MVV-Situationen darstellt. (Jede von ihnen ist dann eine Menge von 36 vollständigen MVV-Situationen, non-(yL+) und non-(zL+) die mengentheoretischen Komplemente von yL+ bzw. zL+ *relativ* zur Menge aller vollständigen MVV-Situationen; *Äquivalenz* besteht bei *Identität* der darstellenden Mengen.) Aufgrund der besagten Äquivalenzen ergibt sich aber aus der obigen rein wahrscheinlichkeitstheoretisch herleitbaren Ungleichung:

$$\mathrm{pr}(xL+ \ \& \ yR+) \leq \mathrm{pr}(yL- \ \& \ zR-) + \mathrm{pr}(xL+ \ \& \ zR+).$$

Die angegebene Ungleichung ist nun *beinahe – bis auf die Unterstreichungen*, also bis auf die Charakterisierung der vorkommenden MVV-Situationen als *partiell gemessene* – die Bell'sche Ungleichung B1, und es kommt tatsächlich vor, dass sie – *die eben angegebene unterstreichungslose Ungleichung* – als eine Bell'sche Ungleichung ausgegeben wird (siehe Lange 2002, S. 268).[33] Aber zu ihrer Herleitung wurde nun hier, im MVV-Rahmen für das bohmsche EPR-Szenario, nur die klassische Wahrscheinlichkeitstheorie verwendet; die Annahme der Lokalität aller physischen Wirkungen *spielte keinerlei Rolle*. Für die Herleitung von B1 selbst *hingegen*, also von

$$\mathrm{pr}(\underline{xL+} \ \& \ \underline{yR+}) \leq \mathrm{pr}(\underline{yL-} \ \& \ \underline{zR-}) + \mathrm{pr}(\underline{xL+} \ \& \ \underline{zR+}),$$

reichen die genannten Bedingungen *nicht* aus. Zwar lässt sich rein wahrscheinlichkeitstheoretisch ableiten:

$$\mathrm{pr}(\underline{xL+} \ \& \ \text{non-}(\underline{yL+})) \leq \mathrm{pr}(\text{non-}(\underline{yL+}) \ \& \ \underline{zL+}) + \mathrm{pr}(\underline{xL+} \ \& \ \text{non-}(\underline{zL+})),$$

aber die Äquivalenzen, die man nun bräuchte, um von der angegebenen Ungleichung zu B1 zu gelangen, bestehen nicht. Daran ändert sich auch nichts, wenn man zum OVV-Rahmen übergeht.

---

[33] Gleiches gilt für die Ungleichung pr(xL+ & zR+) ≤ pr(xL+ & yR+) + pr(yL+ & zR+) (siehe Held 1999, S. 262). Offensichtlich ist sie (mittels unproblematischer Kommutationen) äquivalent zu der folgenden Ungleichung: pr(xL+ & zR+) ≤ pr(zR+ & yL+) + pr(xL+ & yR+). Diese Ungleichung wiederum ist im MVV-Rahmen äquivalent zu der folgenden Ungleichung: pr(xL+ & non-(zR–)) ≤ pr(non-(zR–) & yL+) + pr(xL+ & non-(yL+)). Und diese letztere Ungleichung ist nichts anderes als eine Instanz des rein wahrscheinlichkeitstheoretischen Prinzips pr(A & non-B) ≤ pr(non-B & C) + pr(A & non-C).

Wenn man freilich nicht so genau (wie es eigentlich erforderlich ist) zwischen MVV-Rahmen und OVV-Rahmen unterscheidet, kann es so aussehen, als ob es sich *anders verhielte*: „Rein wahrscheinlichkeitstheoretisch [*eigentlich müsste es heißen*: rein wahrscheinlichkeitstheoretisch im MVV-Rahmen] ist hergeleitet: $pr(xL+ \& yR+) \leq pr(yL- \& zR-) + pr(xL+ \& zR+)$, *also* – weil im OVV-Rahmen nicht unterschieden wird zwischen xL+, yR+, etc. und $\underline{xL+}$, $\underline{yR+}$, etc. – ist auch rein wahrscheinlichkeitstheoretisch hergeleitet B1: $pr(\underline{xL+} \& \underline{yR+}) \leq pr(\underline{yL-} \& \underline{zR-}) + pr(\underline{xL+} \& \underline{zR+})$." *So* könnte man meinen. *So* zu schließen ist aber tatsächlich nichts als Konfusion. Zwar ist es im OVV-Rahmen möglich, die Aussage $pr(xL+ \& yR+) \leq pr(yL- \& zR-) + pr(xL+ \& zR+)$ als gleichbedeutend mit $pr(\underline{xL+} \& \underline{yR+}) \leq pr(\underline{yL-} \& \underline{zR-}) + pr(\underline{xL+} \& \underline{zR+})$ anzusehen (*nicht* aber im MVV-Rahmen); aber *wird* in jenem Rahmen die erstere Aussage als gleichbedeutend mit der letzteren angesehen (die ihrerseits sowohl im MVV- als auch im OVV-Rahmen *ein und dieselbe* Bedeutung hat), dann kann man keineswegs davon ausgehen, dass $pr(xL+ \& yR+) \leq pr(yL- \& zR-) + pr(xL+ \& zR+)$ „rein wahrscheinlichkeitstheoretisch" herleitbar ist. Das Resultat der „rein wahrscheinlichkeitstheoretischen" Herleitbarkeit von $pr(xL+ \& yR+) \leq pr(yL- \& zR-) + pr(xL+ \& zR+)$ ergab sich ja nur im MVV-Rahmen, in welchem Rahmen $pr(xL+ \& yR+) \leq pr(yL- \& zR-) + pr(xL+ \& zR+)$ nun aber gerade *nicht* gleichbedeutend mit $pr(\underline{xL+} \& \underline{yR+}) \leq pr(\underline{yL-} \& \underline{zR-}) + pr(\underline{xL+} \& \underline{zR+})$ ist; im MVV-Rahmen ist diese letztere Aussage gerade *nicht* „rein wahrscheinlichkeitstheoretisch" herleitbar – woran sich, wie gesagt, auch im OVV-Rahmen nichts ändert.

Wie wir gesehen haben, tritt die Quantenphysik zu B2 in Widerspruch, damit aber auch in Widerspruch zur Konjunktion von B1, B1′, B1′′ und B1′′′, d. h. zur Konjunktion von $pr(\underline{xL+} \& \underline{yR+}) \leq pr(\underline{yL-} \& \underline{zR-}) + pr(\underline{xL+} \& \underline{zR+})$, $pr(\underline{xL-} \& \underline{yR-}) \leq pr(\underline{yL+} \& \underline{zR+}) + pr(\underline{xL-} \& \underline{zR-})$, $pr(\underline{xL+} \& \underline{zR+}) \leq pr(\underline{yL-} \& \underline{zR-}) + pr(\underline{xL+} \& \underline{yR+})$ und $pr(\underline{xL-} \& \underline{zR-}) \leq pr(\underline{yL+} \& \underline{zR+}) + pr(\underline{xL-} \& \underline{yR-})$ (weil B2 sich aus dieser Konjunktion – auf der Grundlage unproblematischer Rahmenbedingungen – logisch-arithmetisch ergibt; siehe in diesem *Anhang* den 2. und 3. Abschnitt). Tritt sie auch in Widerspruch zur Konjunktion derjenigen Ungleichungen, die man erhält, wenn – im MVV-Rahmen – in den eben angegebenen Ungleichungen die Unterstreichungen weggelassen werden? Kaum. Denn die Quantenphysik schweigt zu diesen unterstreichungslosen Ungleichungen, geht es bei ihr doch allein um *Mess*wahrscheinlichkeiten (von welchen eben in den Ungleichungen B1, B1′, B1′′, B1′′′ die Rede ist, *nicht* aber – im MVV-Rahmen – in deren unterstreichungslosen Entsprechungen).

7. Das Phänomen des Lebens und die Quantenphysik

Sechs Fundamentalsuppositionen der klassischen Physik wurden durch die Quantenphysik umgestürzt (wie wir gesehen haben). In der nun etwas länger als einhundert Jahre währenden Geschichte der Quantenphysik war aber nicht jede von diesen Suppositionen *in ihrem Umgestürztsein durch die Quantenphysik* immer im gleichen Maße im allgemeinen Bewusstsein präsent, sondern es gab diesbezüglich eine Entwicklung, die natürlich zum Teil auch dadurch bedingt war, dass die Quantenphysik selbst erst entwickelt werden musste. Die *Diskontinuität der (physikalischen Größe der) Wirkung* – obwohl sie gewissermaßen das Wesen der Quantenphysik ausmacht und das Erste war, was als radikale Infragestellung der klassischen Physik tief empfunden wurde – ist heute in den Hintergrund getreten. Ebenso ist in den Hintergrund getreten – dem „Umsturzbewusstsein" nach – die von der Quantenphysik geforderte *absolute Begrenztheit der Messgenauigkeit* und die mit dieser absoluten Begrenztheit beinahe zwingend mitgegebene *objektive Unbestimmtheit zentraler physikalischer Größen*. Und stets schon stand eher im Hintergrund – als nur von engerem philosophischen Interesse – die durch die anhaltenden Interpretationsschwierigkeiten der Quantenphysik nahegelegte *Uneindeutigkeit der Objektivierbarkeit unserer Beobachtungen* (während auch nur der Gedanke an dergleichen der klassischen Physik ganz fremd war).

Heute steht im Vordergrund des Bewusstseins einer Revolutionierung der klassischen Physik durch die Quantenphysik die *Nichtlokalität* der Quantenphysik – und *immer noch* ihr *Indeterminismus*. Dass es sich gerade *so* verhält, ist vielleicht mehr als bloß ein geistesgeschichtlicher Zufall, mehr als ein Wechselfall des gerade modischen Interesses. Denn mit *Nichtlokalität* und *Indeterminismus* entfernt sich die Quantenphysik am bedeutsamsten für unser menschliches Selbstverständnis vom *mechanistischen Denken,* das an die klassische

Physik anknüpft und in Wissenschaftskreisen während des größten Teils der letzten dreihundert Jahre geherrscht hat – ja, lange auch dann noch weithin geherrscht hat, als die Quantenphysik schon auf den Plan getreten war, und in manchen Köpfen (insbesondere, scheint mir, in *philosophisch-neurophysiologischen*) immer noch herrscht. Die mechanistische Denkweise ist eben außerordentlich verführerisch für den menschlichen Verstand.

Warum ist das so? – Wissenschaftler wollen *rational* sein, was ein vollkommen berechtigtes Interesse ist. Die mechanistische Denkweise suggeriert nun aber sehr überredend, dass nur durch sie die Welt rational verständlich gemacht werden kann, dass mithin ein Abweichen von ihr – ob notgedrungen (angesichts der Fakten) oder freiwillig (wenn bloß die metaphysische Option dazu besteht) – nur einen Verzicht auf Rationalität, auf Vernünftigkeit bedeuten kann. Wenn *ein gewisser Sinn* von „rational" *der volle Sinn* von „rational" wäre, so würde die mechanistische Denkweise hiermit sogar etwas Richtiges suggerieren; der entscheidende Punkt ist aber, dass jener gewisse Sinn von „rational" ein sehr reduzierter ist, der manche *rationalen* (und also legitimen) *Erkenntnisinteressen* unberücksichtigt lässt (wie dem Folgenden zu entnehmen sein wird). Berücksichtigt man jene rationalen Interessen, dann zeigt sich, dass ein Weniger an mechanistischer Rationalität tatsächlich ein Mehr an Rationalität insgesamt bedeuten kann. Mithin ist ein Verzicht auf die Alleinherrschaft der mechanistischen Rationalität gewiss nicht eo ipso ein „Verrat an der wissenschaftlichen Vernunft".

Jedoch sind wir Menschen durch die Entwicklung der Quantenphysik in die Lage gekommen, uns endlich vom mechanistischen Denken zu befreien und unsere *manifeste* Lage im Universum – unser In-der-Welt-sein, so wie es sich uns darstellt – endlich nicht mehr verleugnen zu müssen, sondern ein Stück weit besser zu verstehen. Zu unserem In-der-Welt-sein passen, recht besehen, *Nichtlokalität* und *Indeterminismus* von vornherein weitaus besser als ihre Gegenteile. Denn die Natur ist so beschaffen, dass in ihr *Leben* entstehen konnte, und insbesondere menschliches Leben. Leben, und menschliches Leben insbesondere, stellt sich aber so dar, *als ob* die vielen lebendigen Individuen in eine *offene Zukunft* hinein „ihr

Glück" suchen (wobei sich die Komplexität dieses Glücks nach ihrer eigenen Komplexität, ihrer evolutionären Stufe richtet) – in unvermeidlicher *Konkurrenz* zueinander und in ebenso unvermeidlichem *Aufeinanderangewiesensein. Offene Zukunft* verweist nun direkt auf den *Indeterminismus. Konkurrenz* und *Aufeinanderangewiesensein* hingegen legen einen *Kontextualismus* nahe, gemäß dem sich jede Auffassung verbietet, die das Ganze des Lebendigen schlicht aus einer Verrechnung kontextloser, punktueller Gegebenheiten resultieren lassen will. Eine besondere Form der *Kontextualität* ist aber eben die (kausale) *Nichtlokalität.*

Mit der Quantenphysik liegt demnach zum ersten Mal in der Menschheitsgeschichte eine Theorie der physischen Wirklichkeit vor, die einerseits in mathematischer und empirischer Hinsicht befriedigt (wenn auch in anderer Weise, als es früher die zum mechanistischen Denken führende klassische Physik tat), welche aber andererseits in keiner Weise suggeriert (anders als die zum mechanistischen Denken führende klassische Physik), dass das *Leben* – und insbesondere das menschliche Leben – *ganz anders* ist, als es sich uns darstellt: dass es *in Wahrheit* eine Art von *absurdem Theater* der Natur sei, so *vollkommen absurd,* dass seine Akteure, die scheinbar strebenden und kämpfenden Individuen, selbst nicht wissen, dass sie in Wahrheit in ihrem „Streben" und „Kämpfen" nichts weiter tun als *Theater zu spielen,* dass in Wahrheit all ihr Agieren längst schon von jeher mit zwingender Notwendigkeit und in vollkommener Sinnlosigkeit bis in alle Einzelheiten festgelegt ist. Die Quantenphysik lässt dadurch das Erscheinungsbild des Lebens besser verstehen, dass sie einem Bild der Natur freundlich gesonnen ist, in dem *individuelles Handeln* (im echten, vollen Sinne des Wortes), aber in *enger Verschränkung* mit den Anderen, *einen Platz hat,* wo also die Existenz individuellen, interaktiven Handelns im Rahmen der Naturgesetze verbleibt, diesen nicht widerspricht, sondern sie vielmehr sinnvoll ergänzt (gerade und insbesondere in evolutionsbiologischer Perspektive). Es ist eine Aufgabe für die Zukunft, die ursprünglich auf die Mikrowelt bezogene Quantenphysik für das Verständnis des Handelns der Lebewesen in der Makrowelt fruchtbar zu machen.

Ausgewählte Literatur

Bibliographisches Institut: *Schüler-Rechenduden,* Mannheim: Dudenverlag 1966.

[Geeignet für die erste Orientierung bei vielen mathematischen Begriffen und Lehren. Ausgezeichnet zur Trigonometrie. Was Infinitesimal- und Vektorrechnung angeht, ist anderswo zu suchen.]

Greenstein, G.; Zajonc, A. G.: *The Quantum Challenge. Modern Research on the Foundations of Quantum Mechanics,* Sudbury, MA: Jones and Bartlett 2006.

[Verbindet die Darstellung empirischer Resultate mit der zugehörigen theoretischen Aufarbeitung in verhältnismäßig elementarer Weise. Führt sehr gut hin zum philosophischen Staunen angesichts der Quantenphysik. Umfangreiche bibliographische Angaben.]

Held, C.: *Die Bohr-Einstein Debatte. Quantenmechanik und physikalische Wirklichkeit,* Paderborn: mentis 1999.

[Eine kenntnisreiche, manchmal etwas undurchsichtige Darstellung der stark philosophisch geprägten Grundlagendiskussion um die Quantenphysik in den zwanziger und dreißiger Jahren des 20. Jahrhunderts. Die Arbeit ist nicht rein historisch orientiert, sondern hat auch systematischen Anspruch.]

Höfling, O.: *Lehrbuch der Physik,* Bonn: Dümmlers Verlag 1964.

[Eine sehr gute, vergleichsweise elementare, dabei aber gründliche Einführung in die Physik. Behandelt auch Grundaspekte der Quantenphysik.]

Keil, K.-A.; Kratz, J.; Wörle, K.: *Infinitesimalrechnung,* 2. Auflage, München: Bayerischer Schulbuch-Verlag 1966.

[Geeignet für die gründliche Einführung in jenes Gebiet der Mathematik, ohne dessen Kenntnis ein tieferes Eindringen in die Physik nicht möglich ist.]

Knerr, R.: *Lexikon der Physik. Vom Atom zum Universum,* München: Bassermann 2000.

[Geeignet für eine erste Orientierung bei physikalischen Begriffen und Lehren.]

Lange, M.: *An Introduction to the Philosophy of Physics. Locality, Fields, Energy, and Mass,* Oxford: Blackwell 2002.

[Eine elementare Einführung in die Philosophie der Physik, die aber eher für Physiker als für Philosophen geeignet sein dürfte. Geht im Schlusskapitel auch auf Quantenphysik und Lokalität ein.]

Meschede, D. (Hg.): *Gerthsen Physik*, 21. Auflage, Berlin/Heidelberg/New York: Springer 2002.

[Ein Schatz physikalischen Wissens, der sich einem aber nur erschließt, wenn erhebliche Mühe investiert wird.]

Penrose, R.: *The Road to Reality. A Complete Guide to the Laws of the Universe*, London: Vintage 2005.

[Partiell hilfreich hinsichtlich dessen, was die für die Physik erforderliche Mathematik angeht, und partiell hilfreich hinsichtlich dessen, was die Physik selbst angeht. Umfangreiche bibliographische Angaben.]

Torretti, R.: *The Philosophy of Physics*, Cambridge: Cambridge University Press 1999.

[Es handelt sich eigentlich um eine detaillierte Geschichte der Physik von Aristoteles bis zur Quantenphysik, mit großer Gewichtung der letzteren. Naturgemäß kommen jedoch bei dieser wesenhaft historischen Zugangsweise auch die philosophischen Fragen zur Sprache, zu denen die Physik Anlass gibt. Trägt bei zu einem Verständnis der Genese der Quantenphysik. Sehr umfangreiche Bibliographie.]

Weisstein, E. W.: *CRC Concise Encyclopedia of Mathematics*, Boca Raton/London/New York/Washington, D.C.: Chapman & Hall/CRC 1999.

[Ein riesiger Schatz konzis gefassten mathematischen Wissens.]

Register